HELIU ANPO SHENGTAI FANGHU
LILUN YU SHIJIAN

河流岸坡生态防护理论与实践

张桂荣　周成　何宁　吴艳　王晓春　何斌　王远明　等著

·北京·

内 容 提 要

河流岸坡生态防护理论与技术研究是一项涉及岩土力学、水力学与生态学理论的新兴学科，河流岸坡劣化、水土流失和水生态系统环境恶化与国家水生态文明建设战略的提出促进了该学科的发展。本书重点研究了河流岸坡劣化与渐进变形破坏机理、岸坡植被根系固土护坡机理及根系作用下土质岸坡渐进变形解析方法、基于变形自适应原理的岸坡生态防护新技术、基于以柔克刚理念的泥石流生态柔性防治新技术等的理论和实践，改进和完善了关于河流岸坡渐进变形破坏机理、岸坡生态防护理论与设计方法等，为河流岸坡生态保护与修复提供了理论基础和技术方法。

本书面向从事河流岸坡生态防护设计、施工和运行管理等相关工作的科研和设计人员，也可作为水利与环境岩土工程相关专业本科生和研究生的参考书籍。

图书在版编目（CIP）数据

河流岸坡生态防护理论与实践 / 张桂荣等著. -- 北京 : 中国水利水电出版社, 2020.11
ISBN 978-7-5170-8975-9

Ⅰ. ①河… Ⅱ. ①张… Ⅲ. ①河流－岸坡－防护工程－研究 Ⅳ. ①TV861

中国版本图书馆CIP数据核字(2020)第207085号

书　　名	**河流岸坡生态防护理论与实践** HELIU ANPO SHENGTAI FANGHU LILUN YU SHIJIAN
作　　者	张桂荣　周成　何宁　吴艳　王晓春　何斌　王远明　等　著
出版发行	中国水利水电出版社 （北京市海淀区玉渊潭南路1号D座　100038） 网址：www.waterpub.com.cn E-mail：sales@waterpub.com.cn 电话：(010) 68367658（营销中心）
经　　售	北京科水图书销售中心（零售） 电话：(010) 88383994、63202643、68545874 全国各地新华书店和相关出版物销售网点
排　　版	中国水利水电出版社微机排版中心
印　　刷	清淞永业（天津）印刷有限公司
规　　格	184mm×260mm　16开本　11.5印张　280千字
版　　次	2020年11月第1版　2020年11月第1次印刷
定　　价	**80.00**元

前言

PREFACE

河流是陆地系统的动脉，而河岸带生态系统则是重要的毛细血管。属于陆地生态系统的坡顶、作为水陆生态系统过渡带的坡面以及属于河流生态系统的坡脚，构成了河岸带生态系统，成为河流的天然屏障与廊道，也集中反映了人类与河流之间的物质、环境和资源的交换与冲突。但是，随着人口增长、经济发展以及人类不合理开发活动的加剧，加之长期水位变化、水力侵蚀以及冻融循环等的作用，河岸带脆弱的生态系统不断退化和恶化。

要解决中小河流中诸如岸坡劣化、水土流失和水生态系统环境恶化等重大问题，仅仅就水论水，难有重大突破。研究出取代传统“硬质、非生态型”岸坡防护手段的“活性、生态型”复合型岸坡防护的新理论和新技术，开发出集流域内生态恢复与河道岸坡生态防护于一体的综合防治技术，能在一定程度上帮助解决水土保持以及水环境改良等水利工程中生态环境建设的难题，从而给予整个河流生态系统健康与可持续性的生命活力。

党的十八大和十九大报告中指出水生态是生态文明建设的重要组成和基础保障，建设生态文明是中华民族永续发展的千年大计。为响应国家生态文明建设大战略的需要，水利部“水科技十条”中也明确提出“加强流域水生态系统及河湖湿地生态修复、城乡水环境综合治理技术研究，助力水生态文明建设”。建设生态型河流，实施生态保护和修复是自然与生态保护的必然选择，河流及其岸坡生态防护技术是水利部门大力推进的水生态文明建设的关键技术之一。

本书以国家水生态文明建设大战略为前提，总结了作者及研究团队十余年间取得的河流岸坡生态防护领域的研究成果和工程实例，分别得到了国家自然科学基金（50409009、50679044、51579167）、水利部公益性行业科研专项经费项目（201301022）、“四川省科技计划重点开发项目”和黑龙江省重大水利科技项目等的资助。

本书具有较强的针对性，其他同类图书多侧重于研究边坡生态防护技术，而本书针对土质岸坡变形与生态防护开展了系统性的理论、试验和工程应用研究工作，所涉及的内容包括河流岸坡劣化与渐进变形破坏机理、岸坡植被根系固土护坡机理及根系作用下土质岸坡渐进变形解析方法、基于变形自适应原理的岸坡生态防护新技术，以及基于以柔克刚理念的泥石流生态柔性防治新技术等的理论和实践，改进和完善了关于河流岸坡渐进变形破坏机理、岸坡生态防护理论与设计方法等，为河流岸坡生态保护与修复提供了理论基础和技术方法。

本书由张桂荣和周成负责编写，各章节编写人员分工如下：第1章，张桂荣、周成；第2章，张桂荣、吴艳、周成、赵波、戴灿伟；第3章，周成、何宁、刘焦、谢州；第4章，张桂荣、王远明、张家胜、假冬冬、苏安双、李登华、何斌；第5章，周成、何宁、张桂荣、苏洁、曾子；第6章，张桂荣、王晓春、何斌、周富强、陈健。全书由张桂荣、周成统稿，何宁、吴艳审稿。

由于河流岸坡的生态防护是一个涉及岩土力学、水力学、河流泥沙学、植物学、材料学等多学科的交叉专业领域，加之作者理论水平和经验有限，本书不足之处在所难免，衷心希望读者批评指正。

作者

2020年6月

目录
CONTENTS

第1章 绪 论

1.1 岸坡生态防护的内涵与定义

我国5万多条河流中大部分为中小河流，其中山区河流约占3/4，平原地区河流约占1/4。与大江大河的防洪建设相比，中小河流仍然是防洪的薄弱环节。中小河流水灾损失约占全国水灾损失的80%，中小河流洪水灾害和山洪灾害伤亡人数占全国水灾伤亡人数的2/3以上[1]。我国尤其是西部地区大部分中小河流尚未统一治理，现有堤防防洪标准低，防御洪水和冰凌的能力差，河道淤积严重，部分河段河道冲刷严重，两侧经常塌岸，造成水土流失。因此，中小河流治理项目应以河道整治、河势控制、河道清淤疏浚、堤防建设、护岸护坡为重点，遵循人与自然和谐相处的原则，采用现代先进的科学技术和管理手段，以水的安全性和水环境改善为主线，提高河道基本功能，改善水域景观和生态环境。针对不同区域河流的特点，探索河流治理的新模式，将小流域治理、河道生态整治、堤防原位加固、岸坡生态防护等有机融合在一起，集流域内生态恢复与河道生态修复于一体，有利于促进流域经济社会的全面、协调、可持续发展。

作为河流的组成部分，河岸带生态系统主要由三大部分组成，包括属于陆地生态系统的坡顶、属于河流生态系统的坡脚，以及作为水陆生态系统过渡带的坡面。坡面发挥着过滤器、廊道和天然屏障等作用，集中反映了人类与河流之间的物质、能量和信息的冲突与交换。但是，随着人口增长、经济发展以及人类不合理开发活动的加剧，加之长期水位变化侵蚀、船行波淘蚀，河岸带脆弱的生态系统不断退化和恶化。随着河流生态环境破坏的负面影响日益突出，河流生态环境保护也越来越受到关注。21世纪之初我国逐步开始关注水利生态问题，但总体上重视不够，尤其在河流整治工程中，过度硬化现象非常多，依然采用传统的河道整治工程思路，主要从稳定河道的目的出发，采用浆砌块石、钢筋混凝土等硬质护岸材料，护岸结构也基本为直立式。传统的护岸结构虽然抗侵蚀与耐久性作用明显，但封闭僵硬，隔绝了土壤与水体之间的物质交换，使得土壤、植物、生物之间的有机联系被切断，破坏了岸坡周边的生态系统。

基于对传统硬质岸坡缺点的认识，国内外学者提出了生态护岸或生态岸坡的概念。生态护岸是指能在防止河岸崩塌之外，还具备使河水与土壤相互渗透、增强河道自净能力、有一定自然景观效果的河道护坡形式。黄岳文等[2]认为生态护岸是融现代水利工程学、生物学、环境学、生态学、景观学、美学等学科为一体的水利工程；罗利民[3]认为生态护岸是结合治水（水利）工程与生态环境保护的一种新型护岸技术；陈明曦等[4]认为，生态护岸是现代河流治理的发展趋势，是以河流生态系统为中心，集防洪效应、生态效应、景观效应和自净效应于一体，以河流动力学为手段而修建的新型水利工程。

河流岸坡生态防治一是要满足防洪抗冲标准要求，要点是构建结构稳定、抗冲刷的护岸结构；二是河流护岸需满足岸坡生态平衡要求，构建能透水、透气、适合植物生长的生态防护平台，建立良性的河岸生态系统，由乔木、灌木、鱼巢、水草、滩地及近岸水体等组成河岸立体生态体系。

1.2 国内外研究现状

1.2.1 河流岸坡稳定性研究现状

天然河道岸坡的崩塌属于水土结合边界的稳定性问题，也是土力学、水力学和河流演变学等多学科交叉问题，其形成条件和过程受到人为荷载、水流冲刷、地表侵蚀、冻融等多因素的影响，机理极其复杂。岸坡在水流作用下是否被冲刷起动，主要取决于近岸水流的冲刷能力和岸坡土体的抗冲能力。导致岸坡崩塌主要有两个方面的因素：岸坡土质和河流动力。其中，岸坡土质方面的因素有岸坡土层组成及性质、剖面形状（坡高、坡度等）、岸坡的渗流状态等；河流动力方面的因素有河流的流路、表面流速大小和沿深度分布、流量、流态等[5]。因此，有必要对多因素影响下的砂土岸坡稳定性进行系统研究。

岸坡破坏力学模型研究一直是领域内的热点问题，很多学者在岸坡破坏机理方面展开探索和研究，建立了河流岸坡失稳的力学模型。

（1）Osman－Thome模型（图1.1）。该堤岸稳定分析模型考虑河流冲刷对堤岸几何形状的改变[6]，包括河流对岸坡的侧向侵蚀和对河床的刷深，然后分析堤岸在几何形状改变后的稳定性，将河流冲刷对堤岸的影响和堤岸边坡稳定分析进行了较好的结合。但该模型不能考虑静水压力、动水压力、孔隙水压力以及渗流的影响；另外，该模型假定堤岸破坏时的滑动面通过坡脚，而且仅限于平面滑动，这与堤岸边坡实际破坏面可能不相符，需要根据实际情况判断。

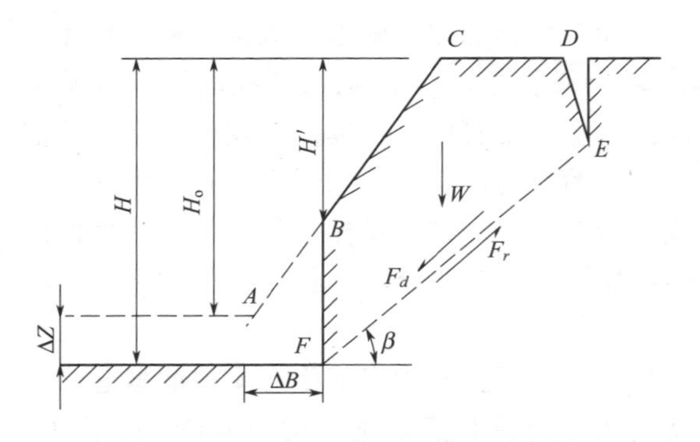

图1.1 Osman－Thome模型示意图

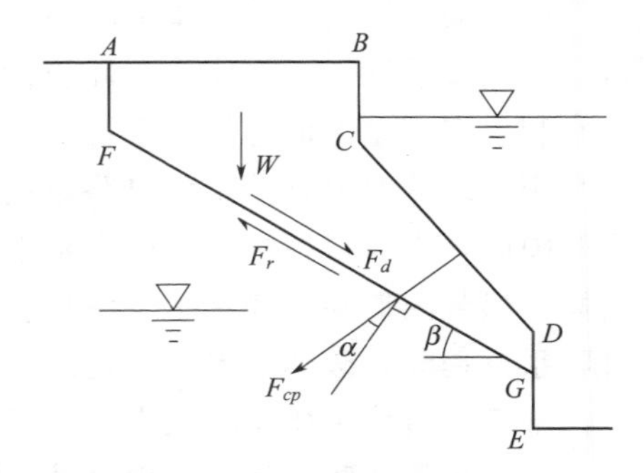

图1.2 Darby－Thome模型示意图

（2）Darby－Thome模型（图1.2）。Darby和Thome[7-8]对Osman－Thome模型做了一些改进。该模型具有以下优点：①放宽了破坏面通过坡脚的限制，临界破坏面在坡面上的位置通过搜索最小安全系数得到；②在破坏面上受力分析中考虑了静水压力和孔隙水压力的作用。但是，该模型也有以下不足：①该模型假设的崩滑体形状特殊，不一定符合实际情况；②模型参数过多，部分参数难以在工程中准确测量，在实际使用中有诸多不便。

（3）Amiri－Tokaldany 模型。Amiri－Tokaldany 等[10-11]在 Darby－Thome 模型的基础上，进一步考虑了多种土层堤岸的情况。Amiri－Tokaldany 模型拓展了模型分析的应用范围，但是该模型参数较多，部分参数难以准确测量，导致该模型目前应用较少，其实用性有待检验。

部分学者从河岸土体物理力学性质出发进行理论分析，Ghosh S N[12]等从水流动力条件出发开展研究工作，通过试验和实测数据，研究近岸水流的冲刷力；较多学者[12-15]提出了黏性土和非黏性土的起动公式，应用最广泛的是 Shields 曲线。但以上几种河岸抗冲力计算模式存在不同程度的缺陷，各模式只考虑了某些局部的影响因素[16-17]，很难完全真实地反映各种土体的冲刷特性，而且由于试验所采用的土样千差万别，各研究成果间缺乏可比性。

部分学者从河流动力学的角度论证了岸坡失稳的原因。该研究方向主要是以各种水槽模型为研究对象，研究模型的水流剪切力大小与分布、模型岸坡土体抗冲性能与起动条件及崩岸过程等[16-17]。在土质岸坡抗冲性能研究方面，主要研究成果集中在影响河流堤岸抗冲力的因素研究、泥沙起动问题研究以及不同条件下岸坡横向冲刷后退距离、崩塌高度研究等方面[18-20]；研究结论认为岸坡失稳是由地质结构的不稳定、长期的流水淘刷以及坡表水位的骤降等因素共同作用引起的，并认为流水淘刷是促使岸坡破坏的根本原因。

综上所述，国内外学者对河道岸坡失稳破坏问题做过一些研究，采用的途径和方法是多方面的。较多成果通过不同因素对岸坡坍塌机理进行研究，但对多因素影响下的岸坡稳定性进行综合研究的成果尚不多见。河流岸坡与一般岩土边坡在受力特性上存在巨大差别，其岸坡土体除承受土压力和土体内部渗流力外，还承受河流水流冲刷力。目前的研究中，将河流冲刷与岸坡的稳定分析分为两个步骤，未将河流冲刷作用与岸坡稳定分析直接结合。

1.2.2 中小河流岸坡生态防治理论和技术研究现状

建设生态型岸坡是中小河流生态整治的重要工作，中小河流生态治理的关键问题之一即是恢复岸坡的原生态功能。近年来，开发和应用兼具生态保护、资源可持续利用以及符合工程安全需求的生态护岸技术，已经成为河流整治工程的创新内容。该技术利用植物或者植物与土木工程相结合，对河道坡面进行防护所遵循的原则可概化为：规模最小化、外形缓坡化、内外透水化、表面粗糙化、材质自然化与成本经济化[21]。该技术遵循自然规律，它所重建的近自然环境除了满足以往强调的防洪工程安全、土地保护、水土保持等功能以及后来提倡的环境美化、日常休闲外，同时还兼顾维护各类生物适宜栖息地环境和生态景观完整性的功能，将越来越受到人们的关注。

1.2.2.1 河流岸坡防护材料与应用研究

岸坡生态治理工程首先要满足岸坡稳定性、耐久性、施工简易性、经济性的要求，21世纪以来生态护坡技术与生态护坡材料的研究得到了飞速发展。黄奕龙[23]总结了日本植被型生态护岸技术；Thyy V Sobey I[24]以老挝湄公河为例论述了 Soda 护岸技术；史云霞、陈一梅[25]通过研究英国布雷克诺克河岸坡的防护措施，介绍了椰子纤维卷护岸技术；李一兵[26]总结常用的生态护岸技术，提出了土工格室、三维土工网垫在护底工程、护滩工程中的不同应用；丁清华[27]通过工程案例的介绍，阐明了生态袋在河湖岸坡治理中的优点。表1.1[22,24,27-29]列出了目前河流岸坡治理工程中最常用的生态材料及生态护坡技术，总体上分为植被型生态护岸和综合型生态护岸。

表1.1　不同生态护坡材料、技术研究对比

生态材料	技术特点	使用范围或优缺点
香根草	在河流岸坡上种植香根草进行岸坡防护（植被型）	适用水流流速大，砂性土质岸坡
柴捆、树枝（Soda技术）	主要采用柴捆和树枝，做成柴笼的形式，里面加以沙石置于河床（植被生态型）	多用于坡度较缓的河流岸坡
三维土工网垫	采用特殊的土工织物制成网垫，通过独特的坡表加筋锚固性和植被综合作用于边坡（综合型）	多适用于河流流速较缓、航道等级较低，常水位以上的坡面
土工格室	施工垫层铺设土工格栅或土工格室，通过格室与植草综合作用于边坡（综合型）	相较于三维网垫，该结构也可用于河道的护底、护滩工程
仿木桩	以彩色聚合物水泥砂浆为材料，制成木桩形式安装在岸坡处（综合型）	具有较好的整体性，但实际工程施工较慢
生态混凝土	多孔混凝土、填充料与表层土相互结合作用于边坡（综合型）	有较好的整体性，但其植物的成活率较差
生态袋	具有不透土过滤功能的生态袋，以三维排水联结口的构成形式作用于岸坡（综合型）	能够用于较陡的岸坡，且有利于生态系统的快速恢复
石笼	石笼和内部填石料的共同作用，形成石笼网箱作用在岸坡上（综合型）	适用水流较大，波浪推力较大岸坡，也可用于保护河床、治理滑坡

1.2.2.2　植被根系固土护岸机理研究进展

岸坡失稳防治方面，世界各地越来越重视生态环保，采用植被护岸或植被与工程措施相结合的护坡方式已成为一种新的发展趋势。一般情况下，土体受压能力很强，而抗拉能力较弱，而草本植物和乔灌木的根系抗拉强度较高，植物根系和土体相结合形成了高强度复合体。坡面实施护岸工程与植被覆盖能有效减小坡脚和坡面侵蚀，增强岸坡稳定性[30-31]。

植被根系具有固土护坡的作用，其机制之一是根系的存在改变了土的力学性能，提高了土体抗剪强度。Ekanayake、Phillips[33]认为可以从土体抗剪强度和植物根系抗剪强度两个方面入手研究根-土复合体的剪切强度。我国学者杨亚川等[34]提出了土壤-根系复合体的概念，利用含根系土抗剪强度试验指出当法向压力、体积密度和含水量一定时，复合体的抗剪强度指标与含根量呈正相关。植物根系在土体中相互交织成根网，根网与土体的摩擦黏结作用可以扩散或转移土体中的部分剪应力，能够承受更大的形变，从而提高根-土复合体的抗剪强度[35]。肖本林等[36]采用理论和有限元技术分析根系对抗剪强度的影响，指出含根系土体的抗剪强度是土体和根系两种材料的综合作用，当有根系坡体发生滑移时，除了需要克服土体本身的黏聚力和内摩擦力，还必须同时克服根系表面与土体间的摩擦力或根系的抗拉力。在植被护岸研究方面，代全厚[37]、郝彤琦等[38]对植物根系固土护堤功能进行了研究，指出表层土的抗剪性能较好，含根土抗剪强度与其含根量具有显著的相关性，并建立了抗剪强度与含根量的线性关系式。

现阶段多以剪切试验的方法对根-土复合体抗剪强度的增量进行量化，室内直剪试验、三轴剪切试验和原状土十字板剪切试验为现阶段对根-土复合体抗剪强度研究的主要试验方法[39-40]。Gray 和 Ohashi[41]、Mather 和 Gray[42]均通过直剪试验证实在砂土中增加少量植物根系即可显著增强砂土的抗剪强度。较多学者[43-45]利用直剪试验比较研究了素土与典型草本植物（狗牙根、紫花苜蓿、香根草、百喜草等）的根-土复合体抗剪强度。结果表明，根系能够有效增强浅表层土体抗剪强度，含草本植物根系的根-土复合体抗剪强度和剪切位移均较素土明显增加，同时根-土复合体抵抗剪切破坏的时间也有所增加。为了得到更确切代表实际土体的应力状态，部分研究者还进行了加固土体的三轴压缩试验[46-47]，结果表明根系对土体的加固作用主要是通过增加土体的黏滞性来实现的，而对内摩擦角影响较小。

根-土复合体抗剪强度的增幅与植物根系的维数、根系直径、根系形态以及根系均匀度均存在相关关系。根系植入土体后一定会增加其抗剪强度，且强度增强效应与根系分布密度、长度及直径等因素直接相关[48-52]。另外，NG C W W 等[53]认为根系体积比可用于分析植物根系对土体水力特性的影响。土体吸力对抗剪强度有着重要影响，然而草本植被对土体的吸力影响规律尚不清楚。LEUNG A K 等[54-55]研究了不同条件下植被对土体吸力的影响，结果表明草本植被不仅在根系深度范围内，而且在根深范围下都能有效增大吸力，增强土体的抗剪强度和减小渗流系数。另外，在目前研究中根系形状对植物加固边坡的影响尚不清楚，特别是其对根系吸水提高边坡稳定性的影响。一些研究团队尝试用理想化几何形状的人造根来研究其抗拔能力[56-57]和在离心机中量化根的力学性能对边坡稳定性影响[58]。但是这些研究忽略了根系吸水对边坡稳定性的影响。

根系对土体抗剪强度存在的增强作用主要取决于根系本身的平均抗拉强度、根土剪切面上所有发挥作用的根系总截面积、根与剪切面的夹角以及剪切面上发挥作用的根的数量。但由于根系在土体中的交叉方式不同，根-土复合体的抗剪强度也存在一定差异[59]。影响根-土复合体抗剪强度的因素多而复杂，其中土体含水率、干密度及其结构都是重要的影响因素[60]。土体的机械组成、微团聚体组成和孔隙组成等不同的理化性质对根-土复合体抗剪特性也存在一定的影响[61]。

1.2.2.3　生态加筋护岸技术研究进展

植被护坡技术作为一种利用植被涵水固土防冲并同时美化生态环境的一种新技术，在水利工程岸坡防护中得到了广泛应用。但是，随着植草护坡技术的逐渐推广，其固土能力的局限性也体现得越来越明显。经过不断的尝试与研究，土工材料与植草护坡技术相结合的生态加筋护坡结构能够解决生态要求和强度要求的矛盾。现有的生态加筋结构普遍采用的是在坡面铺设土工网垫与种植草皮相结合的加筋方式，通过植物生长达到根系加筋、茎叶防冲蚀的目的，在坡面形成茂密的植被覆盖，在表土层形成盘根错节的根系，有效抑制暴雨径流对边坡的侵蚀，增加土体的抗剪强度，从而大幅度提高边坡稳定性和抗冲刷能力。

Chen、Cotton[62]系统论述和总结了利用抛石、碎石或生态加筋网对路边渠道边坡进行柔性加筋的技术；Theisen[63]对加筋生态护坡的应用效果、理论依据和应用注意事项进行了较为系统的论述，指出生态加筋网能够保护种子及幼苗发育，加固植物根系和土壤，控制土壤侵蚀，较传统护坡技术大为改善；Pan等[64]提出了一种结合了土工格栅与三维加筋生态网的新型HPTRM结构，实验结果表明，该技术应对波浪溢流产生的高速水流冲刷的能力较以往加筋方式有显著改善。在国内，加筋生态护坡技术起步于20世纪90年代末，王连新[65]对三峡工程中采用的土工网复合植被护坡技术进行了论述。钟春欣等[66]利用室内水槽实验研究了三维加筋生态网的抗水流侵蚀能力，研究结果认为三维植被网可以大大提高天然草皮的抗水流侵蚀能力。肖成志等[67-68]采用不同降雨强度以及室内外边坡模型正交试验法，综合比较分析了网垫类型、种植密度、土质和坡度4个因素对三维土工网垫植草护坡效果的影响；建立了三维土工网垫和坡面植被引起的坡面沿程水头损失和径流局部水头损失计算表达式。王广月等[69-70]利用室内水槽模型试验，研究了三维土工网垫护坡坡面的流水动力学特性和防侵蚀规律。王艳[71]研究了不同流量、不同坡度、不同植被覆盖率条件下三维土工网防护坡面的流水动力学特性。王晓春等[71通过现场原位试验与加筋土体力学特性室内试验研究，揭示了三维加筋生态护坡技术固土护坡力学效应。

1.2.2.4　生态边坡稳定性研究进展

水土流失、滑坡、泥石流等自然灾害常发生在植被覆盖率低的边坡、河堤两岸边坡、公路与铁路路基边坡，这些边坡的失稳给生活在其附近居民的生命财产安全构成一定的威胁。当前国内外在边坡防护方面所采用的主要措施有工程护坡和植被护坡两种。由于工程护坡施工难度大、施工期长、费用高、景观效应的局限等多方面原因，目前更多的是采用植被护坡或植被与工程相结合的方式进行边坡保护与治理。国内外学者在生态边坡稳定性方面开展了较多的研究工作。

Ekanayake等[73]研究了植被护坡与斜坡稳定极限问题，指出植被护坡可以减缓坡面水土流失，增强斜坡稳定性。Nilaweera[74]认为根系通过自身的抗拉性能和根在土中的空间分布，增加土的黏聚力，从而增强边坡稳定性。Wu[75]研究了植物根-土相互作用及其力学模型，分析了浅根的加筋作用和深根的锚固作用，并通过计算根系的最大锚固力评价植物对边坡稳定性的贡献大小。从岩土工程角度来看，植物有助于减小雨水入渗，减少侵蚀和提高浅层边坡稳定，并且是一个可持续且环境友好的方法[76]。

肖盛燮等[77]对边坡防护工程中植物根系的加固机制与能力作了分析，并通过建立加固作用力学模型推导出植物根系的抗滑力和加固能力的计算公式。陈小华等[78]从坡岸的结构稳定性和生态稳定性两方面对护坡工程进行了生态功能研究，并在生态护坡对地表径流污染的控制方面开展了一些研究，提出了控制地表径流污染的生态护坡优化组合方案。Liu等[79]开展了降雨对植被边坡稳定性的影响，分析了瞬态椭圆形根系植被边坡和裸露边坡在不同降雨强度下的安全系数比值，结果表明各种降雨状态下植被均可以提高边坡稳定性。吴宏伟[80]推导了计算植被边坡吸力分布和稳定性安全系数的解析解，提出了考虑植物根系形状对浅层边坡稳定影响的新理论计算方法，可直接应用于植被边坡的分析与设计。另外，部分学者[81-85]运用数值模拟技术建立植被护坡数值模型，分析植被根系护坡的力学和水文机制，探讨了植被覆盖影响的降雨工况下植被对岸坡稳定性的影响。

目前国内外对生态边坡稳定性的研究越来越重视，有关植被根系在边坡土体中的空间生长状态、根-土相互作用力学机理与模型以及与边坡稳定性关系的研究已取得了一些研究成果。但是，由于植物生长发育的不确定性及水文与工程地质条件的复杂性，再加之目前的生态护坡计算分析中未充分考虑根系空间分布与受力特性以及根系固土的时间尺度效应，因而生态岸坡整体稳定性分析和长期稳定性评价方面仍存在较多问题，应从多方面着手研究，才能得出更加切合实际的理论和方法。

1.2.3 中小河流岸坡与泥石流防治理论及常用技术

泥石流是指在山区、沟谷深壑及其他地形险峻的区域，因地震、暴雨等突发自然灾害而引发的携带有大量泥沙、石块的特殊洪流。国内外相关研究也表明物源区松散堆积体、大比降沟床及陡坡、暴雨及突发性水源是泥石流形成的三大主控因素。国内外对泥石流的研究起步均相对较晚，虽然对泥石流有了一定的科学认识，但泥石流学科还处于发展阶段，相关的研究探索也主要倾向于现场检测以及室内试验等，因此对于泥石流的系统理论研究便出现了众多的学派。国际上比较有代表性的主要有：苏联泥石流学家 C. M. 弗莱施曼的山地洪流理论[86]，日本砂防协会的泥沙颗粒流运动理论，英国地质协会的水流-滑坡中间块体运动理论，美国学者 A. M. 约翰逊的水、气、固体三相流运动理论。而国内比较有代表性的学说理论主要有：以唐兴邦为代表的固液两相流学说，以吴积善为代表的夹沙水土气混合流学说，以杜榕恒为代表的山区突发灾害过程学说，以倪晋仁为代表的快速灾害地貌过程学说，以及王继康等提出的固、液相颗粒流理论。以上的这些理论学说虽然有着种种不同的表述，但概括起来主要是基于不同组成的多相流以及其相互作用方式的泥石流理论体系。

1.2.3.1 泥石流的成因和起动机制研究现状

泥石流起动研究是泥石流研究中最核心的部分，也是泥石流灾害防治的基础。现阶段对泥石流起动机理研究的主要手段包括野外观测、试验研究，以及理论研究。这三大研究各有特点且相辅相成，野外观测主要以现场考察为主，了解流域水文地质资料以及地形地貌条件并结合实时监测数据综合分析泥石流的起动条件；试验研究主要是综合现场试验成果及室内试验的数据来分析判断总结泥石流的起动规律，例如 Iverson 库仑混合流理论、崔鹏准泥石流体的概念[87-88]；理论研究在定性探索方面取得了较大的成果[89]，如黄润秋利用非饱和土力学理论对于泥石流成因的解释，Klubertanz[90]开展的滑坡型泥石流的力学特征分析；在定量研究方面也取得了一定进展，如白志勇[91]总结了泥石流松散堆积物起动条件的计算。这些经验成果都能在一定程度上揭示泥石流起动的本质，同时推进了泥石流起动机理的研究。总结现阶段的泥石流起动的研究成果，主要以多相流液体介质挟带松散堆积体运动和滑坡转化泥石流这两种学说为主。

1.2.3.2 泥石流的生态防治理论研究现状

植被对泥石流的抑制作用主要从力学和水文两个方面探讨。力学方面，植被根系对土体具有锚固和加筋作用；水文方面，植被调控降雨入渗和土体含水量，并改变流域的汇流条件。对植被根系固土机理有以下主要研究成果：Wu[92]和Waldron[93]提出的加筋土模型认为，土体受剪切作用将土体中的剪应力通过根土摩擦转化为根系所受拉力，土体强度的增加以初始凝聚力 C_R 量化；Ekanayake和Phillips[94]避开根土相互作用机理，通过能量方式衡量植被岸坡的稳定性；Pollen和Simon[95]从细观角度出发，提出考虑剪切过程根系逐渐断裂的动态纤维束模型（fiber bundle model）。

植被对流域降雨产流及汇流条件影响的研究成果主要有：定性研究，众多学者[96]认为植被能够延缓地表径流产生时间削减径流流量，随着降雨强度的增加其截留阻拦效果减弱，此外能够影响地下水运动调节岩土体含水量；定量研究，主要是建立汇流水文模型，比较著名的如美国的Stanford模型、日本的Tank模型以及我国的新安江模型等，不同水文模型对气候植被地貌环境有较强的针对性[97]。

关于生物措施防治泥石流的效果，陈宁生等[98]调查了西南山区12条泥石流沟的生物措施效益，区域内植被覆盖率增量在19%～60%，能实现泥石流物源总量降低4.7%～34.6%，冲蚀模数平均值在1～20kt/(km^2 · a)范围内变化，冲蚀模数的变化可以使得物源总量减少最大达18.98×10^{6}m^3。由此可见，在泥石流防治工程中，生物措施能够很好地实现减小地表径流、改变冲蚀模数、改善土壤结构、减小物源总量的效益。

1.2.3.3 泥石流的工程防治措施研究现状

由于泥石流灾害的特殊性，防治措施应具备以下特性：要有足够的抗冲击能力抵抗泥石流强大的冲击淘蚀力；为避免防治工程被山洪泥石流破坏，工程只能在短暂的旱季进行快速的施工，并且要求及时达到设计强度；由于泥石流防治工程是大范围、长期使用的工程，防治工程应该满足造价合理、方便维护且耐久性强的要求。

泥石流的工程防护措施主要由上游的拦挡结构（谷坊、拦沙坝）和下游的排导结构组成，其中拦挡结构是泥石流防治的重点。关于工程措施的防护效益，陈宁生等[98]对西南地区15条泥石流沟进行了分析，拦沙坝的直接效益即减少松散固体物总量为1.5%～48.0%；间接效益为稳定沟床效益0.13%～35.39%，固坡效益0.01%～65.01%，因此拦沙坝的防护效益是较为明显的。常规泥石流拦挡措施是以浆砌石、混凝土和钢筋混凝土材料为主的刚性拦挡结构。其中浆砌石拦挡坝造价较低廉且方便就地取材，被广泛应用，然而由于其强度较低、整体性弱，因而容易遭受冲击破坏。混凝土或钢筋混凝土拦挡坝结构的强度有了较大的提升，且技术成熟、施工快速，但工程造价会有大幅度的提升。总体而言，无论是浆砌石还是钢筋混凝土拦挡结构，其刚度大能够容许的变形非常小，较小的裂缝或局部的破坏都容易导致整体安全性的降低。

针对拦挡措施抗冲击能力不足的问题，陈晓清等[99]提出了钢筋混凝土框架联合浆砌石坝体式泥石流拦砂坝、预制钢筋混凝土箱体组装式拦沙坝。王秀丽等[100-101]提出新型弹簧支撑，设计出带弹簧支撑的泥石流拦挡坝。拦沙坝措施的思路主要以拦挡为主，格栅坝（透水坝）则是兼顾拦挡、排泄功能，将实体重力拦沙坝的全部拦挡转变为部分拦挡。格栅坝能够拦蓄较大的固体物质，排走细砾及流体中的自由水，使库区泥石流迅速疏干，实现水土分离。黄剑宇等[102]综合透水坝和拱坝的优势设计提出透水拱坝拦挡结构。

上述工程措施的防灾思路主要集中在物理学意义上的拦挡上，王兆印等[103-105]主张从消散激发泥石流起动的水流的能量着手治理泥石流，并提出人工阶梯深潭结构，从水力学角度论证了结构的消能水平高达30%，并在工程实例上证实了该方法的有效性。在阶梯深潭思路的启发下，本研究设计提出拱式生态护岸技术，该方法能够稳固沟谷减少物源总量，同时能够耗散沟谷水流的能量，从两个方面减小泥石流发生的风险。

虽然国内外对于泥石流起动及防护的问题已经研究了几十年，也取得了一些成就，但对于泥石流起动机理的研究还尚处于探索阶段，还没有形成相关的经典理论；对于泥石流的防治手段相对比较单一，主要以耗资较大、施工较烦琐的土木工程为主，还没有充分认识到生态防治的效能及特点；对生态防治技术的认识不够深刻，对根系对岸坡的加固作用，以及根系对土体强度性能的提高还处于概化认识阶段，对于其量化研究还相对较欠缺。

参 考 文 献

[1] 中小河流治理急需全面提速 [N]. 人民日报，2011-07-14 (1).

[2] 黄岳文，吴寿荣．感潮河道的生态护岸设计 [J]. 吉林水利，2005 (8)：10-12.

[3] 罗利民，田伟君，翟金波，等．生态交错带理论在生态护岸构建中的应用 [J]. 自然生态保护，2004 (11)：26-30.

[4] 陈明曦，陈芳清，刘德富．应用景观生态学原理构建城市河道生态护岸 [J]. 长江流域资源与环境，2007，16 (1)：97-101.

[5] 夏军强．河岸冲刷机理研究及数值模拟 [D]. 北京：清华大学水利水电工程系，2002.

[6] 包承纲，李青云．关于崩岸研究和预测的若干意见 [J]. 水利水电科技进展，2003，23 (1)：14-16.

[7] Thome. Colin R O A M. Riverbank stability analysis. Ⅱ: Theory [J]. Journal of Hydraulic Engineering，1988，114 (2)：134-150.

[8] Darby S E T C. Development and testing of riverbank - stability analysis [J]. Journal of hydraulic engineering，1996，122 (8)：443-454.

[9] Darby S E T C. Numerical simulation of widening and bed deformation of straight sand - bed rivers. I: Model development [J]. Journal of Hydraulic Engineering，1996，122 (4)：184-193.

[10] Amiri Tokaldany E D S E. BANK STABILITY ANALYSIS FOR PREDICTING REACH SCALE LAND LOSS AND SEDIMENT YIELD1 [J]. JAWRA Journal of the American Water Resources Association，2003，39 (4)：97-99.

[11] Amiri - Tokaldany E D S E. Coupling bank stability and bed deformation models to predict equilibrium bed topography in river bends [J]. Journal of Hydraulic Engineering，2007，133 (10)：167-170.

[12] Ghosh S N，ROY N. Boundary shear distribution in open channel flow [J]. Journal of Hydraulics Division，ASCE，1970，96 (4).

[13] 唐存本．泥沙起动规律 [J]. 水利学报，1963 (2)：1-2.

[14] Celebucki A W，Eviston J D，Niezgoda S L，et al. Monitoring streambank properties and erosion potential for the restoration of lost creek [C]//American Society of Civil Engineers World Environmental and Water Resources Congress 2011. California，United States：Palm Springs，2011：2001-2010.

[15] Midgley T L，Fox G A，Heeren D M. Evaluation of the bank stability and toe erosion model (BSTEM) for predicting lateral retreat on composite streambanks [J]. Geomorphology. 2012 (145/146)：107-114.

[16] 宗全利，夏军强，张翼，等．荆江段河岸黏性土体抗冲特性试验 [J]. 水科学进展，2014，25 (4)：567-574.

[17] 赵波，张桂荣，何宁，等．北疆地区砾石土岸坡冲刷破坏大比尺模型试验及其破坏机理研究 [J]. 岩土工程学报，2016，38 (5)：938-945.

[18] 沈婷，李国英，张幸农．水流冲刷过程中河岸崩塌问题研究［J］．岩土力学，2005（增）：260-263.
[19] 王延贵，匡尚富．河岸崩塌类型与崩塌模式的研究［J］．泥沙研究，2014（1）：13-20.
[20] 张幸农，陈长英，假冬冬，等．渐进坍塌型崩岸的力学机制及模拟［J］．水科学进展，2014，25（2）：246-252.
[21] 王博，姚仕明，岳红艳．基于BSTEM的长江中游河道岸坡稳定性分析［J］．长江科学院院报，2014，34（1）：1-7.
[22] 董哲仁，孙东亚．生态水利工程原理与技术［M］．北京：中国水利水电出版社，2007.
[23] 黄奕龙．日本河流生态护岸技术及其对深圳的启示［J］．中国农村水利水电，2009（10）：106-108.
[24] Thyy V，Sobey I，Truong P. Canal and river bank stabilization for protection against flash flood and sea water intrusion in central Vietnam Cantho City［J］. Cantho Press，2006，（2）：1-12.
[25] 史云霞，陈一梅．国内外内河航道护岸型式及发展趋势［J］．水道港口，2007，（4）：261-264.
[26] 李一兵．长江中下游航道整治工程绿色环保整治建筑物专题研究［R］．天津：交通运输部天津水运工程科学研究院，2007.
[27] 丁清华．生态袋柔性防护在河道治理中的应用［J］．技术与市场，2011，18（4）：58.
[28] 肖衡林，王钊．三维土工网垫设计指标的研究［J］．岩土力学，2004，25（11）：1800-1804.
[29] 许士国，高永敏，刘盈斐．现代河道规划设计与治理［M］．北京：中国水利水电出版社，2006.
[30] 周跃．土壤植被系统及其坡面生态工程意义［J］．山地学报，1999（3）：33-38.
[31] 王博，姚仕明，岳红艳．基于BSTEM的长江中游河道岸坡稳定性分析［J］．长江科学院院报，2014，34（1）：1-7.
[32] 崔敏，刘川顺，陈曦濛，等．东港湖岸种植香根草抵抗波浪侵蚀的效应研究［J］．武汉大学报（工学版），2017，50（4）：531-535.
[33] J. C. Ekanayake，C. J. Phillips. Slope stability thresholds for vegetated hillslopes：a composite model［J］. Can. Geotech，2002（39）：849-862.
[34] 杨亚川，莫永京，王芝芳，等．土壤-草本植物根系复合体抗水蚀强度与抗剪强度试验研究［J］．中国农业大学学报，1996，1（2）：31-38.
[35] 周云艳，陈建平，王晓梅．植物须根固土护坡的复合材料理论研究［J］．武汉理工大学学报，2010，32（18）：103-107.
[36] 肖本林，罗寿龙，陈军，等．根系生态护坡的有限元分析［J］．岩土力学，2011，32（6）：1881-1885.
[37] 代全厚，张力，刘艳军，等．嫩江大堤植物根系固土护堤功能研究田［J］．水土保持通报，1998，18（6）：8-1.
[38] 郝彤琦，谢小妍，洪添胜．滩涂土壤与植物根系复合体抗剪强度的试验研究［J］．华南农业大学学报，2000，21（4）：78-80.
[39] 李鹏，赵忠，李占斌，等．植被根系与生态环境相互作用机制研究进展［J］．西北林学院学报，2002，17（2）：26-32.
[40] 王元战，张智凯，马殿光，等．植物根系加筋土剪切试验研究综述［J］．水道港口，2012，33（4）：330-336.
[41] DH. Gray，H Ohashi. Mechanics of fiber reinforcement in Sands［J］. Journal of Geotechnical Engineering（ASCE），1983，109（3）：335-353.
[42] Maher MH，Gray DH. Static response of sands reinforced with randomly distributed fibers［J］. Journal of Geotechnical Engineering（ASCE），1990，116（11）：1161-1677.
[43] Comino E，Druetta A. The effect of Poaceae roots on the shear strength of soils in the Italian alpine environment［J］. Soil and Tillage Research，2010，106（2）：194-201.
[44] 刘小燕，桂勇，罗嗣海，等．植物根系固土护坡抗剪强度试验研究［J］．江西理工大学学报，2013，34（3）：32-37.

[45] 谌芸．植物篱对紫色土水土特性的效应及作用机理［D］．重庆：西南大学，2012.

[46] Zhang C B，Chen L H，Liu Y P. Triaxial compression test of soil – root composites to evaluate influence of roots on soil shear strength [J]. Ecological Engineering，2010，36（1）：19 – 26.

[47] 陈昌富，刘怀星，李亚萍．草根加筋土的室内三轴试验研究［J］．岩土力学，2007，28（10）：2041 – 2045.

[48] Huat B B K，Ali F H，Maail S. The effect of natural fiber on the shear strength of soil [J]. American Journal of Applied Sciences（Special Issue），2005：9 – 13.

[49] Sun H L，Li S C，Xiong W L. Influence of slope on root system anchorage of PinusYun Nan [J]. Ecological Engineering，2008，32（3）：60 – 67.

[50] Fan C C，Su C F. Role of roots in the shear strength of root – reinforced soils with high moisture content [J]. Ecological Engineering，2008，33（2）：157 – 166.

[51] Normaniza Osman，H A Faisal，S S Barakbah. Engineering properties of Leucaena leucocephala for prevention of slope failure [J]. Ecological Engineering，2008，32：215 – 221.

[52] Normaniza Osman，S S Barakbah. Parameters to predict slope stability – soil water and root profiles [J]. Ecological Engineering，2006，28：90 – 95.

[53] NG C W W，NI J J，LEUNG A K，et al. A new and simple water retention model for root – permeated soils [J]. Géotechnique Letters，2016，6（1）：106 – 111.

[54] NG C W W，LEUNG A K，KAMCHOOM V，et al. A novel root system for simulating transpiration – inducedsoil suction in centrifuge [J]. Geotechnical Testing Journal，ASTM，2014b，37（5）：1 – 15.

[55] LEUNG A K，GARG A，NG C W W. Effects of plant roots on soil – water retention and induced suction in vegetated soil [J]. Engineering Geology，2015，193：183 – 197.

[56] MICKOVSKI S B，BENGOUGH A G，BRANSBY M F，et al. Material stiffness branching pattern and soil matricpotential affect the pullout resistance of model root systems [J]. European Journal of Soil Science，2007，58（5）：1471 – 1481.

[57] KAMCHOOM V，LEUNG A K，NG C W W. Effects of root geometry and transpiration on pull – out resistance [J]. Géotechnique Letters，2014，4（4）：330 – 336.

[58] SONNENBERG R，BRANSBY M F，BENGOUGH A G，et al. Centrifuge modelling of soil slopes containing model plant roots [J]. Canadian Geotechnical Journal，2011，49（1）：1 – 17.

[59] 宋恒川，陈丽华，吕春娟，等．华北土石山区白桦根系分布特征及力学性能研究［J］．浙江农业学报，2012，24（4）：693 – 698.

[60] 张芳枝，陈晓平．非饱和黏土变形和强度特性试验研究［J］．岩石力学与工程学报，2009，9（28）：3801 – 3814.

[61] 冯晓斌，丁启朔，丁为民，等．重塑黏土圆锥指数和抗剪强度的关系［J］．农业工程学报，2011，27（2）：146 – 150.

[62] CHEN Y H，COTTON G K. Design of roadside channels with flexible linings [R]. Federal Highway Administration Report HEC – 15/FHWA – 1P – 87 – 7，1988.

[63] THEISEN M S. How to make vegetation stand up under pressure [J]. Civil Engineering News，1996，8（4）：221 – 232.

[64] Pan Y，Li L，AMINI F，et al. Full – scale HPTRM – strengthened levee testing under combined wave and surge overtopping conditions：overtopping hydraulics，shear stress，and erosion analysis [J]. Journal of Coastal Research，2013，29（1）：182 – 200.

[65] 王连新．土工网复合植被护坡法在三峡工程中的应用［J］．人民珠江，1999（4）：38 – 39.

[66] 钟春欣，张玮，王树仁．三维植被网加筋草皮坡面土壤侵蚀试验研究［J］．河海大学学报（自然

科学版)，2007，35 (3)：258-261.
[67] 肖成志，孙建诚，刘晓朋．三维土工网垫植草护坡效果的影响因素试验研究 [J]. 北京工业大学学报，2011，37 (12)：1793-1799.
[68] 肖成志，孙建诚，李雨润，等．三维土工网垫植草护坡防坡面径流冲刷的机制分析 [J]. 岩土力学，2011，32 (2)：453-458.
[69] 王广月，杜广生，王云，等．三维土工网护坡坡面流水动力学特性试验研究 [J]. 水动力学研究与进展A辑，2015，30 (4)：406-411.
[70] 王广月，王艳，徐妮．三维土工网防护边坡侵蚀特性的试验研究 [J]. 水土保持研究，2017，24 (1)：79-83.
[71] 王艳．三维土工网防护坡面流水动力学特性试验研究 [D]. 济南：山东大学，2017.
[72] 王晓春，王远明，张桂荣，等．粉砂土岸坡三维加筋生态护坡结构力学效应研究 [J]. 岩土工程学报，2018，S (2)：91-95.
[73] C. J. Ekanayake，C. J. Phillips. Slope stability thresholds for vegetated hillslopes：a composite model [J]. Can. Geotech. J. 2002，39：849-862.
[74] N. S. Nilaweera，P. Nutalaya. Role of tree roots in slope stabilistation [J]. Bull Eng Geol Env，1999，57：337-342.
[75] T. H. Wu. Slope Stabilization Using Vegetation [J]. Geotechnical Engineering，1994：377-402.
[76] REES S W，ALI N. Tree induced soil suction and slope stability [J]. Geomechanics and Geoengineering，2012，7 (2)：103-113.
[77] 肖盛燮，周辉，凌天清．边坡防护工程中植物根系的加固机制与能力分析 [J]. 岩石力学与工程学报，2006，25 (1)：2670-2674.
[78] 陈小华，李小平．河道生态护坡关键技术及其生态功能 [J]. 生态学报，2007，27 (3)：1168-1176.
[79] LIU H W，FENG S，NG C W W. Analytical analysis of hydraulic effect of vegetation on shallow slope stability with different root architectures [J]. Computers and Geotechnics，2016，80：115-120.
[80] 吴宏伟．大气-植被-土体相互作用：理论与机理 [J]. 岩土工程学报，2017，39 (1)：1-47.
[81] 刘旭菲．人工降雨作用下边坡植被水文效应模型试验研究 [D]. 天津：天津大学，2015.
[82] 卜宗举．植被根系浅层加筋作用对边坡稳定性的影响 [J]. 北京交通大学学报，2016，40 (3)：55-60.
[83] 徐中华，钭逢光，陈锦剑，等．活树桩固坡对边坡稳定性影响的数值分析 [J]. 岩土力学，2004，25 (增2)：275-279.
[84] 程鹏．干湿循环作用下草本植物对边坡稳定性的影响 [D]. 哈尔滨：哈尔滨大学，2016.
[85] 安然．考虑植被根系护坡下的土质边坡渗流场及稳定性分析 [D]. 西安：西安理工大学，2018.
[86] C. M. 弗莱施曼．泥石流 [M]. 姚德基，译．北京：科学出版社，1986.
[87] Iverson R M. Regulation of landslide motion by dilatancy and porepressure feedback [J]. JOURNAL OF GEOPHYSICAL RESEARCH，2005，110 (F0)：1-16.
[88] 崔鹏．泥石流起动条件及机理的实验研究 [J]. 科学通报，1991 (21)：1650-1652.
[89] 戚国庆，黄润秋．泥石流成因机理的非饱和土力学理论研究 [J]. 中国地质灾害与防治学报，2003，14 (3)：12-15.
[90] Klubertanz G，Laloui L，Vulliet L. Identification of mechanisms for landslide type initiation of debris flows [J]. Engineeri＋ng Geology，2009，109 (1)：114-123.
[91] 白志勇．泥石流松散物质起动条件的分析与计算 [J]. 西南交通大学学报，2001，36 (3)：318-321.
[92] Wu T H，McKinnell III W P，Swanston D N. Strength of tree roots and landslides on Prince of Wales Island，Alaska [J]. Canadian Geotechnical Journal，1979，16 (1)：19-33.
[93] Waldron L J. The shear resistance of root-permeated homogeneous and stratified soil [J]. Soil Sci-

ence Society of America Journal，1977，41（5）：843－849.
[94] Ekanayake J C，Phillips C J. Slope stability thresholds for vegetated hillslopes：a composite model [J]. Canadian geotechnical journal，2002，39（4）：849－862.
[95] Pollen N，Simon A. Estimating the mechanical effects of riparian vegetation on stream bank stability using a fiber bundle model [J]. Water Resources Research，2005，41（7）：1－11.
[96] 朱海丽，毛小青，倪三川，等．植被护坡研究进展与展望 [J]. 中国水土保持，2007（4）：26－29.
[97] 袁飞．考虑植被影响的水文过程模拟研究 [D]. 南京：河海大学，2006.
[98] 陈宁生，周海波，卢阳，等．西南山区泥石流防治工程效益浅析 [J]. 成都理工大学学报（自然科学版），2013，40（1）：50－58.
[99] 陈晓清，游勇，崔鹏，等．汶川地震区特大泥石流工程防治新技术探索 [J]. 四川大学学报（工程科学版），2013，45（1）：14－22.
[100] 王秀丽，郑国足．新型带弹簧支撑抗冲击研究及其在泥石流拦挡坝中的应用 [J]. 中国安全科学学报，2013，23（2）：3－9.
[101] 郑国足，王秀丽，张守丽．带弹簧支撑的新型泥石流拦挡坝抗冲击性能研究 [J]. 防灾减灾工程学报，2014，34（5）：551－558.
[102] 黄剑宇，卢廷浩．透水拱坝在泥石流防治工程中的研究和应用 [J]. 水利与建筑工程学报，2013，11（1）：166－169.
[103] 张康，王兆印，贾艳红，等．应用人工阶梯——深潭系统治理泥石流沟的尝试 [J]. 长江流域资源与环境，2012，21（4）：501－505.
[104] 王兆印，漆力健，王旭昭．消能结构防治泥石流研究——以文家沟为例 [J]. 水利学报，2012，43（3）：253－263.
[105] 徐江，王兆印．阶梯-深潭的形成及作用机理 [J]. 水利学报，2004（10）：48－56.

第 2 章　中小河流域岸坡崩岸劣化与破坏机理研究

新疆生态环境极为脆弱，水土流失状况严重，且有流失加剧之势，成为全国治理面积最大、治理任务最重、治理难度最大的省区。因此，以新疆作为典型内陆河流治理区，选择典型流域开展小流域综合治理、河流生态修复等技术研究，对新疆地区经济的可持续发展、当地民生的改善具有重大社会意义和经济效益。

中小河流治理的关键是深入研究中小河流岸坡的破坏模式和破坏机理，尤其是新疆北部地区广泛存在砂土、砾石土岸坡和季节性内陆河流。本章以新疆北部地区砂土、砾石土岸坡和特殊的水流条件作为研究对象，开展新疆北部地区裸土岸坡冲刷破坏大比尺模型试验设计与试验过程研究；基于试验数据建立与验证土质岸坡失稳破坏力学模型；结合数值模拟技术和理论分析，开展砾石土岸坡稳定性分析，深入揭示砾石土岸坡失稳破坏机理，建立砾石土岸坡局部失稳阶段和整体失稳阶段的有机联系。在此基础上，开展了中小河流岸坡渐进破坏机理研究，提出了天然岸坡滑移解析方法。

2.1　中小河流裸土岸坡大比尺模型冲刷试验研究

以新疆北部地区广泛存在的砂土、砾石土重建岸坡，开展砂土、砾石土岸坡冲刷破坏大比尺模型试验工作。采用比尺 1/30～1/5 的平面不变形的变态梯形渠道形式，通过反演计算，确定符合设计标准的裸土岸坡和水泥砂浆护岸的糙率系数范围。设计不同流量及不同流速工况条件下的冲刷试验，通过多次裸土起动流速试验获得裸土起动流速。引入新型观测方法——三维激光扫描技术，对岸坡冲刷破坏全过程进行观测，并对获取的扫描数据进行详细分析。联合三维激光扫描和现场传统测量成果，依据不同阶段的破坏特征，将岸坡破坏划分为 3 个阶段，即冲刷破坏阶段、局部失稳阶段和整体失稳阶段，确定新疆北部地区土质岸坡的变形失稳过程与破坏模式。

2.1.1　裸土岸坡冲刷试验设计

根据试验目的和研究内容，野外大比尺原位模型设计主要遵循以下几个原则和特征。

（1）基本假设。流体运动的特性主要决定于重力作用，而黏滞力的作用可忽略。根据弗劳德定律，为使试验模型与新疆主要中小河流的物理体系相似，并可以模拟河流各物理量特征，拟采用比尺 1/30～1/5 的平面不变形的变态梯形渠道形式。

(2) 模型试验岸坡。选择新疆典型天然河道进行模拟，在同一模型中设置顺直和弯曲两种河道形式。新疆主要河流的干流都存在两岸不对称、有一定横向坡降、流量分配不均匀、水流强烈作用于一岸的普遍现象。因此试验模型一侧为裸土岸坡，另一侧为混凝土岸坡，以减少对水流的干扰。

(3) 岸坡土体。模型试验主要模拟新疆天然河流对深厚砂砾石覆盖层河床冲蚀程度和崩塌状况，试验岸坡选用砂土和砂砾石土两种裸土样，确保其填筑后坡面糙率系数 n 值为 0.02～0.03。

(4) 流量与流速。为了解水流条件对河流崩岸的影响，宜在模型冲刷试验时选取多级不同流量及不同流速工况条件下进行冲刷，并要求模型在一定区域内最大径流流速能达到 2m/s。

2.1.2 冲刷试验方案

冲刷试验前，针对裸土岸坡结构冲刷原位模型试验的要求，模型建成后对不同材料填筑区进行了土体常规物理力学指标测试，以了解岸坡土体工程性质。

根据河道模型冲刷、崩岸机理试验的研究目的和研究内容，模型试验主要进行了以下几个方面的试验研究：①裸土岸坡纵向冲蚀的分布；②一定冲刷历时条件下定流速、流量和冲刷破坏程度的关系；③一定冲刷历时条件下不同流速、流量和冲刷破坏程度的关系；④岸坡模型崩塌高度的影响因素。图 2.1 为冲刷试验技术路线，表 2.1 为裸土岸坡冲刷试验研究方案。试验过程中测量表 2.1 中的内容，同时观测试验中的崩岸现象、崩岸过程和崩岸特点。

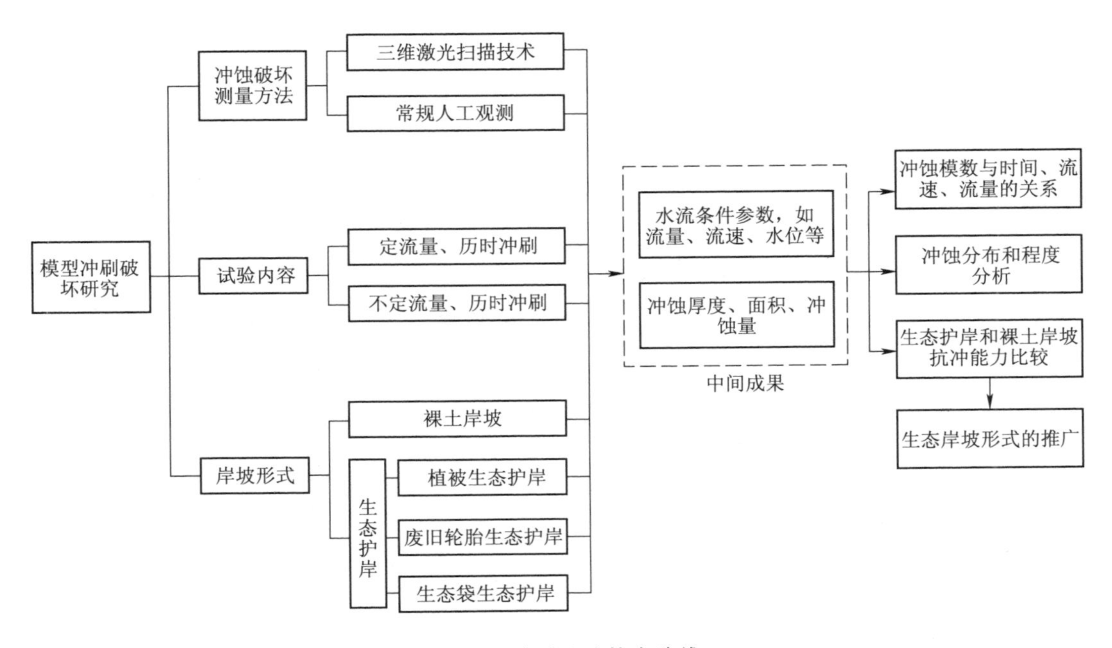

图 2.1 冲刷试验技术路线

表 2.1 裸土岸坡冲刷试验方案

<table>
<tr><th>研究内容</th><th>试验组次</th><th>冲刷次数</th><th>控制流量/(L/s)</th><th>尾水深度/mm</th><th>放水时间/min</th><th>断面形状</th><th>河床比降</th><th>测量内容</th></tr>
<tr><td>模型纵向冲蚀分布</td><td>A_1</td><td>1</td><td>100</td><td>—</td><td>60</td><td rowspan="12">梯形渠道：
$b=10$cm
$m=1.25$
$h=1.5$m
b—底宽
m—岸坡系数
h—岸高</td><td rowspan="12">主冲刷区域
$i=0.01$</td><td rowspan="12">①测量上游水位、闸门开度；
②测量水面宽、水深、流速；
③观测冲蚀崩塌现象（高度、大小、形状、时间等），主要有工人量测和三维激光扫描测量</td></tr>
<tr><td rowspan="2">不同流速、流量对冲刷破坏程度的影响（流量小于90L/s）</td><td rowspan="2">A_2</td><td>1</td><td>50</td><td>—</td><td>60</td></tr>
<tr><td>2</td><td>90</td><td>—</td><td>60</td></tr>
<tr><td rowspan="3">定流速、流量对冲刷破坏程度的影响</td><td rowspan="3">A_3</td><td>1</td><td rowspan="3">250</td><td>400</td><td>60</td></tr>
<tr><td>2</td><td>400</td><td>60</td></tr>
<tr><td>3</td><td>400</td><td>60</td></tr>
<tr><td rowspan="5">不同流速、流量对冲刷破坏程度的影响（流量大于90L/s）</td><td rowspan="5">A_4</td><td>1</td><td rowspan="5">90→
150→
250→
300→
350</td><td>400</td><td>60</td></tr>
<tr><td>2</td><td>400</td><td>60</td></tr>
<tr><td>3</td><td>400</td><td>60</td></tr>
<tr><td>4</td><td>400</td><td>60</td></tr>
<tr><td>5</td><td>400</td><td>60</td></tr>
</table>

2.1.3 试验模型布设

结合试验内容和场地条件，岸坡冲刷试验模型选择设立在新疆水利水电科学研究院西院矮山半坡，整个试验场占地面积约 600m^2。试验模型于2013年9月建成并陆续开展了裸土岸坡的冲刷试验。模型主要有渠道模型和辅助设备的水循环设施、外部测量设施、电气控制及视屏监视设备等。试验场设施布置如图2.2所示。

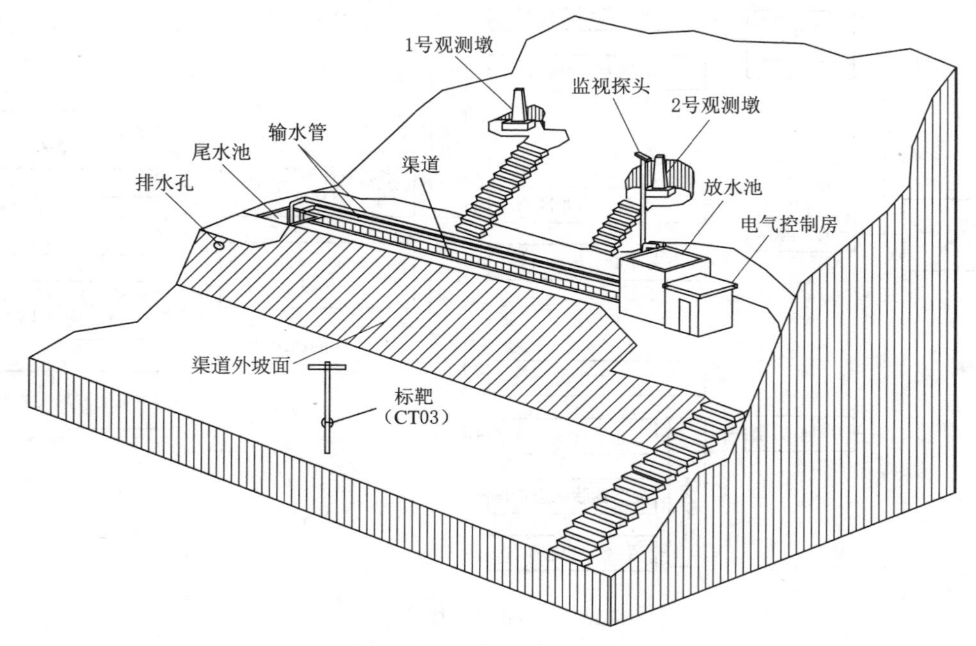

图 2.2 试验场设施布置图

2.1.3.1 试验模型

试验段全长36m，梯形断面，渠底坡比1%～5%，渠底宽0.20m，坡高h_1=1.50m，坡高h_2=0.70m，坡比m_1=1.00～1.25，坡比m_2=1.10～1.40。试验段主体为渠道，渠道一侧为土质岸坡，地下水和渠道水流可相互补给。渠底和另一侧岸坡采用混凝土浇筑，主要目的是：①减少对水流的扰动，使土质岸坡与水流的相互作用尽量接近真实情况；②混凝土岸坡和渠底不会产生淘蚀及失稳，不会干扰土质岸坡的研究。裸土岸坡分别由砂土和砂砾石填筑，0+0.00～0+5.00、0+15.00～0+25.00为砂土填筑岸坡，0+5.00～0+15.00、0+25.00～0+35.00为砂砾石土填筑岸坡。模型布置示意图、标准断面示意图及现场模型照片如图2.3～图2.5所示。

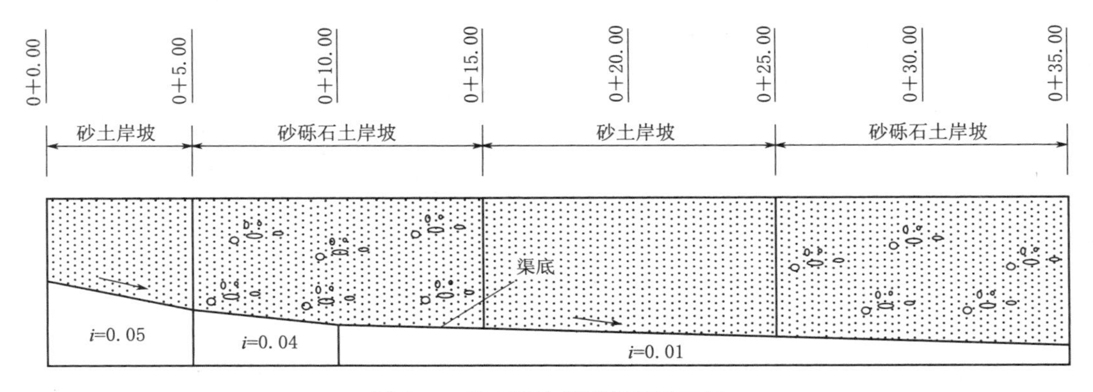

图2.3　裸土岸坡模型布置示意图

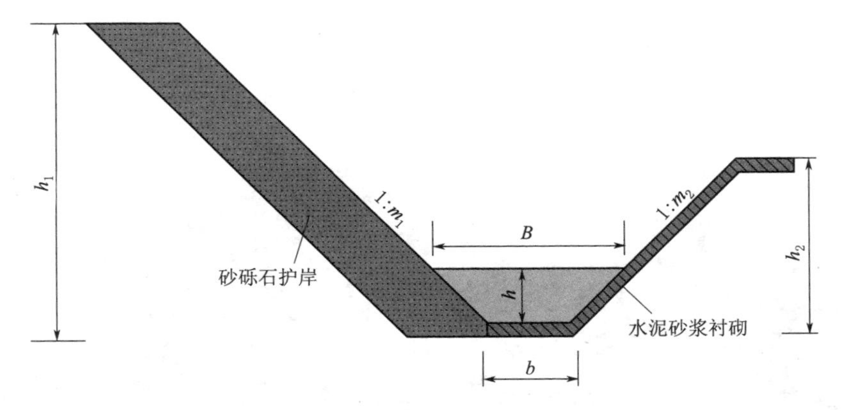

图2.4　砂土或砂砾石土岸坡标准断面图

2.1.3.2 水循环控制系统

试验池主要由空间尺寸相近的前池（放水池）和尾水池两部分组成，这两个试验池的尺寸分别为3.80m×3.60m×2.00m和3.30m×3.40m×2.00m（长×宽×深）。前池安装90mm×90mm平板闸门，尾水池池内安置有不同流量的大功率水泵2台，功率分别为18.5kW、37kW，额定流量分别为450m^3/h、1170m^3/h。组合开启2台水泵，并启闭前池平板闸门及调节输水管上安装的蝶形阀门控制供水量和回水量，以满足大流量、高流速

图 2.5　试验模型照片

的试验出流要求和供泄水循环平衡。试验水循环系统示意图及现场实景如图 2.6 和图 2.7 所示。

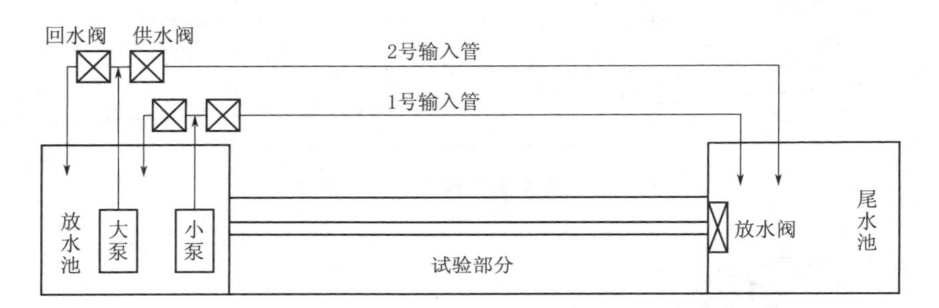

图 2.6　试验水循环系统示意图

图 2.7　试验水循环系统现场实景

2.1.3.3　外部测量设施及其他

在模型左岸山体上设有混凝土观测墩基准点 2 座，并在试验场内安装三维激光扫描专用标靶 3 个，在前池旁边分别设有电气控制室和视频监控探头。现场照片如图 2.8 所示。

图 2.8　外部测量设施现场照片

2.1.4　试验方法和步骤

冲刷试验中，应测量不同流量或流速下岸坡冲刷破坏过程中侧向冲刷、坡脚淘刷及岸坡坍塌的发生时间，并观测、记录岸坡冲刷过程中沟渠各个观测断面的流速及水深，一个循环的试验结束后进行外部变形测量。其中试验过程主要遵循以下 3 个步骤。

2.1.4.1　试验前准备

（1）前池与尾水池蓄水。试验前，将前池水位蓄至试验要求高度，尾水池蓄至合适水位，确保试验中水量供、泄的正常循环，并保持前池的要求水头。

（2）流速仪架设。渠道水深、流速观测共设置 8 个断面，即 0+5.00～0+35.00 桩号每 5m 一个观测断面。在试验前架设流速仪，并调试数据采集仪与笔记本电脑的通信，实现自动采集并保存数据。预备手持式人工读数仪，以防自动采集失败，并及时实施人工观测，如图 2.9 所示。

图 2.9　流速仪架设及自动化调试

（3）岸坡地形测量及三维激光初始值扫描。试验开始前用全站仪对渠道断面进行全断面测量，测绘出渠道横断面的标准断面图以及渠底坡比，用作试验对比分析的基准。冲刷试验前架设三维激光扫描仪，对待冲刷岸坡进行扫描工作，以获得初始值，如图 2.10 所示。

图 2.10　岸坡地形测量及三维激光初始值扫描

2.1.4.2　冲刷试验

（1）冲刷流量循环平衡。通过水泵向前池蓄水，将前池蓄至略高于实验上游水位。控制上游水位的同时，按照试验所需冲刷流量调节平板闸门开度至设定高度，并调节输水管阀门的开度使前池对渠道排水量与前池自身的注水量平衡。当水循环平衡后，冲刷实验计时开始。

（2）流速、水深观测。当水循环平衡后，开始流速仪的采集工作，如通信发生故障采用手持式流速读数仪人工观测，同时按照断面布置进行模型水深观测，如图 2.11 所示。采集观测工作需持续至试验结束。

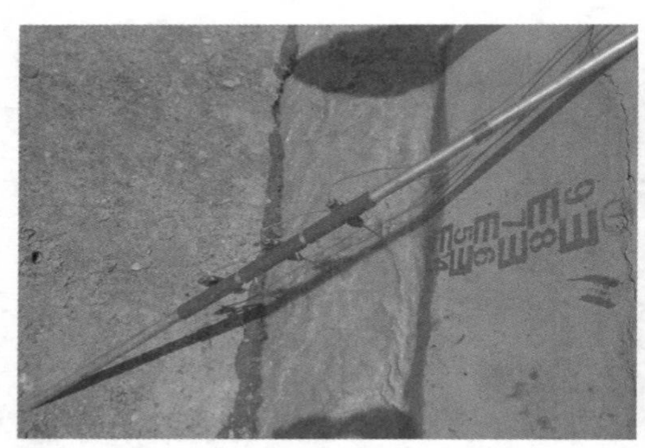

图 2.11　流速自动采集及人工观测

（3）冲蚀、崩塌观察。当渠道水位下降到方便观察岸坡的冲刷情况时，立即观察并记录以下数据：该时刻的坡脚淘蚀、岸坡崩塌的发生时间，所在位置及坡脚淘蚀、岸坡崩塌的高度、长度和宽度，试验中冲刷破坏状态渐变段的位置和重要试验现象。人工观测岸坡崩塌尺寸如图 2.12 所示。

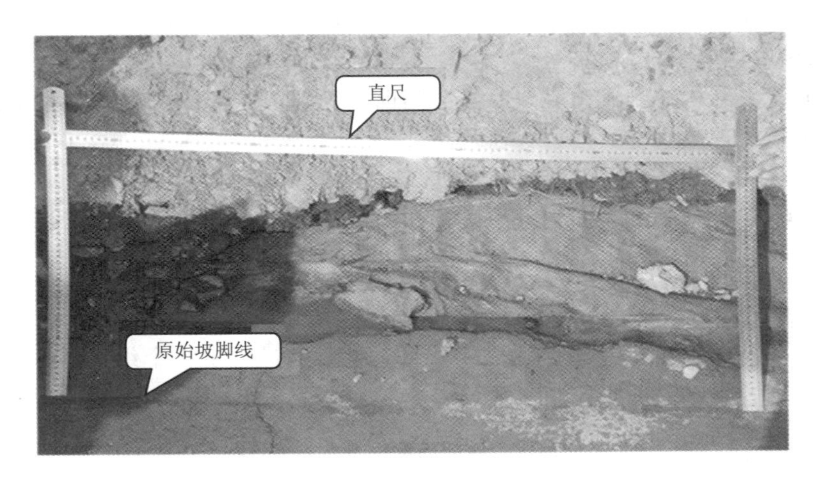

图 2.12 人工观测岸坡崩塌尺寸

（4）三维激光扫描。一次冲刷试验一般以 60min 为基本试验单位。每次冲刷试验后用三维激光扫描仪对试验岸坡进行扫描及拍照工作，如图 2.13 和图 2.14 所示。

图 2.13 试验段远景照片

图 2.14 试验段 C10 三维激光扫描仪扫描点云图

（5）循环试验：重复步骤（1）～（4），循环次数依照试验组次和次数的要求进行。

2.1.4.3 试验收尾

单次土质岸坡结构冲刷试验完成后，关闭前池闸门、停止冲刷，关闭水泵、排光前池和尾水池余水，清理尾水池淤沙，并恢复岸坡。

2.2 中小河流裸土岸坡大比尺模型冲刷破坏试验与成果分析

2.2.1 试验实施阶段分类

根据试验研究内容和实施方案，2013 年 8—10 月共进行了 4 个组次的裸土冲刷试验，其试验组次的先后顺序及试验控制参数见表 2.2。

表 2.2 试验组次及详细试验控制参数统计表

研究内容	试验组次	冲刷次数	出口流量 /(L/s)	冲刷历时 /min	上游水位 /m	闸门开度 /mm	尾水实用堰高度 /mm	水泵开启组合	试验日期
模型纵向冲蚀分布	A_1	1	97	59	1.5	22	—	小泵	2013-08-30
不同流速、流量对冲刷破坏程度的影响（小流量）	A_2	1	48	71	1.5	11	—	小泵	2013-09-16
		2	88	64	1.52	20	—	小泵	
定流速、流量对冲刷破坏程度的影响	A_3	1	237	65	1.25	61	35	大泵	2013-10-09
		2	232	60	1.2	61	35	大泵	
		3	308	60	1.25	80	35	大、小泵	
不同流速、流量对冲刷破坏程度的影响（大流量）	A_4	1	88	56	1.54	20	35	小泵	2013-10-22
		2	154	51	1.2	40	35	大、小泵	
		3	241	96	1.33	60	35	大、小泵	
		4	312	51	1.28	80	35	大、小泵	
		5	351	50	1.08	100	35	大、小泵	

2.2.2 A_1 组试验情况与成果分析

A_1组裸土冲刷试验的主要目的是：①通过量测标准断面流速计算值与实测值对比，验证裸土岸坡综合糙率是否可模拟中小河流河道岸坡糙率；②初步量测研究模型岸坡纵向冲蚀分布。2013 年 8 月 30 日开始 A_1组裸土冲刷试验，有效冲刷总历时 59min，自由出流流量控制在 97L/s。

2.2.2.1 水流边界粗糙度指标验证

为了验证建成的大比尺梯形渠道模型与新疆主要中小河流的物理体系相似性，并能通过弗劳德相似定律进行关联，在 A_1组研究试验中是以满足水深的情况下来证实河道与模型阻力相似方式进行。试验前使用徕卡 TS30 全站仪对渠道断面进行全断面测量，获得渠底坡比、纵坡比等基础数据，试验过程中主要对标准断面的流速、水面宽、水深进行观测，观测成果见表 2.3。

表 2.3　　A_1 冲刷实验流速、水深、水面宽等观测数据表

桩号/m	裸土岸坡坡比 m_1	混凝土岸坡坡比 m_2	渠道纵坡比 i	水面宽 B /mm	渠底宽 b /mm	流速 v /(m/s)	水深 h /m
0+5.00	1.18	1.37	0.05	524	232	1.28	12
0+10.00	1.16	1.35	0.02	380	210	1.64	7.5
0+15.00	1.18	1.33	0.01	501	252	1.61	9.4
0+20.00	1.18	1.23	0.01	554	253	1.30	12.6
0+25.00	1.23	1.27	0.01	569	240	1.00	13.1
0+30.00	1.09	1.30	0.01	552	239	0.93	13.2
0+35.00	1.01	1.10	0.01	525	234	1.01	13.7

通过经验值可知掺有少量黏土与砾石的砂土和中细颗粒的砾石土渠的糙率 n 值为0.02～0.03，而水泥浆抹光的混凝土渠的糙率值为0.01。其两者之间的最大值糙率系数比值大于2，适用于综合糙率计算公式。利用获得的各试验断面裸土岸坡坡比、混凝土岸坡坡比、渠道纵坡比、水面宽、渠底宽、流速、水深等数值，可求得过水面积、湿周、水力半径、谢才粗糙系数及渠道计算流量等物理量值，再由计算流量除以过水面积可得各标准断面的计算流速成果。比对计算流速与实测流速，差值大部分为0.04～0.08m/s。观测流速和计算流速的反推结论表明模型试验糙率取值正确，模型糙率符合设计标准。其计算流速和实测流速分布如图2.15所示。

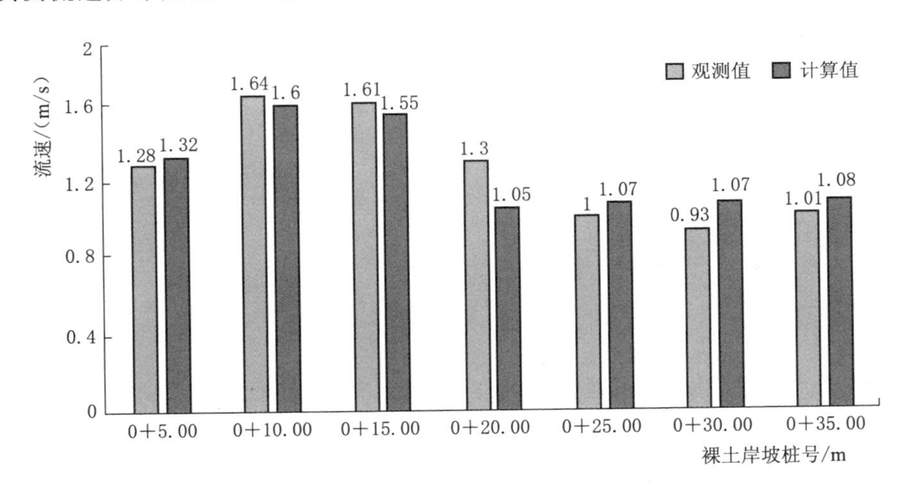

图 2.15　A_1 组冲刷试验计算流速和实测流速分布图

2.2.2.2　试验现象和成果分析

A_1 组开闸放水后45s即出现坡脚被明显淘刷的现象，随着冲刷的持续，各断面淘刷程度不断增大，此次试验现象和成果如下。

（1）冲刷试验中0+2.00～0+19.00桩号流速为1.30～1.64m/s，水流冲击能量较大，出现连续、明显的坡脚冲蚀及部分区域的小面积崩塌现象；模型下游随着泄流能量的

不断消减，0+19.00～0+35.00 桩号段流态趋于稳定，流速为 0.93～1.30m/s，此段岸坡水力侵蚀特征现象较轻微，呈现出深浅相间的现象。

（2）经验表明具有一定黏性的细颗粒泥沙起动通常为平整床面最早的成片剥蚀，以此作为冲刷起动的测定。试验前提出裸土岸坡冲刷起动流速为 0.90m/s 左右的假设，试验观测所得的 0+19.00～0+35.00 桩号恒流段流速达到 0.90m/s 以上，岸坡出现成片剥离现象。由此可以认为，试验所得结果可基本适用于天然河道。

（3）小面积崩塌现象出现在 0+2.26～0+3.28 段，其最大崩塌垂直高度为 340mm，最大冲蚀厚度为 164mm。造成这种现象的原因有以下两点：①崩塌区域所处的位置，由于左岸裸土岸坡 0+0.00～0+2.00 段也设置为混凝土硬质岸坡，糙率较小，使得闸门泄流能量中的很大一部分集中消耗在 0+2.00 桩号之后区域（造成崩塌区域的流速在 2.00m/s 左右，水深为 10cm 左右），0+2.00～0+8.00 段紊流情况也比较严重；②岸坡土质情况，崩塌段为砂性非黏性土，冲刷过程中坡脚易被淘刷，导致岸坡变陡，稳定性降低，当岸坡稳定性降低到一定程度后，在重力作用下岸坡便会发生崩塌。

（4）试验中通过三维激光扫描仪对冲刷后的裸土岸坡进行扫描，通过点云数据处理初步实现了冲刷岸坡的逆向建模（图 2.16），获得冲蚀量值（$0.29m^3$）；同时对岸坡的三维点云数据按 1m 间隔抽取，获得各断面的冲蚀截面面积及法向最大冲蚀厚度值，为裸土冲蚀程度及崩岸机理分析提供数据支撑。

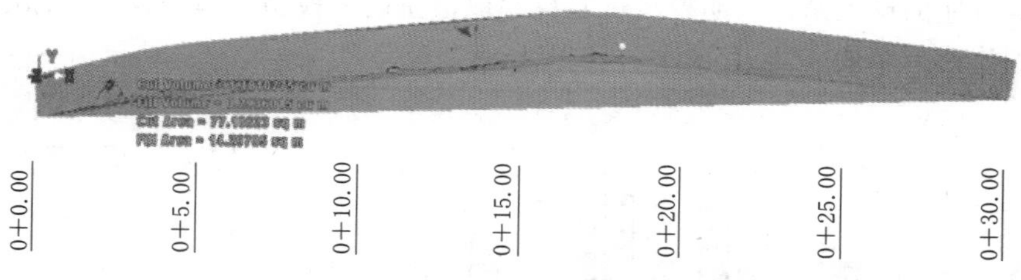

图 2.16　A_1 组冲刷试验岸坡逆向模型

2.2.3　A_2 组试验情况与成果分析

2.2.3.1　试验实施情况

（1）试验前设施改造情况。

1）针对 A_1 组试验中出现流速仪被杂物草根缠绕无法准确读数的情况，试验前在流速仪测杆外安装了过滤网罩。

2）针对 0+2.00～0+8.00 桩号严重紊流现象，在 A_2 试验前临时性地对此段裸土岸坡进行了土工膜护岸。

（2）试验过程。

A_2 组试验的主要目的是获得不同较小流量（流量控制在 90L/s 以下）、大流速、低水深情况下水流对裸土冲刷破坏程度的影响因素，并研究冲蚀强度与分布等的关系。2013 年 9 月 16 日进行了 A_2 组两个阶段的冲刷试验，共历时 145min。其中第一阶段的试验裸土冲刷时长为 71min，控制冲刷流量为 48L/s；第二阶段的试验裸土冲刷时长为 64min，控制冲刷流量为 88L/s。

2.2.3.2 试验现象及成果分析

试验中水力侵蚀大部分表现为水流淹没区域的坡脚淘蚀现象，仅出现两处小范围的崩塌，通过观测可知两个阶段的冲刷流速均在0.75～2.08m/s和1.05～2.18m/s，观测成果见表2.4。经现场人工测量和三维激光扫描获得的两个阶段岸坡冲蚀截面面积及法向深度数据可知，随着冲刷流速提高及水深增加，部分区域纵向冲蚀高度及法向冲蚀深度均有所增加，其两次法向冲蚀平均深度差为16mm。

表2.4 A_2组试验第1、第2次冲刷流速及水深统计表

观测断面/m	流速 v/(m/s)		水深 h/mm	
	第1次冲刷	第2次冲刷	第1次冲刷	第2次冲刷
0+5.00	1.77	2.17	90	120
0+10.00	1.56	2.10	70	90
0+15.00	2.08	2.18	70	90
0+20.00	1.10	1.06	130	165
0+25.00	0.75	1.10	110	135
0+30.00	0.84	1.05	110	145
0+35.00	0.97	1.10	130	175

试验中通过流速观测可以看出：渠道0+5.00～0+15.00桩号上游段的流速(1.10cm开度时流速为1.76～2.08m/s，2.00cm开度时流速为2.10～2.18m/s)均大于0+20.00～0+35.00下游段(1.10cm开度时流速为0.75～1.10m/s，2.00cm开度时流速为1.05～1.10m/s)。两次数据采集过程中上游段多次人工采集的流速数据变化较大，而下游段多次人工观测的流速测值较稳定。

0+0.00～0+5.00桩号分别有混凝土硬质岸坡和土工膜保护，此段不作冲蚀效果分析，该段岸坡防护长度的增加使得下游0+5.00～0+28.5段在水流冲击作用下呈现了不同程度的冲蚀现象。两个阶段试验中崩塌现象较明显发生在0+5.80～0+7.80、0+12.20～0+12.95及0+19.02～0+19.43范围。由两个冲刷阶段的逆向模型及色谱和法向最大冲蚀厚度分布图(图2.17和图2.18)可以看出岸坡冲刷淘蚀程度也在扩大，其

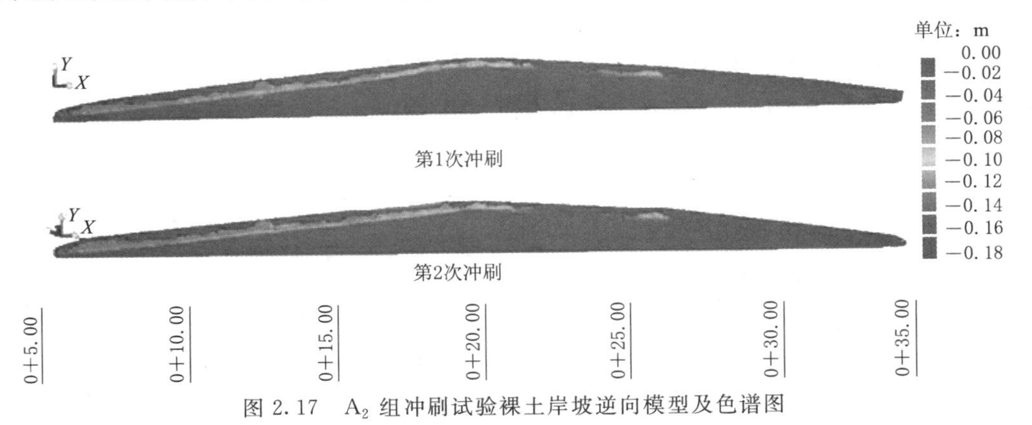

图2.17 A_2组冲刷试验裸土岸坡逆向模型及色谱图

开度 11mm 时和开度 20mm 时的冲蚀量分别为 $0.39m^3$ 和 $0.44m^3$（表 2.5），主要原因是提高了冲刷流速和增加了冲刷时间。

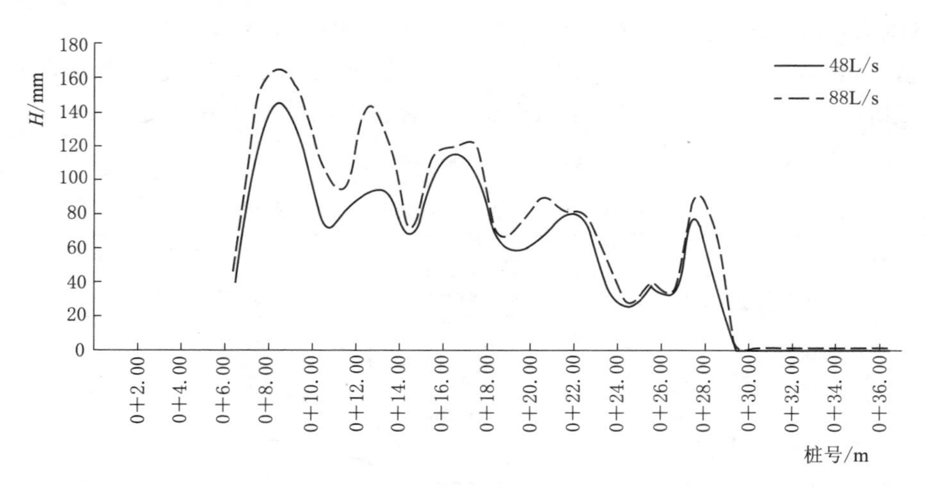

图 2.18　A_2 组冲刷试验法向最大冲蚀厚度分布图

表 2.5　　A_3 组 2 个阶段最大冲蚀厚度、冲刷高度、冲蚀面积及冲蚀量统计表

冲刷阶段	最大冲蚀厚度/mm	崩塌高度/mm	冲蚀面积/m^2	冲蚀量/m^3
第 1 次	390	773	31.16	0.39
第 2 次	415	848	31.93	0.44

2.2.4　A_3 组试验情况与成果分析

2.2.4.1　试验实施情况

（1）试验前设施改造情况。

1）对 A_2 试验临时性土工膜护岸进行改造，将 0+2.00～0+8.00 桩号裸土岸坡更换为永久水泥砂浆岸坡。

2）满足 A_3 试验中对渠道水深的要求，在 0+36.00 桩号安装了 35cm 高的实用档水堰，以雍高渠道水深。

（2）试验过程。

为了研究在外界其他因素保持不变的条件下（即定流速、定流量、大水深），冲刷时间与岸坡断面破坏现象的相关关系。2013 年 10 月 9 日进行了 A_3 组的冲刷试验，试验中前两次冲刷阶段的上游前池水位分别控制为 1.25m 和 1.20m，闸门开度均为 61mm，冲刷时间分别为 65min、60min。第三阶段为模型供水能力及大流量循环控制（300L/s 以上）探索性试验，试验历时 60min。

2.2.4.2　试验现象及成果分析

经观测和计算，本次试验两个阶段闸口出流分别控制为 237L/s、232L/s，核对两个阶段试验各桩号的流速、水深的观测数据可知，此次试验基本满足关于定流速、流量及水深的要求。每个断面的流速及水深见表 2.6，从表中可以看出流速测值在 0+15.00～

0+20.00 段相差最大，最大差值为 0.25m/s，其他断面的测值相差不大。两次试验 0+25.00～0+35.00 段流速较恒定，在 0.42～0.45m/s，水深为 413～496mm。两次试验的冲刷堆积均从 0+15.00 桩号开始至挡水堰，冲刷堆积厚度从 5～22cm 不等。

表 2.6　　A_3 组试验第 1、第 2 次冲刷流速及水深统计表

观测断面 /m	流速 v/(m/s)		水深 h/mm	
	第 1 次冲刷	第 2 次冲刷	第 1 次冲刷	第 2 次冲刷
0+10.00	1.96	1.86	80	90
0+15.00	2.24	2.08	164	161
0+20.00	1.59	1.34	187	181
0+25.00	0.88	0.79	420	413
0+30.00	0.43	0.45	481	478
0+35.00	0.42	0.45	496	492

通过 2h 的试验观测、观察及对 2 次冲刷后的岸坡进行三维激光扫描获得直观的侵蚀量分布色谱图（图 2.19）及法向冲蚀深度成果（图 2.20、表 2.7），可以看出：

（1）相同的冲刷时间下，流速越大，水深越大，岸坡的破坏越剧烈，水流对岸坡冲刷破坏高度越大。试验中出现大方量崩塌，崩塌区域主要集中在桩号 0+9.00～0+16.00，最大崩塌高度发生在 0+14.00 桩号；经过 2h 的冲刷，崩塌高度由 768mm 增加到 844mm；最大冲蚀厚度则在 0+10.00 桩号，深度分别为 370mm、420mm。

（2）第三阶段的试验去除了挡水堰，闸门开度 80mm，上游水位 1.25m，闸口出流为 $0.31m^3/s$，0+25.00～0+35.00 段流速测值为 1.39～1.52m/s（第一、第二阶段此区域的流速为 0.42～0.88m/s），可以看出挡水堰虽然起到了雍高水头的作用，却是以损失流速为代价的。

（3）在相同水流条件下，随着冲刷时间的延长，冲蚀量呈递增趋势，其中 1h 的冲蚀量为 $1.26m^3$，2h 后的冲蚀量增加到 $1.78m^3$。

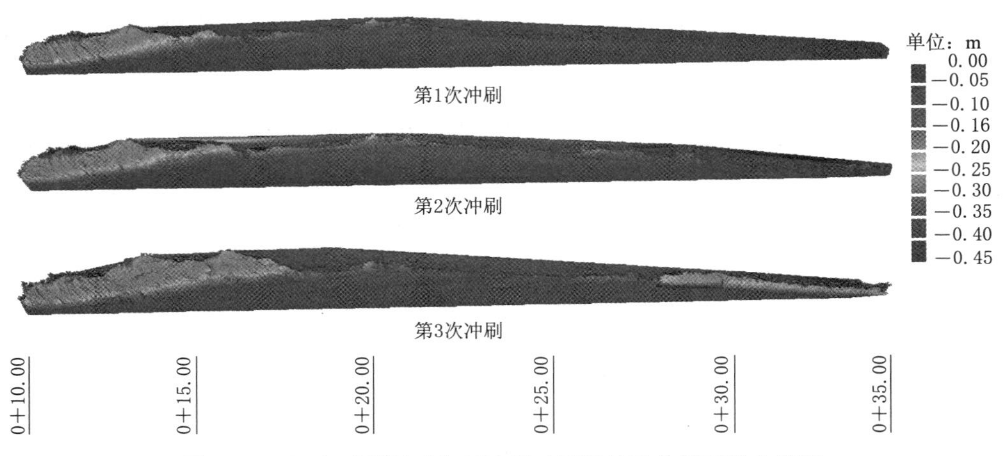

图 2.19　A_3 组冲刷试验相近流量冲刷岸坡逆向模型及色谱图

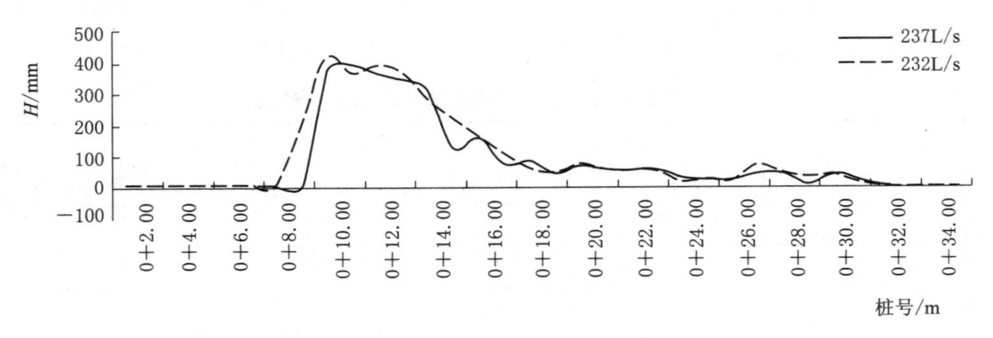

图 2.20　A_3 组冲刷试验前两个阶段法向最大冲蚀厚度分布图

表 2.7　　A_3 组各断面法向最大冲蚀厚度、崩塌高度及冲蚀量统计表

冲刷阶段	最大冲蚀厚度/mm	崩塌高度/mm	冲蚀量/m^3
第 1 次	390	773	1.26
第 2 次	415	848	1.78
第 3 次	438	1070	2.75

2.2.5　A_4 组试验情况与成果分析

2.2.5.1　试验实施情况

A_4组试验的主要目的是获得不同较大流量（流量控制在 90L/s 以上）、大水深情况下水流对裸土冲刷破坏程度的影响因素，并研究与冲蚀强度及其分布的关系。2013 年 10 月 22 日开展了 A_4组的冲刷试验，此次试验共经历了 5 个冲刷过程，冲刷历时各 1h，共 5h，流量控制分别为 88L/s、154L/s、241L/s、312L/s、351L/s。

2.2.5.2　试验现象和成果分析

此次试验在下游设置了挡水堰，雍高了试验水位，使得渠道过流流速有所损失，普遍小于同研究性质的 A_2 试验的流速，各阶段的流速均小于 2m/s。5 个阶段渠道各阶段水深、流速见表 2.8 和表 2.9。

表 2.8　　A_4 组试验各个阶段渠道各断面水深观测数值表　　单位：mm

桩号/m	第 1 次冲刷	第 2 次冲刷	第 3 次冲刷	第 4 次冲刷	第 5 次冲刷
0+10.00	80	90	160	120	—
0+15.00	170	270	340	280	400
0+20.00	270	400	380	440	390
0+25.00	320	450	500	490	520
0+30.00	365	490	550	560	530
0+35.00	470	485	530	520	530

表 2.9 A_4 组试验冲刷各个阶段渠道流速观测数值表 单位：m/s

桩号/m	第 1 次冲刷	第 2 次冲刷	第 3 次冲刷	第 4 次冲刷	第 5 次冲刷
0+10.00	1.93	1.81	1.14	2.02	1.98
0+15.00	0.69	1.01	1.61	1.78	1.64
0+20.00	0.47	0.39	0.99	0.98	1.71
0+25.00	0.30	0.33	0.55	0.73	1.24
0+30.00	0.24	0.30	0.54	0.61	1.06

试验中，开闸放水后也是在 1min 以内即出现坡脚被明显淘刷的状况，随着冲刷时间的延续，各断面淘刷程度不断增大，5 个阶段的冲蚀量由 0.96m^3 逐渐增加到 3.26m^3（图 2.21）。其中淘刷较严重的发生在 0＋8.00～0＋17.00 桩号范围（流速为 1.14～1.93m/s），这个区域发生大面积崩塌现象，每个阶段的崩塌程度发育呈扩大趋势，图 2.22～图 2.24 分别是 A_4 组冲刷试验各阶段岸坡逆向模型及色谱和最大冲蚀厚度分布图，最大冲蚀厚度、崩塌高度及冲蚀量统计见表 2.10。

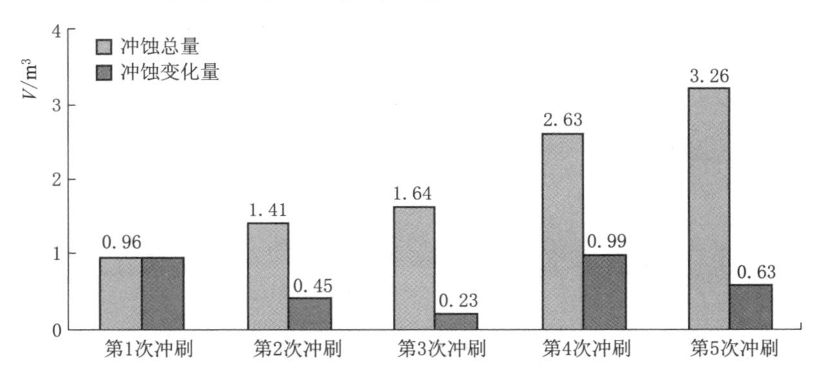

图 2.21 A_4 组冲刷试验冲蚀量柱状图

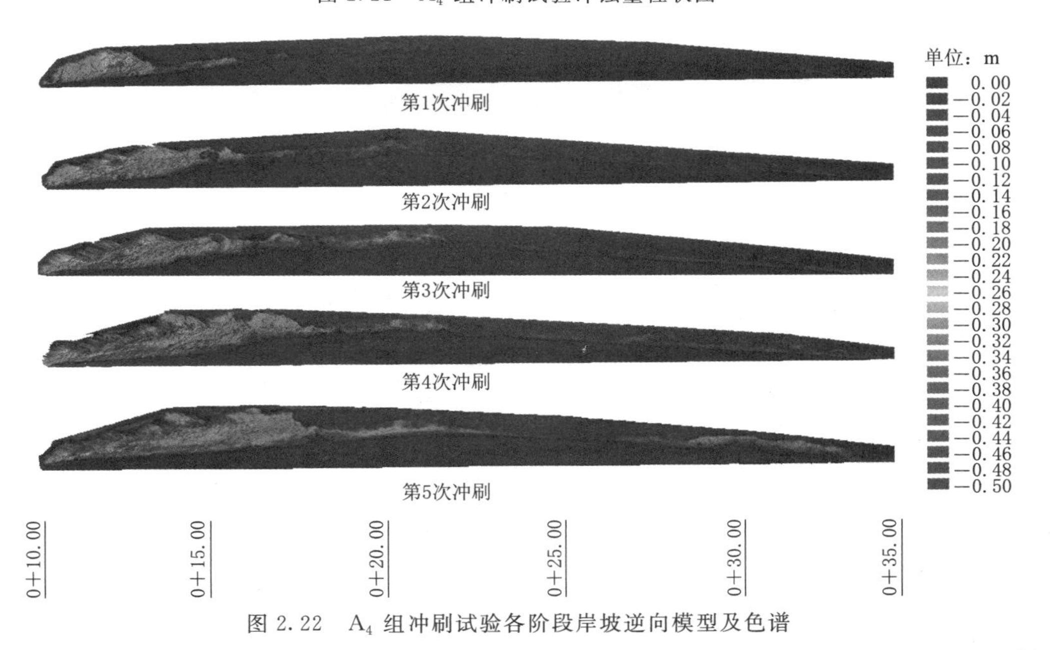

图 2.22 A_4 组冲刷试验各阶段岸坡逆向模型及色谱

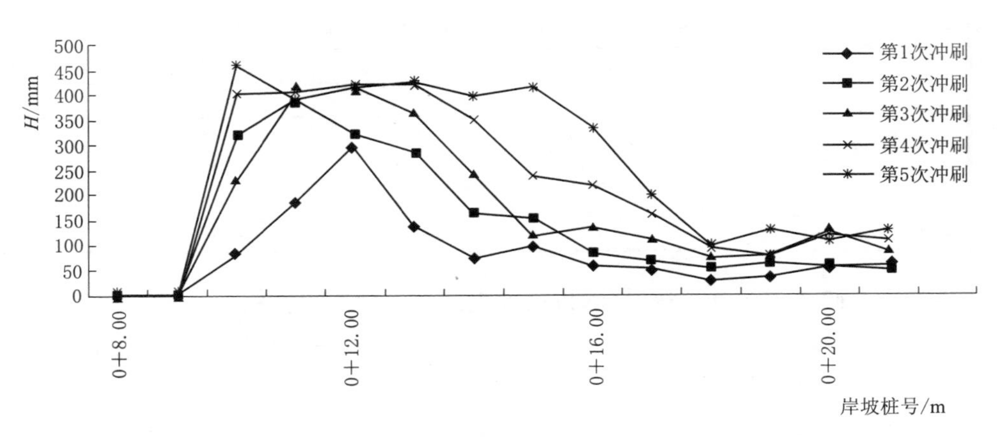

图 2.23　A_4 组试验岸坡各断面最大冲蚀厚度分布图

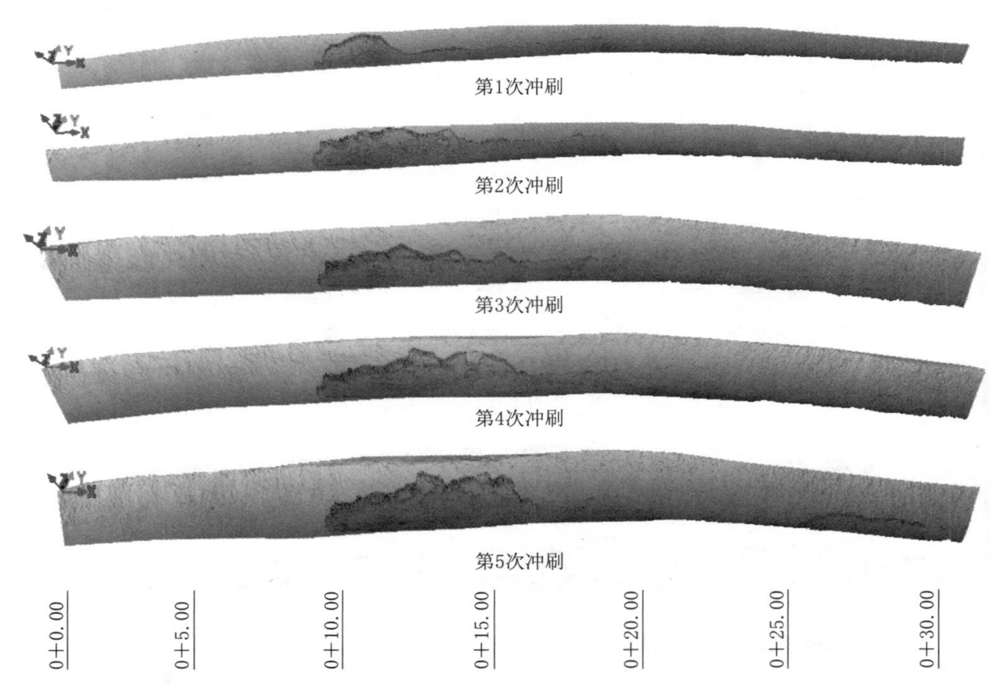

图 2.24　典型的 A_4 组冲刷试验各阶段崩岸发育过程逆向模型

表 2.10　　A_4 组各断面最大冲蚀厚度、崩塌高度及冲蚀量统计表

冲刷阶段	最大冲蚀厚度/mm	崩塌高度/mm	冲蚀量/m^3
第 1 次	294	846	0.96
第 2 次	382	848	1.41
第 3 次	412	886	1.64
第 4 次	418	1119	2.63
第 5 次	456	1144	3.26

2.2.6　大比尺模型试验裸土岸坡冲蚀模数比较

2.2.6.1　冲蚀模数的确定

由于裸土冲刷试验模型是单一、封闭的水文单元，模型渠道内冲蚀的颗粒、泥沙部分输出到渠道之后，其余的停积于渠道内，近似应用坡面冲蚀模数，可以计算出一定水流条件下单位时间内单位面积的冲蚀量，即冲蚀模数。表述公式为

$$R=\frac{M}{At}=\frac{\frac{\gamma_{饱和}}{g}V}{At} \tag{2.1}$$

式中：R 为坡面冲蚀模数，g/(m^2 · h)；M 为冲刷量，g；A 为冲蚀面积，m^2；t 为冲刷时间，a；$\gamma_{饱和}$ 为裸土的饱和容重，N/m^3；V 为冲蚀土壤体积，m^3。

2.2.6.2　不同冲刷流速条件下的冲蚀模数

为了消除每组冲刷试验中冲刷效果与本组中前面冲刷阶段条件的差异性及冲蚀效果累加等的因素影响，冲蚀模数的计算均选用 A_2、A_3、A_4 组第 1 次冲刷参数及冲刷成果（表 2.11）。以水流条件 2.00m/s、1.00m/s 流速为例，考察在相同水流条件及相同冲刷历时（冲刷时间均为 1h）、不同径流深度情况下裸土岸坡冲蚀模数的差异性。

表 2.11　A_2、A_3、A_4 组第 1 次冲刷试验冲蚀模数比对表（1h）

试验组次	流量/(L/s)	流速/(m/s)	桩号/m	冲蚀面积/m^2	冲蚀量/m^3	冲刷历时/h	冲蚀模数/[×10^{4}g/(m^2 · h)]	与流速 2.00m/s 的模数比值/%
A_2	48	2.00	0+5.00～0+15.00	1.30	0.31	1.18	53.6	
A_3	237		0+10.00～0+15.00	4.32	0.90	1.08	51.5	
A_4	88		0+10.00～0+15.00	2.89	0.47	0.93	46.6	
A_2	48	1.00	0+15.00～0+35.00	3.60	0.08	1.18	4.82	9.00
A_3	237		0+20.00～0+25.00	3.03	0.07	1.08	5.37	10.40

由表 2.11 可以看出：在相同岸坡、流速及历时条件下，冲蚀模数相近，如模型径流流速为 1.00m/s 时，裸土岸坡的冲蚀模数数量级为 1×10^4；当流速为 2.00m/s 时，冲蚀模数数量级为 1×10^5，这与河海大学钟春欣关于“生态型护岸抗侵蚀性能及水力特性研究”室内水槽冲刷试验中红壤土岸坡在 2.00m/s 流速冲刷时所获得的冲蚀模数处于同一量级。

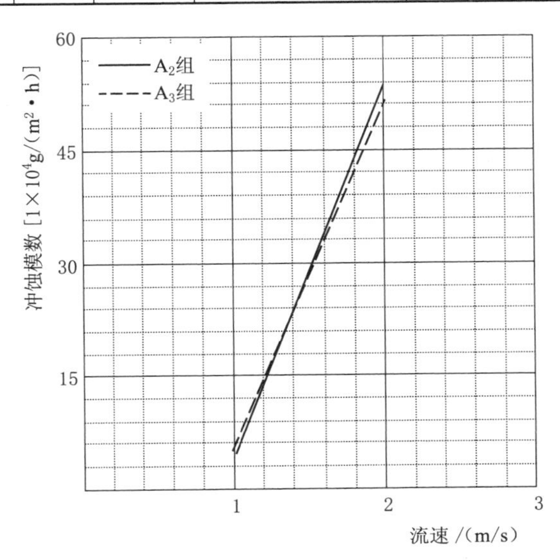

图 2.25　A_2、A_3 组冲蚀模数与流速关系曲线（相同冲刷历时）

图 2.25 中 A_2、A_3 组冲蚀模数与流速关系曲线显示了裸土岸坡在坡面径流冲刷下各自的冲蚀模数随流速变化的趋势，同时也表明，在相同坡面条件下，冲蚀模数随着坡面流速的增大而增加，与径流流速成正比关系。

2.2.6.3　相同冲刷流速条件下的冲蚀模数比较

A_3组前 2 组试验基本符合近流速、流量及水深的水流条件（表 2.12），两个阶段出口流量为 232～237 L/s，并且在岸坡的 0＋10.00～0＋15.00、0＋20.00～0＋25.00、0＋30.00～0＋35.00 桩号两个阶段的平均流速均为 2.00m/s、1.00m/s、0.50m/s。试验数据表明：在相同水流及坡面条件下，试验前期随着冲刷时间的延续，岸坡的冲蚀模数随着作用时间的增大而增加，与时间成正比；随后岸坡冲蚀模数呈减小趋势，这种现象主要从起动流速和破坏面对近岸流速的影响两个方面进行分析。首先，当水流流经岸坡时，岸坡被水流浸泡、冲刷，冲蚀现象发生，并由于岸坡为非均质土颗粒组成，当水流流速大于一部分粒径土颗粒的起动流速时，小于该粒径的土颗粒大部分被水流携走，而大于该粒径的土颗粒却有留在岸坡上或者积于坡脚的可能，从而对岸坡的进一步破坏形成阻碍，减缓了岸坡破坏的趋势；其次，从破坏面对近岸流速的影响方面来讲，当破坏面形成后，凹陷以及部分坍塌的岸坡使破坏区域的水流流态变得复杂，消耗了水流能量，减缓了近岸流速，从而阻止了岸坡进一步破坏。图 2.26 显示了裸土岸坡在径流冲刷下各自的冲蚀模数随时间变化的趋势，也揭示了冲蚀量随时间变化的规律。

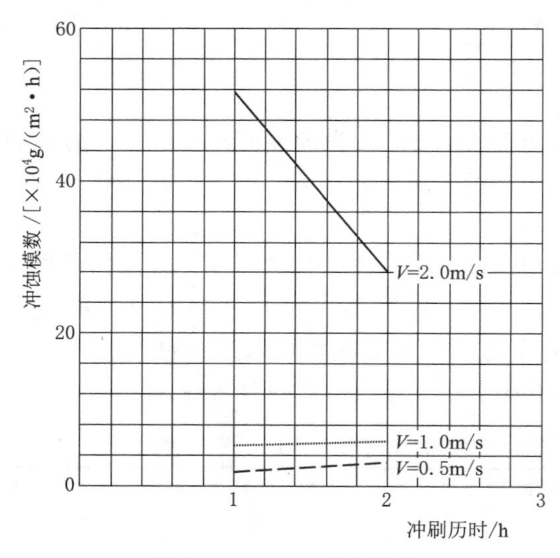

图 2.26　A_3 组冲蚀模数与时间关系曲线（同冲刷流量）

表 2.12　A_3 组第 1、第 2 次冲刷阶段不同流速区域的冲蚀模数比对表

流量 /(L/s)	流速 /(m/s)	冲刷历时 /h	流速 /(m/s)	桩号/m	冲蚀面积 /(m²)	冲蚀量 /(m³)	冲蚀模数 /[×10⁴g·(m²·h)]
237	2.00	1.08	2.0	0＋10.00～0＋15.00	4.32	0.90	51.6
	1.00		1.0	0＋20.00～0＋25.00	3.03	0.07	5.39
	0.50		0.5	0＋30.00～0＋35.00	3.88	0.03	1.85
232	2.00	1.0	2.0	0＋10.00～0＋15.00	4.68	1.02	27.9
	1.00		1.00	0＋20.00～0＋25.00	3.15	0.14	5.86
	0.50		0.50	0＋30.00～0＋35.00	3.97	0.10	3.17

2.2.6.4　裸土岸坡的平均冲蚀模数

冲蚀模数是表征河道岸坡水力侵蚀强度和程度的综合性指标。模型冲刷试验 A_4 组试验对岸坡在复杂水流水工况条件下，是否能用冲蚀模数量化实际侵蚀程度的大小及冲蚀量与流速、时间的关系进行了探索（表 2.13）。裸土岸坡平均冲蚀模数与流量的关系曲线（图 2.27）表明：在一定水流条件下，冲刷前期经历了一段剧烈破坏之后，横向

岸坡并不是无限发展的过程，而是经历了一段剧烈破坏之后，破坏烈度逐渐趋于减缓的特性，冲蚀模数量呈减小趋势；当径流流速及流量增大到一定量值时，冲蚀模数量呈现递增。

表 2.13 A_4 组各阶段冲蚀模数统计表

冲刷阶段	流量/(L/s)	总历时/h	平均流速/(m/s)	冲蚀面积/m^2	冲蚀量/m^3	冲蚀模数 /[$\times 10^4$g·(m^2/h)]
第 1 阶段	88	0.93	0.73	12.6	0.96	21.9
第 2 阶段	154	1.78	0.77	13.7	1.42	15.5
第 3 阶段	241	3.38	0.96	14.1	1.6	9.2
第 4 阶段	312	4.23	1.23	15.1	2.63	11.0
第 5 阶段	351	5.07	1.53	16.3	3.26	10.5

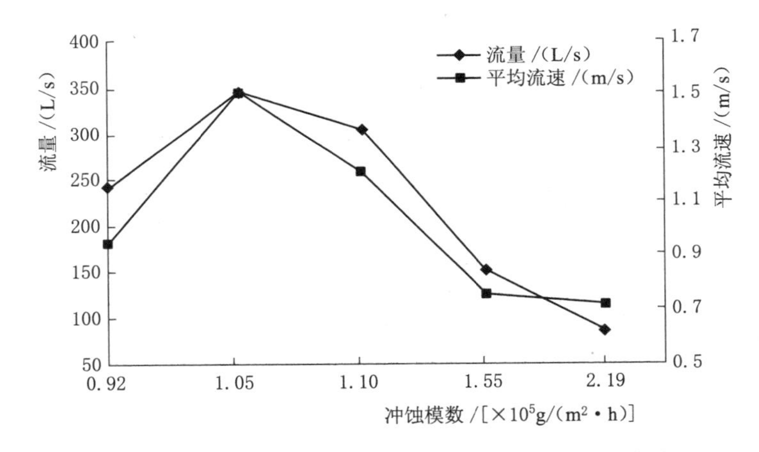

图 2.27 岸坡冲刷试验冲蚀模数与流量、流速关系图

2.3 基于冲刷试验的砾石土岸坡失稳破坏过程分析

本节详细分析三维激光扫描和现场传统测量成果，依据不同阶段的破坏特征，将岸坡破坏划分为 3 个阶段，即冲刷破坏阶段、局部失稳阶段和整体失稳阶段，确定新疆北部地区砾石土岸坡的冲刷变形失稳过程与破坏模式。

2.3.1 基于全站仪测量的恒定流速条件下岸坡变形与冲刷时间的关系

本试验全程保持恒定流速，即保持前池水深和闸门开度不变，闸门开度 e、前池水深 H_0 的含义如图 2.28 所示。每次试验包括 3 组冲刷过程，每次冲刷时间为 1h，共进行了 3 次冲刷试验。在冲刷试验前，先使用全站仪对渠道进行地形测量，并在每次冲刷试验后对发生冲刷破坏最严重的断面位置进行标记并记录相应的流速、渠道水深、岸坡破坏高度等（表 2.14 和图 2.28）。本次试验岸坡最先发生破坏的位置桩号为：0+14.00，该处也是冲刷试验结束时破坏最严重的位置。

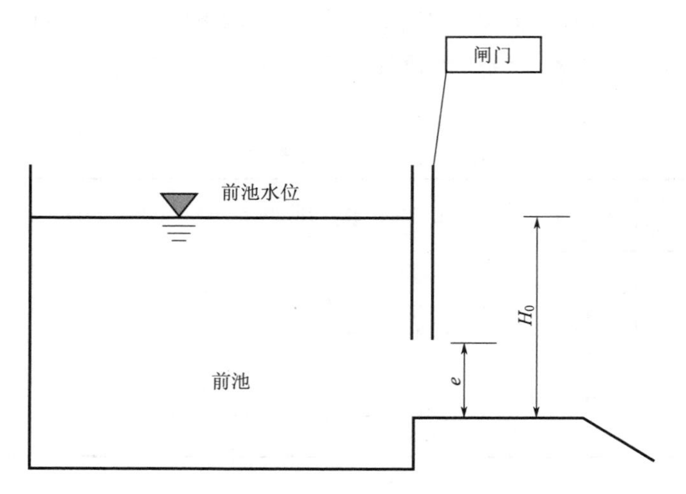

图 2.28　大比尺模型试验前池示意图

表 2.14　　全站仪测量的定流速冲刷下岸坡变形量

试验次数	试验序号	断面流速 v/(m/s)	渠道水深 h/m	岸坡破坏高度 h_d/m	前池水深 H_0/m	闸门开度 e/cm
1	第 1 组	0.86	0.18	0.30	1.20	3
	第 2 组	0.91	0.19	0.56	1.20	3
	第 3 组	0.85	0.17	0.62	1.20	3
	平均值	0.87	0.18	—	1.20	3
2	第 1 组	1.19	0.41	0.42	1.50	8
	第 2 组	1.17	0.39	0.81	1.50	8
	第 3 组	1.21	0.43	0.85	1.50	8
	平均值	1.19	0.41	—	1.50	8
3	第 1 组	1.61	0.58	0.61	1.85	10
	第 2 组	1.63	0.59	0.95	1.85	10
	第 3 组	1.65	0.54	1.05	1.85	10
	平均值	1.63	0.57	—	1.85	10

试验结果分析如下：

(1) 由表 2.14 和图 2.29 可以发现，如果外界条件保持不变，岸坡横向破坏并不是无限发展的过程，而是经历了一段剧烈破坏之后，破坏趋势逐渐减缓，趋于停止。这可以从起动流速和破坏面对近岸流速的影响两个方面进行解释。首先，当水流流经岸坡时，岸坡开始被水流冲刷，由于岸坡为非均质土颗粒组成的岸坡，当水流流速大于岸坡某一粒径土颗粒的起动流速时，小于该粒径的土颗粒以较大概率被冲走，而大于该粒径的土颗粒以较大概率留在岸坡上或者堆积于坡脚，对岸坡的进一步破坏形成阻碍，减缓了岸坡破坏的趋势；其次，从破坏面对近岸流速的影响方面来讲，当破坏面形成后，凹陷以及部分坍塌的岸坡使破坏区域的水流流态变得复杂，消耗了水流能量，减缓了近岸流速，从而阻止了岸坡进一步破坏。

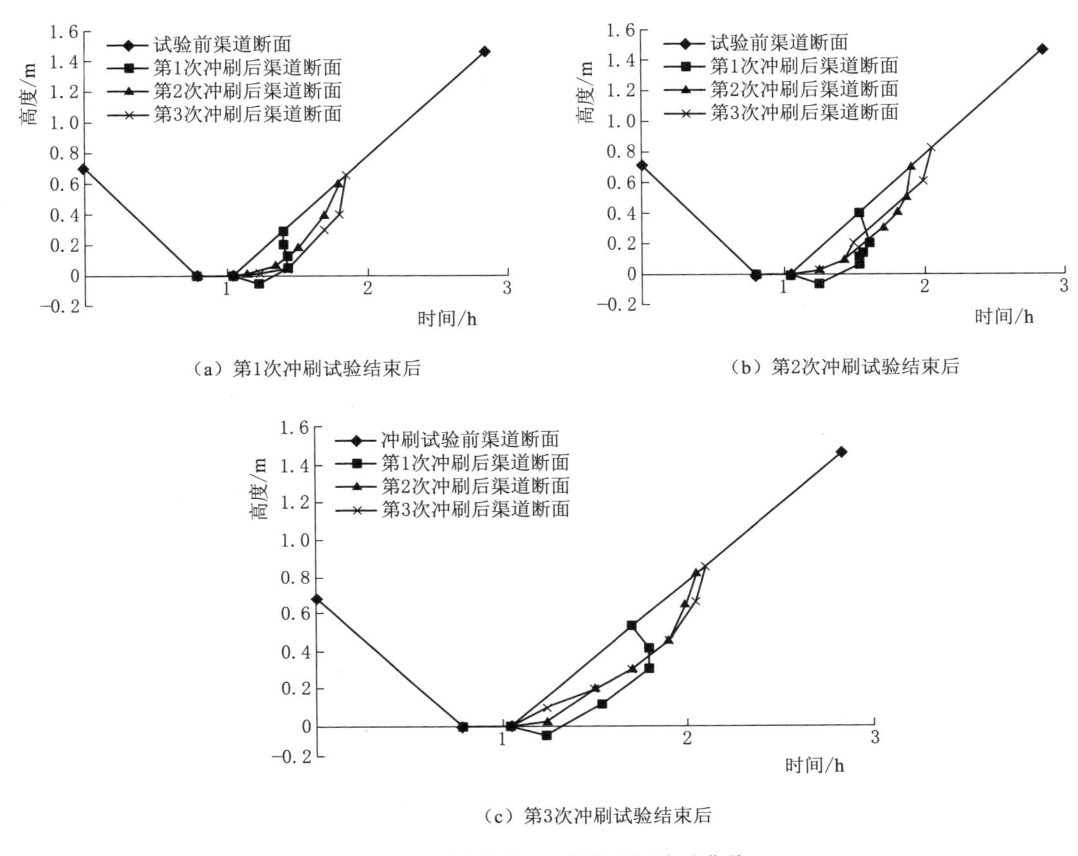

(a) 第1次冲刷试验结束后

(b) 第2次冲刷试验结束后

(c) 第3次冲刷试验结束后

图 2.29 渠道断面-冲刷时间关系曲线

(2) 相同冲刷时间作用下，流速越大，水深越大，岸坡破坏越剧烈，水流对岸坡冲刷破坏高度越大。

(3) 根据本项研究，定义以下概念：保持相同流速冲刷 1h，即可达到冲刷破坏，此时岸坡的破坏高度为冲刷破坏高度 h_d；相同流速冲刷 2h，即可达到岸坡局部失稳，此时岸坡的破坏高度即为局部失稳破坏高度 H。在流速、水深等条件保持不变的情况下，对于同一岸坡而言，岸坡局部失稳的破坏高度 H 近似一定值；但是不同流速、不同水深条件下，岸坡局部失稳的破坏高度 H 不同。

2.3.2 基于三维激光扫描仪测量的变流速条件下岸坡变形与冲刷时间的关系

在本项试验进行过程中，流速梯级递增，即每级流速保持 2h 不变，暂停后再次冲刷时需要加大流速。本次试验共进行了 6 组冲刷，每次冲刷试验后对发生冲刷破坏最严重的断面位置进行标记并记录相应的流速、渠道水深、岸坡破坏高度等（表 2.15），试验中岸坡最先发生破坏的位置桩号为：0+14.00，该点位置也是冲刷试验结束时破坏最严重的位置。以试验前的三维激光扫描点云图为基准，利用软件 GeoMagic 对比各组试验后岸坡与冲刷试验开始前竖直方向的高差 Δz。最后一次冲刷结束后点云图和色谱图如图 2.30 所示，色谱图可以直观地确定破坏位置以及破坏程度。需要注意的是岸坡破坏处往往堆积有崩滑体的残余土块，GeoMagic计算 Δz 时并不能剔除这一部分，所以残余土块高度 h_l 需要人工测量，原因如图2.31所示。根据该图可知

$$H = h_l + \Delta z \tag{2.2}$$

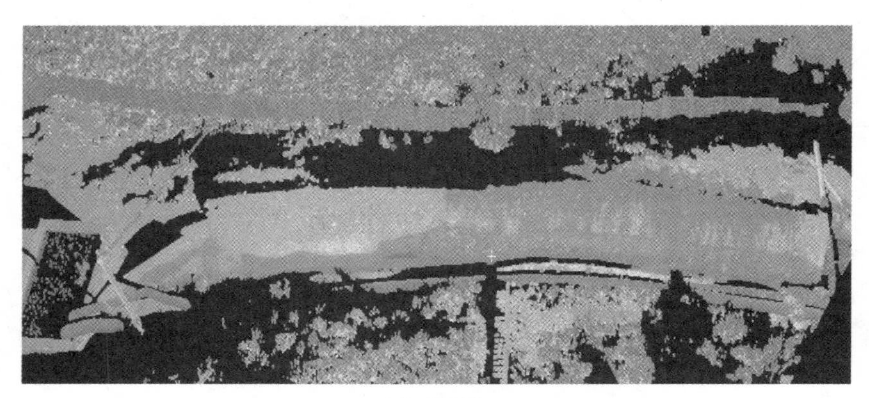

（a）点云图

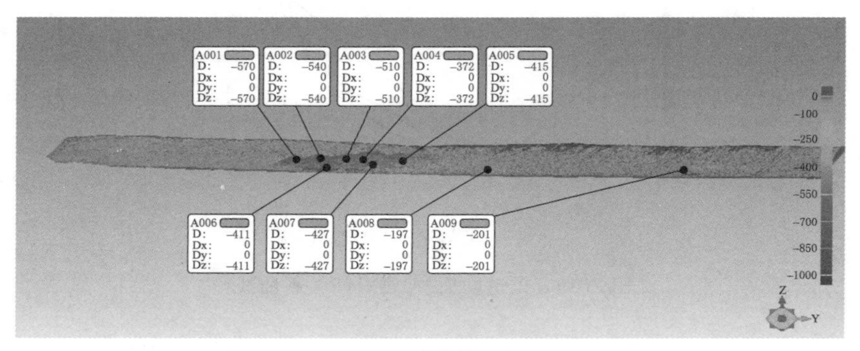

（b）色谱图

图2.30　三维激光扫描仪测量的变流速冲刷下岸坡变形破坏过程

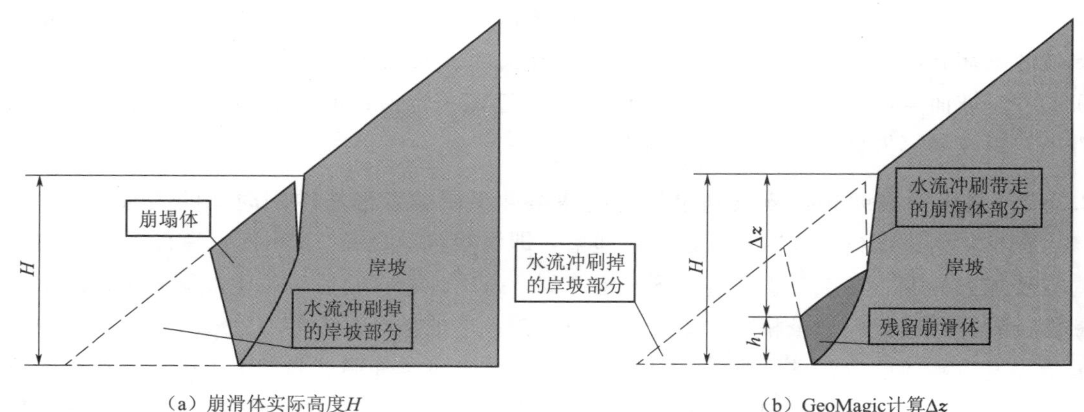

（a）崩滑体实际高度H　　（b）GeoMagic计算Δz

图2.31　崩塌高度示意图

结果见表 2.15 中 GeoMagic 软件分析计算的岸坡崩塌高度一栏。

表 2.15　　三维激光扫描仪测量的变流速冲刷下岸坡变形量

序号		1	2	3	4	5	6
断面流速 v/(m/s)		0.86	1.07	1.15	1.32	1.44	1.49
渠道水深 h/m		0.19	0.25	0.32	0.40	0.40	0.60
破坏高度 h_d/m		0.32	0.33	0.40	0.50	0.60	0.72
前池水深 h/m		1.2	1.35	1.5	1.6	1.7	1.85
闸门开度 e/cm		3	3	3	5	8	12
淤积高度 h_l/m		0.36	0.28	0.23	0.3	0.42	0.40
Δz/m		0.33	0.46	0.56	0.55	0.54	0.57
岸坡崩塌高度 H/m	人工实测	0.71	0.78	0.81	0.84	0.98	1.00
	GeoMagic 计算	0.69	0.74	0.79	0.85	0.96	0.97

软件 GeoMagic 计算的岸坡破坏高度与人工实测岸坡破坏高度结果对比如图 2.32 所示。由图 2.32 可知，软件 GeoMagic 计算结果与实测结果较为符合。在后续的岸坡变形研究中，可以使用三维激光扫描仪以及分析软件 GeoMagic 减小劳动强度，提高工作效率。

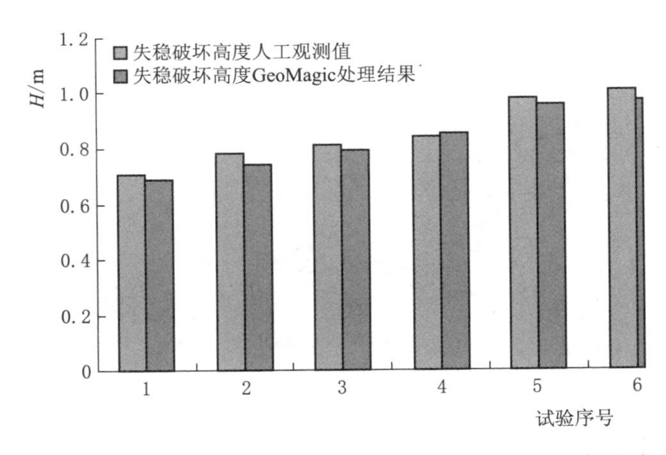

图 2.32　软件 GeoMagic 计算的岸坡失稳破坏高度与人工实测对比图

(1) 根据表 2.14 可以发现，岸坡局部失稳破坏高度随着流速、水深的增大而增大，岸坡在相同流速冲刷 2h 后即可达到岸坡局部失稳破坏。根据试验现象，保持其他外界因素不变，先使岸坡在较低流速冲刷 2h，使之达到局部失稳破坏，再逐步加大流速使之继续发生新的局部失稳破坏。

在经历 6 次冲刷破坏之后，当岸坡局部破坏高度增大后，该断面沿横向崩塌的趋势会减缓，即岸坡横断面的破坏趋势逐渐减小；顺着河道方向，岸坡破坏区域不断扩展加大，以致对岸坡造成整体破坏。这仍然可以从起动流速和破坏面对近岸流速的影响两个方面进行解释，机理与试验（1）的试验结果分析一致。

（2）试验中发现冲刷初始阶段岸坡水上部分发生小块土体滑崩，但岸坡沿河道方向未发生较大破坏，只发生局部失稳破坏。冲刷后期试验现象为岸坡水上部分发生大块土体滑崩，岸坡破坏沿河道方向迅速发展，岸坡受损严重，发生整体失稳破坏。

（3）在基于全站仪测量的定流速条件下，岸坡变形发展与冲刷时间的关系研究试验和基于三维激光扫描仪测量的变流速条件下岸坡变形破坏过程研究试验中，最先发生破坏的位置桩号均为0＋14.00。该处也是冲刷试验结束时破坏最严重的地方，两次试验发生破坏的位置相同。该处是混凝土渠首与砾石土岸坡结合处，混凝土强度远高于砾石土岸坡。该结论表明岸坡破坏是沿着护岸结构强度发生突变的地方开始，并向护岸结构强度较弱的一方发展。

2.3.3　砾石土岸坡破坏过程与破坏规律研究

2.3.3.1　岸坡冲刷破坏过程划分

结合两项试验研究可知，岸坡破坏过程可以划分为3个阶段：①冲刷破坏阶段；②局部失稳破坏阶段；③整体失稳破坏阶段。冲刷破坏阶段是以水流冲刷为主要影响因素的水力破坏，主要特点是岸坡破坏面主要产生在水面以下，在水力冲刷下破坏面呈弧形，几乎看不到岸坡的土块掉落［图2.33（a）］；局部失稳破坏阶段是岸坡经历了水流冲刷，坡脚被淘蚀后的岸坡失稳，其特征是岸坡破坏面主要产生在水面以上，失稳岸坡形成崩滑体，以较大块体滑入水中［图2.33（b）］；整体失稳阶段是岸坡经历了较长时间的冲刷与局部破坏后发生整体失稳。此阶段之后岸坡上游和下游将会产生剧烈的崩塌破坏，从而形成较大的纵向破坏［图2.33（c）］。

（a）冲刷破坏阶段

（b）局部失稳阶段

（c）整体失稳阶段

图2.33　岸坡纵向破坏过程

根据横断面的破坏特征，岸坡的冲刷破坏过程可以分为3个阶段：冲刷破坏阶段、局部失稳阶段和整体失稳阶段。三阶段划分如图2.34所示，对应纵向岸坡的破坏如图2.34所示。

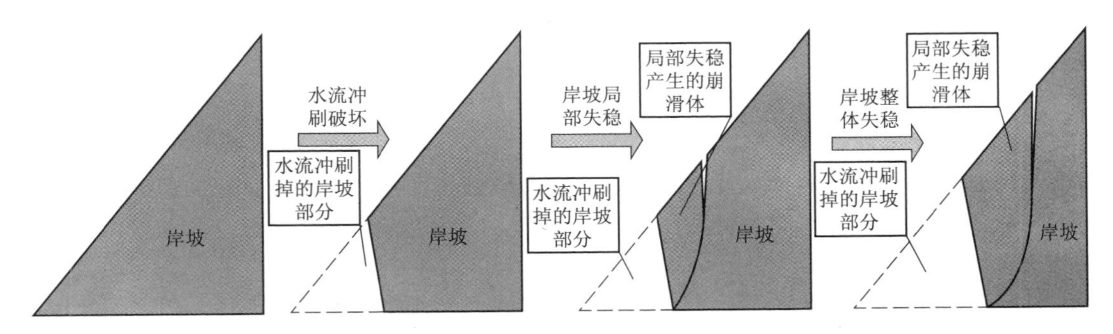

图 2.34 岸坡横向破坏三阶段划分示意图

2.3.3.2 岸坡横向破坏规律

岸坡冲刷破坏的每个阶段都是水流、岸坡土体共同作用的结果，但是，每个阶段主要作用因素不同，故其破坏机理也不尽相同。

(1) 冲刷破坏阶段。主要控制因素是水流条件，破坏的主要原因是水流流速大于岸坡某粒径颗粒的起动流速时，水流将一部分岸坡土颗粒带走，岸坡坡脚局部被淘蚀，破坏程度较轻。流速和水深是水流的主要影响因素，两者与岸坡的冲刷破坏程度正相关。流速越大，水深越大，对岸坡的破坏越剧烈，水流对岸坡冲刷破坏高度越大。如果外界条件保持不变，岸坡横向的破坏并不是无限发展的过程，而是经历了一段剧烈的破坏之后，破坏趋势逐渐减缓，趋于停止。

(2) 局部失稳阶段。该阶段的破坏是岸坡土质条件和水流共同作用的结果。随着冲刷时间的持续，岸坡发生小规模的崩滑，坡体纵向裂缝逐步发展，破坏程度较严重，但并不影响岸坡整体稳定性。对于同一岸坡而言，除冲刷破坏高度 h_d 之外的其他因素变化较小，岸坡局部失稳破坏高度 H 具有上限。由此可以建立 H 与 h_d 之间的函数关系式。

(3) 整体失稳阶段。在该阶段岸坡土质条件起控制作用，随着张裂缝的扩展贯通与局部失稳破坏高度 H 不断增大，岸坡上部土体逐渐坍塌，岸坡将发生整体失稳，破坏程度严重。此时的 $H=H_{cr}$ 为岸坡局部失稳破坏的最大高度，也是岸坡发生整体失稳的淘蚀高度。

2.3.3.3 岸坡纵向破坏规律

(1) 冲刷破坏阶段。只有在水流速度大于岸坡某一粒径土颗粒的起动流速的位置处，岸坡才会发生冲刷破坏；否则，水流对岸坡的关系类似于静水作用。

(2) 局部失稳阶段。岸坡以局部失稳断面开始，向上游和下游产生崩塌破坏，向下游的崩塌更明显，破坏长度比向上游方向更长。

(3) 整体失稳阶段。岸坡以整体失稳断面开始，向上游和下游产生剧烈的崩塌破坏，向下游的崩塌更剧烈，破坏长度比向上游方向更长。

2.4 砾石土岸坡失稳破坏模型构建与结果分析

基于上节砾石土岸坡大比尺模型试验成果，建立砾石土岸坡失稳破坏力学模型，推导建立砾石土岸坡稳定性计算公式和局部失稳破坏高度预测公式。系统分析砾石土岸坡失稳破坏的主要影响因素，并建立砾石土岸坡冲刷破坏阶段和局部失稳阶段的有机联系。利用 GeoStudio 软件对砾石土岸坡进行稳定性计算及数值模拟。利用 GeoStudio 软件的 Slope/W 模块研究砾石土岸坡整体失稳破坏与淘蚀高度的关系；利用 Sigma/W 模块研究岸坡淘蚀高度与砾石土岸坡应力的变化规律，从岸坡受力机制角度阐释砾石土岸坡失稳破坏的发展过程，深入揭示砾石土岸坡失稳破坏机理，并建立砾石土岸坡局部失稳阶段和整体失稳阶段的有机联系。

2.4.1　砾石土岸坡失稳破坏模型推导

2.4.1.1　模型基本要素

（1）崩岸类型。

按崩塌体的大小和崩塌形式进行分类，崩岸一般分为窝崩、条崩、滑崩和洗崩。新疆地处西北干旱半干旱地区，全疆地表土体以砂土和砾石土为主，河流多为内陆型河流，由于深处内陆，降水少，河流主要为冰雪融水补给，所以流量小，流程短。受气温影响夏季水量丰富，冬季多断流，夏季流量大，流量季节变化大。因此，崩岸常发生于夏秋汛期，崩岸类型以滑崩和条崩为主，崩岸现象如图 2.35 所示。

图 2.35　冲刷试验崩岸现象照片

本项研究依据研究文献的成果，结合对试验现象的观察，可以作出以下判断：按照崩塌形式进行分类，本次研究的崩岸类型主要为滑崩。

（2）滑面形状。

崩滑体产生滑崩的动力主要是来自崩滑体自身的重力，抗滑力主要来自于土体的抗剪强度。不同的岸坡土质对应的破坏面形态也有很大差异。对于黏土岸坡，岸坡的崩滑面呈弧形；对于黏聚力较小的非黏性土土质岸坡，岸坡的崩滑面几乎为直线。在模型试验中已经证实了这两种断面形式的存在。

对于抗拉能力较小的砾石土岸坡，一方面，由于岸顶土体拉应力的作用而发生微小裂缝；另一方面，由于水流对坡脚冲刷淘蚀作用，崩滑体的抗滑力减小，坡顶土体的应力场将发生一定的变化。显然，岸坡的稳定性取决于岸坡被水流冲刷淘蚀的程度及土体重力与土体抗剪强度的对比关系。当水流冲刷淘蚀加深到一定程度，岸坡土体下部失去支撑，岸坡就会产生纵向裂隙，形成崩滑体滑落。崩落体沿岸坡多呈块状，横向崩滑体宽度较小，发生的过程比较简单，也较短。从河道断面上来看，崩落的破坏面近似于平面直线状态。

2.4.1.2 砾石土岸坡失稳破坏模型与稳定性计算公式推导

本研究主要以新疆广泛分布的砾石土为对象。计算崩滑体稳定性的主要意义不仅在于判断岸坡崩塌的可能性，而且通过稳定性分析可进一步研究岸坡滑崩规模。考虑到本研究中岸坡土体为非黏性土，滑面近似为直线，故采用如图 2.36 所示的计算模型[1]。崩滑体所受的力主要包括有效重力 W，渗透力 T、破坏面处的支撑力 N 和阻滑力 P。H 为坍塌高度，H'为岸坡纵向裂缝长度，H_2 为坡顶到冲刷破坏上沿的高度，h_d 为冲刷破坏高度。

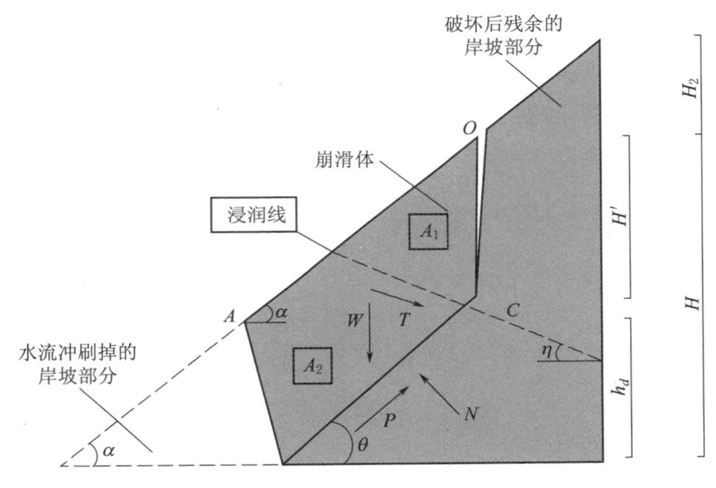

图 2.36 崩滑体计算模型

$$A_1 + A_2 = A \tag{2.3}$$

式中：A_1 为浸润线以上崩滑体面积，m²；A_2 为浸润线以下崩滑体面积；A 为整个崩滑体的面积，m²。

沿河道纵向单位长度崩滑体的有效重量为

$$W = \gamma A_1 + (\gamma_{sat} - \gamma_w) A_2 = \gamma A + f(\gamma_{sat} - \gamma_w - \gamma) A \tag{2.4}$$

式中：$f = \dfrac{A_2}{A}$；γ_{sat} 为土体饱和容重；γ_w 为水的容重；γ 为土的天然容重。

沿河道纵向单位长度崩滑体所受的渗透力为

$$T = \gamma_w J A_2 = \gamma_w J A_2 = \gamma_w J A \tag{2.5}$$

式中：T 为渗透力；J 为水力梯度。

联立 x 和 y 方向的力平衡方程得

$$\begin{cases} P = W\sin\theta + T\cos(\eta + \theta) \\ N = -W\cos\theta + T\sin(\eta + \theta) \end{cases} \tag{2.6}$$

式中：P 为崩滑体的下滑力；W 为崩滑体重力；T 为渗透力；η 为 T 与水平面夹角；N

为崩滑体所受岸坡的支持力。

崩滑体在破坏面上的抗滑力为

$$P_f=N\tan\varphi+cl=[-W\cos\theta+T\sin(\eta+\theta)]\tan\varphi+cl \tag{2.7}$$

式中：P_f 为崩滑体在破坏面上的抗滑力；φ 为土体内摩擦角；c 为土体黏聚力；l 为崩滑体滑动面长度。

崩滑体稳定性系数为

$$\begin{aligned}F_S&=\frac{P_f}{P}=\frac{[-W\cos\theta+T\sin(\eta+\theta)]\tan\varphi+cl}{W\sin\theta+T\cos(\eta+\theta)}\\&=\frac{\{-[\gamma+f(\gamma_{sat}-\gamma_w-\gamma)]\cos\theta+\gamma_w Jf\sin(\eta+\theta)\}A\tan\varphi+cl}{[\gamma+f(\gamma_{sat}-\gamma_w-\gamma)]A\sin\theta+\gamma_w fJA\cos(\eta+\theta)}\end{aligned} \tag{2.8}$$

式中：θ 为冲刷破坏后残余岸坡的坡度；η 为 T 与水平面的夹角。

式（2.8）为单一土层的滑崩稳定系数，适用于非黏性土及黏聚力 c 较小的黏性土。根据式（2.8）给出几种特殊情况的 K 值表达式。

（1）对于黏聚力 c 较小的黏土岸坡。

1）汛期，$f=1$，故有

$$F_S=\frac{\{-(\gamma_{sat}-\gamma_w)\cos\theta+\gamma_w J\sin(\eta+\theta)\}A\tan\varphi+cl}{(\gamma_{sat}-\gamma_w)A\sin\theta+\gamma_w JA\cos(\eta+\theta)} \tag{2.9}$$

2）枯水期，$f=0$，$J=0$，故有

$$F_S=\frac{-(\gamma_{sat}-\gamma_w)A\cos\theta\tan\varphi+cl}{(\gamma_{sat}-\gamma_w)A\sin\theta} \tag{2.10}$$

（2）对于非黏土岸坡。

1）非黏性土 $c=0$，故有

$$F_S=\frac{\{-[\gamma+f(\gamma_{sat}-\gamma_w-\gamma)]\cos\theta+\gamma_w Jf\sin(\eta+\theta)\}\tan\varphi}{[\gamma+f(\gamma_{sat}-\gamma_w-\gamma)]\sin\theta+\gamma_w fJ\cos(\eta+\theta)} \tag{2.11}$$

2）汛期 $c=0$，$f=1$，故有

$$F_S=\frac{[\gamma_w J\sin(\eta+\theta)-(\gamma_{sat}-\gamma_w)\cos\theta]\tan\varphi}{(\gamma_{sat}-\gamma_w)\sin\theta+\gamma_w J\cos(\eta+\theta)} \tag{2.12}$$

3）枯水期 $c=0$，$f=0$，$J=0$，故有

$$F_S=\frac{\tan\varphi}{\tan\theta} \tag{2.13}$$

2.4.2　砾石土岸坡坡脚局部失稳崩塌高度研究

岸坡崩塌普遍存在，很多研究学者就岸坡崩塌高度进行研究，文献［2］利用水槽试验对模型沙的坍塌过程及坍塌高度进行试验研究，文献［3］则利用稳定分析方法对简单岸坡的崩塌高度进行分析计算，得到如下公式：

$$\frac{H}{H_2}=\frac{\dfrac{\lambda_2}{\lambda_1}+\sqrt{\left(\dfrac{\lambda_2}{\lambda_1}\right)^2-4\left(\dfrac{\lambda_3}{\lambda_1}\right)}}{2} \tag{2.14}$$

其中

$$\lambda_1=\left[1-\left(\frac{H'}{H}\right)^2\right]\left(\sin\alpha\cos\alpha-\cos^2\alpha\frac{\tan\varphi}{F_S}\right)$$

$$\lambda_2=2\left[1-\left(\frac{H'}{H}\right)^2\right]\frac{c}{F_S\gamma H_2}$$

$$\lambda_3=\frac{\sin\theta\cos\theta\dfrac{\tan\varphi}{F_S}-\sin^2\varphi}{\tan\alpha}$$

式中：H 为坍塌高度；H'为岸坡纵向裂缝长度；H_2 为坡顶到冲刷破坏上沿的高度；α 为岸坡坡度；φ 为土体内摩擦角；F_S 为稳定性系数；γ 为土体重度。

式（2.14）被应用于河道冲淤计算，取得较好的结果。但是，该计算公式仅适用于简单边坡，而且没有考虑高水位的渗流作用。本书利用岸坡稳定分析思路来研究本次冲刷试验中的岸坡崩塌高度。

2.4.2.1　岸坡局部失稳崩塌高度预测经验公式

计算崩滑体稳定性的主要意义不仅在于判断岸坡崩塌的可能性，而且通过稳定性分析可进一步研究岸坡滑崩规模。岸坡被水流冲刷到一定程度时会发生局部失稳破坏，即滑崩。在一定流速下，岸坡崩塌的高度变化趋于收敛；在流速改变的条件下，岸坡最终将发生整体失稳破坏。基于以上分析，本节主要研究水流冲刷后岸坡几何要素与岸坡发生局部失稳破坏的崩塌高度的关系。

计算如图 2.36 所示的崩滑体横断面 $ABCO$ 的面积为

$$A=\frac{1}{2}\frac{H^2}{\tan\alpha}-\frac{1}{2}\frac{(H-H')^2}{\tan\theta}-\frac{1}{2}h\left(\frac{H}{\tan\alpha}-\frac{H'}{\tan\theta}\right) \tag{2.15}$$

式中：α、θ、H、h 为崩滑体几何参数，如图 2.36 所示。

滑面长度为

$$l=\frac{H-H'}{\sin\theta} \tag{2.16}$$

在式（2.8）中，岸坡即将发生滑崩时，临界状态的稳定性系数 $F_S=1$；由于渠道修建时设置了防水措施，故 $J=0$。

将式（2.15）、式（2.16）及以上参数值代入式（2.14），得到

$$H=\frac{mh_d+2nc-2s+\sqrt{(mh_d+2nc-2s)^2-4m(2ncH'-s-sh_d)}}{2m} \tag{2.17}$$

式中：$m=\dfrac{1}{\tan\alpha}-\dfrac{1}{\tan\theta}$为反映岸坡坡度 α 与冲刷后残余坡脚 θ 的参数；$n=\dfrac{1}{\sin\theta[\gamma+f(\gamma_{sat}-\gamma_w)](K\sin\theta+\cos\theta\tan\varphi)}$为反映稳定性系数、冲刷后残余坡度 θ 以及土体物理性质的参数；$s=\dfrac{H'}{\tan\alpha}$为反映纵向裂缝与坡度关系的参数；其他符号意义同前。

根据式（2.17），岸坡局部失稳崩塌高度受控于岸坡土体黏聚力、内摩擦角、岸坡坡度与冲刷后残余坡度。在相同冲刷破坏高度下，土体黏聚力与内摩擦角越大，岸坡局部失稳破坏高度越小；在相同冲刷破坏高度下，岸坡坡度与冲刷后残余坡度越大，岸坡局部失

稳破坏高度越大。若要得到简化的岸坡局部失稳崩塌高度预测经验公式，需对参数试验取值一一分析。

（1）土体物理性质参数。岸坡砾石土黏聚力 $c=8.7\text{kPa}$，内摩擦角 $\varphi=33°$，该数据由新疆水利水电质检中心提供。其他物理力学参数见表 2.16。

表 2.16　　岸坡土体物理力学参数

序号	测试指标		数值	备注
1	含水率/%		18.3	
2	比重		2.68	
3	干密度/（g/cm）		1.81	D_r 为 0.35
4	相对密度	最小干密度/（g/m³）	1.68	
		最大干密度/（g/m³）	2.12	
5	粗颗粒（$d>0.075$mm）	>60%	0	土的分类：级配不良土
		砾/%	59.0	
		砂/%	34.7	
		C_u	42.3	
		C_c	0.4	
	细颗粒（$d<0.075$mm）/%		6.3	
6	抗剪强度	黏聚力 c/cPa	8.7	
		内摩擦角 ϕ/(°)	33	
7	压缩模量 E_S/MPa		10.87	

（2）残余岸坡坡脚 θ。根据试验测量结果，残余岸坡坡脚 θ 取值范围为 25°～35°，取均值 30°。

（3）岸坡坡度 α。根据全站仪测量，发生崩岸的断面处岸坡平均坡度，α 为 41°。

将上述数据代入式（2.17），即可得到岸坡局部失稳崩塌高度预测经验公式

$$H=-0.17h+0.14+\sqrt{0.28h^2+1.77h-0.17} \tag{2.18}$$

经验公式的计算值与两次试验结果对比如图 2.37 所示，误差分析见表 2.17，结果表明经验公式计算值与试验结果实测值吻合较好。

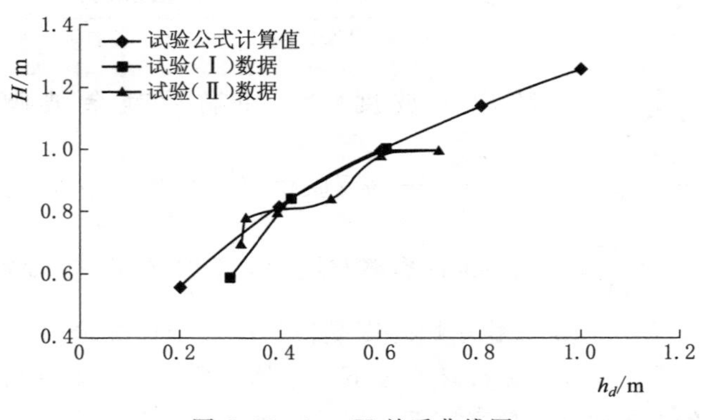

图 2.37　h_d-H 关系曲线图

表 2.17　　崩塌高度 H 的经验公式与试验结果误差分析表

	h/m	崩塌高度 H/m		相对误差/%
		试验结果	经验公式计算结果	
试验（Ⅰ）	0.30	0.59	0.57	3.5
	0.42	0.83	0.83	0
	0.61	1.00	1.01	−1.0
试验（Ⅱ）	0.32	0.71	0.72	−1.0
	0.33	0.78	0.73	6.8
	0.40	0.81	0.81	0
	0.50	0.84	0.91	7.7
	0.60	0.98	1.00	−2.0
	0.72	1.00	1.09	−9.0

2.4.2.2　砾石土岸坡崩塌高度影响因素研究

由图 2.38 可知，相同冲刷破坏高度 h 下，稳定性系数越大，局部失稳破坏高度 H 越大。相同条件下，局部失稳破坏高度 H 越大，表明岸坡稳定性越低；反之，较小的局部失稳破坏高度 H 表明岸坡稳定性高。

由图 2.39 可知，相同冲刷破坏高度 h 下，岸坡坡度越大，局部失稳破坏高度 H 越大。相同条件下，越大的局部失稳破坏高度 H 代表岸坡稳定性越低，这表明岸坡坡度越大，岸坡越不安全。

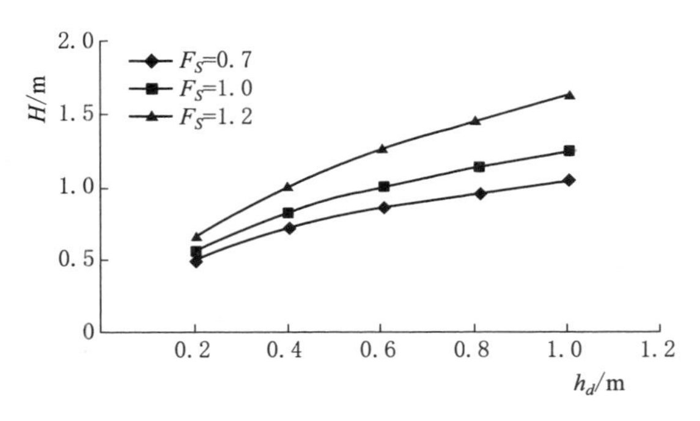

图 2.38　不同稳定性系数 F_S 的 h_d-H 关系

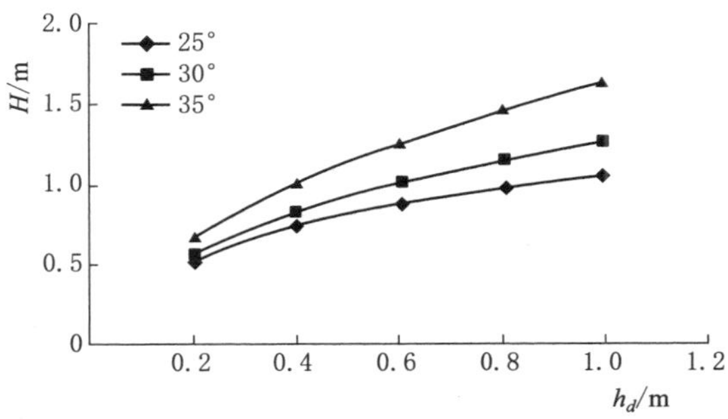

图 2.39　不同岸坡坡度 α 的 h_d-H 关系

由图 2.40 可知，相同冲刷破坏高度 h 下，土体黏聚力越大，局部失稳破坏高度 H 越大。冲刷破坏主要是由水流冲刷引起的；而局部失稳破坏是由于水流对岸坡坡脚淘蚀、浸泡后，在自重作用下坍塌引起。这说明，在局部失稳阶段，淘蚀一旦发生，黏聚力越大的土体发生的坍塌会更加剧烈。这种现象的产生是因为黏聚力小的土体抵抗水流淘蚀的能力较弱，在冲刷破坏阶段缓慢形成较为显著的冲刷破坏，但是这种破坏是渐进的、缓慢的过程。另外，在冲刷破坏阶段坡脚位置，坍塌土体会形成堆积体，阻止岸坡进一步坍塌。

由图 2.41 可知，相同冲刷破坏高度 h 下，土体内摩擦角越大，局部失稳破坏高度 H 越小。相同条件下，越小的局部失稳破坏高度 H 代表岸坡稳定性更高，这表明土体内摩擦角越大，岸坡越安全。

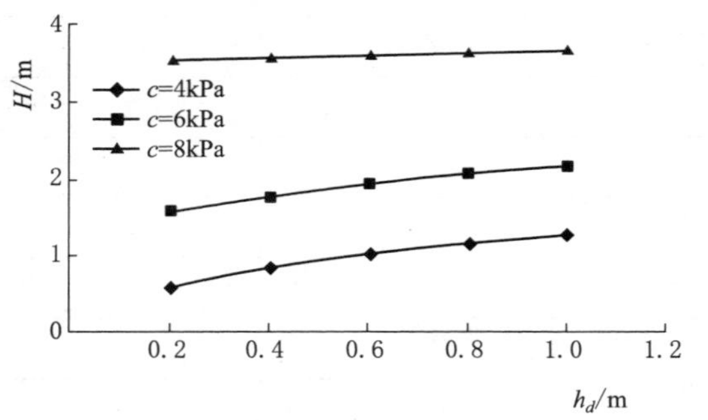

图 2.40　不同黏聚力 c 的 h_d-H 关系

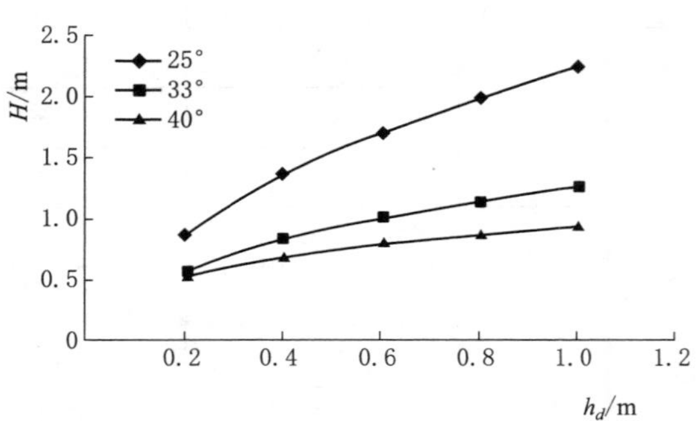

图 2.41　不同内摩擦角 φ 的 h_d-H 关系

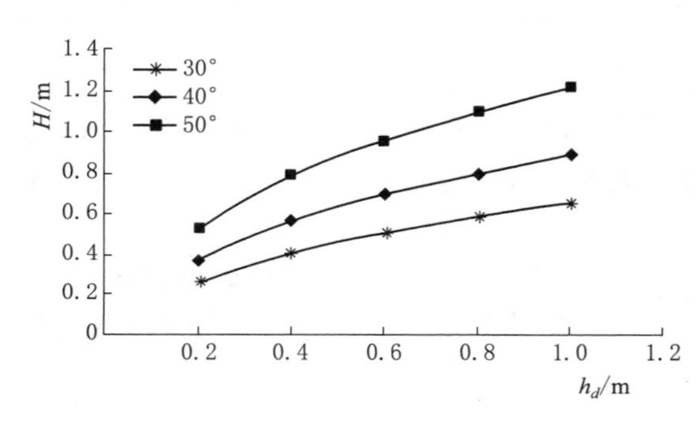

图 2.42　冲刷残余岸坡坡度 θ 的 h_d-H 关系

由图 2.42 可知，相同冲刷破坏高度 h 下，残余岸坡坡度越大，局部失稳破坏高度 H 越大。相同条件下，越大的局部失稳破坏高度 H 代表岸坡稳定性更低，这表明冲刷后残余岸坡坡度越大，岸坡越不安全。

图 2.42 反映了相同因素不同取值时 h 和 H 的关系。当图中的三条曲线距离越远，表示该因素对 h 和 H 的关系的影响越大，也即 h 和 H 的关系对该因素的变化越敏感。根据敏感程度由大到小将以上参数排序如下：$c>\varphi>\theta>\alpha>F_S$。

2.4.3　砾石土岸坡破坏机理研究

2.4.3.1　水下岸坡表面土颗粒受力分析

岸坡泥沙与河床泥沙的受力特性基本上是一致的，但是，由于岸坡边滩具有一定坡度，甚至处于直立状态，泥沙所受到的拖拽力和重力在斜面上产生的下滑力发生变化，因此，在岸坡上与平底河床上泥沙起动有所差异。

钱宁（1983）[4]研究了水下岸坡土颗粒的起动拖拽力，得到渠道岸坡上泥沙起动条件为

$$\frac{\tau'_c}{\tau_c}=\cos\theta\sqrt{1-\frac{\tan^2\theta}{\tan^2\varphi}} \tag{2.19}$$

式中：τ_c 为平底时泥沙起动拖拽力；τ'_c 为岸坡时泥沙起动拖拽力；θ 为岸坡倾角；φ 为泥沙在水下的休止角。

王廷贵（2003）研究了水下岸坡土颗粒的起动拖拽力[1]，得到渠道岸坡上泥沙起动条件为

$$\frac{\tau'_c}{\tau_c}=\sqrt{\left[1-\left(1-\frac{C_k}{F_D}\right)(1-\cos\theta)\right]^2-\left(1-\frac{C_k}{F_D}\right)^2\cot^2\varphi\sin^2\theta} \tag{2.20}$$

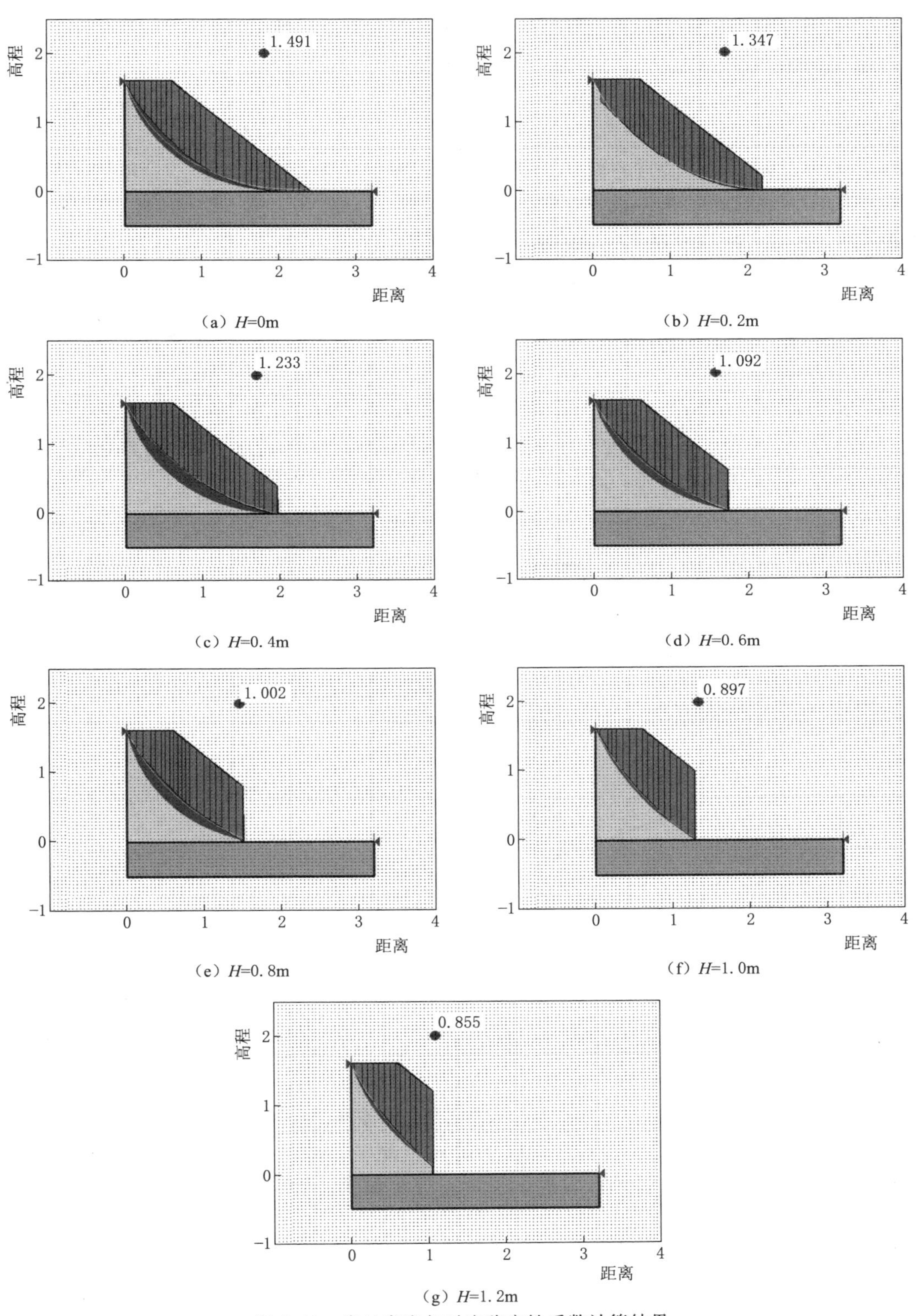

(a) H=0m (b) H=0.2m (c) H=0.4m (d) H=0.6m (e) H=0.8m (f) H=1.0m (g) H=1.2m

图 2.43 淘蚀高度与对应稳定性系数计算结果

式中：τ_c 为平底时泥沙起动拖拽力；τ'_c 为岸坡时泥沙起动拖拽力；θ 为岸坡倾角；φ 为泥沙在水下的休止角；C_k 为阻力系数；F_D 为拖拽力。

关于泥沙起动的研究成果比较多，包括窦国仁[2,5]、唐存本[6-7]等的起动公式，据此可以求得岸坡泥沙起动条件。从式（2.17）和式（2.18）进一步分析可知，在相同水流条件下，斜坡上泥沙起动所需的剪切力小于平坡上泥沙起动所需的切应力，即同水流条件下，岸坡泥沙更容易起动。

2.4.3.2　砾石土岸坡整体失稳破坏高度研究

利用 GeoStudio 的 Slope/W 模块建立岸坡稳定性分析模型，研究岸坡破坏从第二阶段（岸坡局部失稳）到第三阶段（岸坡整体失稳）的动态过程。需要说明的是，此处淘蚀高度对应的是岸坡局部失稳破坏高度 H。当 $F_S<1$ 时，岸坡已经发生整体失稳破坏，此时淘蚀高度在试验中不可能观察到，但是利用 GeoStudio 的 Slope/W 模块分析时，此时淘蚀高度对研究岸坡的破坏过程仍有意义。计算岸坡坡脚在不同淘蚀高度时的稳定性系数，如图 2.43 所示。土体物理性质参数取值见表 2.16，其中黏聚力 $c=8.7\text{kPa}$，内摩擦角 $\varphi=33°$，土体密度 $\rho=(1+\omega)\rho_d=1.9\text{g/cm}^3$。

将以上结果列表，见表 2.18。

表 2.18　岸坡坡脚淘蚀高度与岸坡稳定性计算结果

序　号	Ⅰ	Ⅱ	Ⅲ	Ⅳ	Ⅴ	Ⅵ	Ⅶ
淘蚀高度 H/m	0	0.2	0.4	0.6	0.8	1.0	1.2
稳定性系数 F_S	1.491	1.347	1.233	1.092	1.002	0.897	0.855

图 2.44 为坡脚淘蚀高度和稳定性系数的关系曲线。

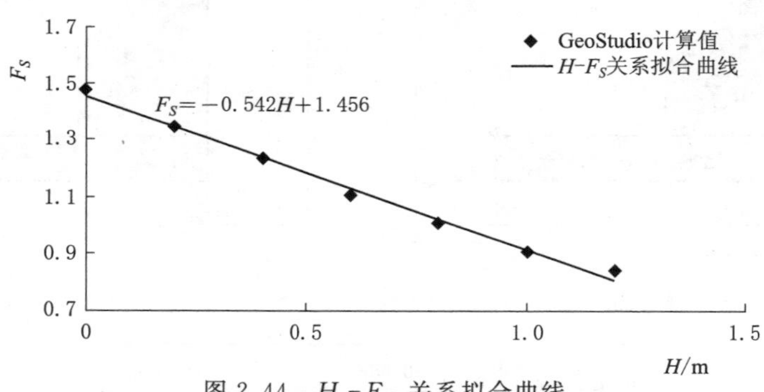

图 2.44　$H-F_S$ 关系拟合曲线

可以发现，两者关系近似于直线，得到如下拟合公式：

$$F_S=-0.542H+1.456 \tag{2.21}$$

当 $F_S=1$ 时，岸坡处于临界整体破坏阶段，此时岸坡发生第三阶段破坏：整体失稳破坏。该阶段破坏性最强，在实际工程中，应尽量避免该阶段出现。对于以上模型，$F_S=1$ 时，$H=0.84\text{m}$。

2.4.3.3　砾石土岸坡破坏过程的应力变化规律

基于 GeoStudio 的 Sigma/W 模块，选用线弹性模型，利用有限单元法计算不同淘蚀高度条件下的剪应力分布图，如图 2.45 所示。土体物理性质参数取值见表 2.16，其中黏

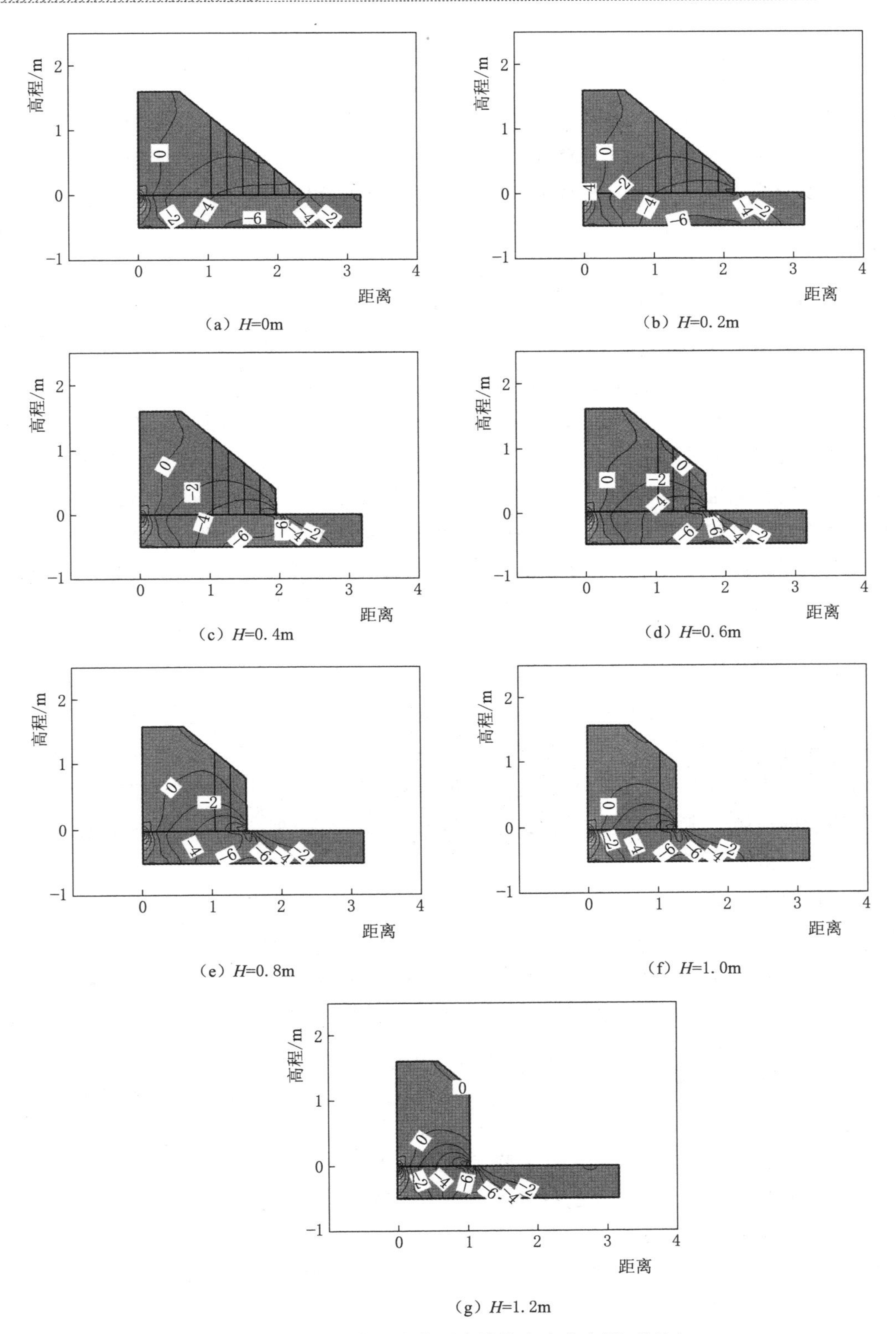

图 2.45 不同淘蚀高度下岸坡剪应力分布图（kPa）

聚力 $c=8.7\mathrm{kPa}$，内摩擦角 $\varphi=33°$，土体密度 $\rho=(1+\omega)\rho_d=1.9\mathrm{g/cm^3}$，模量 $E_S=10.87\mathrm{MPa}$，泊松比 $\lambda=0.45$。由图2.45可以看出，在坡脚附近，存在一个应力集中区域。坡脚附近最大主应力（相当于临空面的切向应力）显著增高，且越近坡脚越高；最小主应力（相当于径向应力）显著降低，于表面处降为0，甚至转化为拉应力。因此，这一区域是斜坡中应力差最大的，通常是斜坡中最容易发生破坏和变形的部位，往往因为受拉产生拉裂缝，即纵向裂缝。

2.5　中小河流岸坡的渐进破坏机理研究

2.5.1　岸坡渐进变形研究力学模型

任何自然现象都有其发生、发展和消亡的过程，同样岸坡变形也是一个发展变化的过程。从岸坡破坏的发育过程和阶段来分析，可以将其分为主要几个阶段：蠕动阶段、起滑阶段、剧滑阶段和堆积压密阶段[8]，或者更细化为蠕动阶段、挤压阶段、匀速滑动阶段、加速滑动阶段、堆积压密阶段等[9]。研究岸坡破坏的发展变化过程，不仅是为了认识其规律，而且在预防和治理的目标上更有意义。特别是在岸坡破坏开始发育阶段，可以在有限的时间内作出预判及对策来保证人民生命财产的安全。因此在研究滑坡的发展变化过程时，有必要对岸坡的渐进变形破坏展开分析研究。

在采用极限平衡方法研究有根系作用的岸坡时，其加固效果常等效为强度参数数值的增加[10]。这样均一化地考虑根系固土作用，忽略其空间分布形式和范围、根土作用的时间历史差异性以及岸坡类型，都容易使计算结果偏差较大。由于岸坡岩土材料会在地下水的影响下表现出强度及黏度的变化，因此岸坡滑移变形会呈现出滞后性和间歇性的特点。另外，传统的极限平衡分析方法描述的是滑体的临界状态特性，无法全面真实地反应坡土的渐进变形和破坏过程[11]。

鉴于传统极限平衡方法在岸坡变形分析中的局限性，黏塑性模型被用于岸坡蠕变滑移特性的研究。黏塑性材料在力学行为上表现为：在低于某临界值（即屈服应力）的状态时，材料表现为刚性，而超过该值时材料发生变形，表现出非线性的应力-应变关系和剪切速率相关性。基于Bingham模型，极限平衡时抗剪强度可以写成

$$\tau_f=\tau_y+\eta_p\dot{\gamma} \tag{2.22}$$

式中：τ_f 为总的屈服剪切应力，Pa；τ_y 为屈服剪切应力，Pa；η_p 为黏塑性系数；$\dot{\gamma}$ 为剪切速率。

岸坡土体受重力影响，在地下水和降雨的作用下，岸坡土体发生剪切变形而产生黏滞力，当与土体莫尔库仑强度提供的抗滑力之和能抵消重力分量引起的滑动力时，土体即达到力的平衡，反之则会发生滑移破坏。Angeli等在Bingham模型的基础上，假设土体的滑动变形速率沿滑移区的厚度线性变化（类似牛顿流体）并考虑地下水位变化的影响，如图2.46所示，此时黏滞力可以表示为 $\eta v/z$（η 为黏滞系数）。Desai等[12]从大量现场实测滑坡位移资料中分析得到滑坡速率分布的普遍规律，按滑坡速率沿深度分布的特点，将

岸坡滑移变形分为随动层、剪切层和稳定层（图 2.47），同时采用接触面层黏塑性有限元计算得到与实测相符的结果。

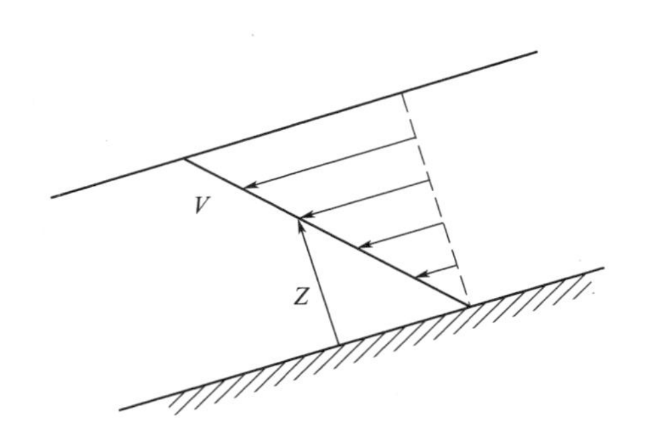

图 2.46　坡土沿滑移区的厚度线性分布速度场

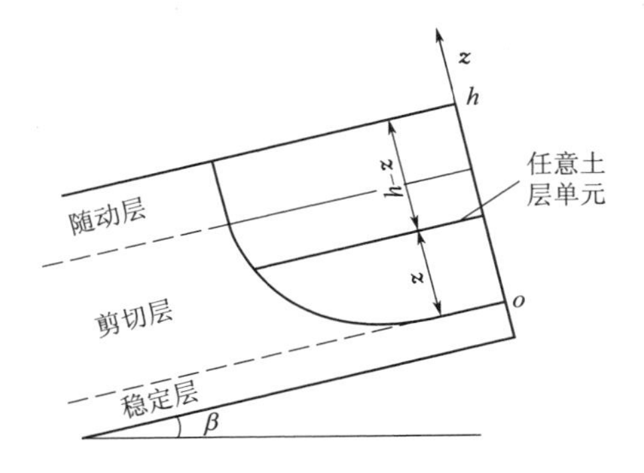

图 2.47　岸坡滑移速度场分布

2.5.2　基于 Bingham 理想黏塑性模型的天然岸坡滑移分析

2.5.2.1　Bingham 模型

本节将基于 Bingham 模型，考虑地下水对岩土体本征黏度的影响，引入黏滞性系数随深度非线性变化的假设，同时考虑根系固土作用的时间与空间差异性，以反映植被影响下浅层和深层滑坡变形的特点[13]。在对黏滞性分布函数和根系固土模型合理简化的情况下，以无限长岸坡为研究对象，分析其基本受力情况，建立对应的数学物理方程，期望得到关于岸坡渐进变形时的速度及位移的显式解析解。在求解更为复杂的数学物理方程时，也可通过 Matlab 等数值分析的方式对其求解，同时还可以避免在理论解中的特定简化造成的误差。在运用于实际问题时，可以通过对比滑坡现场实测数据，来评估模型在分析地下水对黏滞性影响下根系固土岸坡滑移变形的适用性。

Bingham 模型是由黏壶元件和滑块元件并联组成的，如图 2.48 所示。该模型被广泛用于分析滑坡的蠕变特性[14-15]，对于极限平衡状态，其描述方程可以写成

$$\tau_f=\tau_0+\eta\frac{\mathrm{d}v}{\mathrm{d}z} \tag{2.23}$$

式中：$\mathrm{d}v/\mathrm{d}z$ 为速度（v）相对于坐标（z）的变化率，s^{-1}；η 为黏滞系数，kPa/s；τ_0 为临界摩尔-库仑抗剪强度，kPa；τ_f 为总抗剪强度大小，kPa。

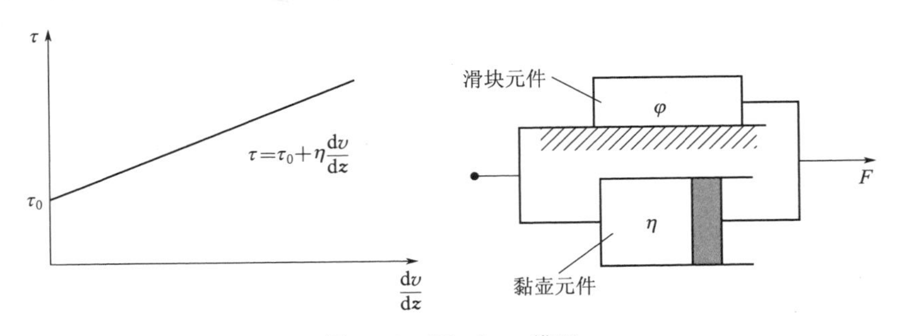

图 2.48　Bingham 模型

当坡土开始滑移即 $\tau \geqslant \tau_f$ 时，为了计算出滑坡的速度分布图，只需对式（2.23）进行积分运算。在计算时如遇到较薄的剪切带时（例如厚度小于 5cm），可在假设速度线性分布（图 2.46）的基础上计算出结果，见式（2.24）[15]，其中 H 为滑坡深度（m）。而对于滑坡剪切范围较大时，$(\tau-\tau_0)$ 的取值变化较大，会得到速度非线性分布（图 2.47），其速度表达式的一般形式假定见式（2.23）[16]，式中指数 b 用来反映 v 与 τ 的非线性关系。

$$v=\frac{H}{\eta}(\tau-\tau_0) \tag{2.24}$$

$$v=\frac{H}{\eta}(\tau-\tau_0)^b \tag{2.25}$$

显然，式（2.25）的指数项 b 是人为假定的，没有任何物理意义。下面将以无限长岸坡为例，分析其受力情况，分别在 Bingham 理想黏塑性模型和过应力黏塑性模型的基础上推导岸坡速度及位移沿深度的分布函数。

2.5.2.2　无限长岸坡的滑移变形解析

无限长岸坡的滑移变形示意图可参见图 2.47，其中取沿深度方向向上为 z 轴，岸坡的倾角为 β。考虑到平面应变及无限长岸坡的特点，平行于斜坡的土层滑移速度是一样的，因此只需研究速度（位移）沿深度方向上的分布。滑坡的各层是按其速度特征来划分的：速度在剪切层沿深度是变化的，层间的速度差就是黏滞力的来源；而滑坡表层多为随动层，其沿深度方向的速度变化率渐趋为 0；稳定层可认为是岸坡的基岩部分，不受滑坡的影响。分析滑坡各层的速度特征有利于物理问题向数学问题的转化，沿顺坡向取任意薄层坡土单元为研究对象（图 2.47）所受下滑力和抗滑力，运用牛顿第二定律可得到基本的运动方程：

$$\frac{\partial}{\partial z}\left[\tau-\left(\tau_{f0}+\eta\frac{\partial v}{\partial z}\right)\right]=-\rho\frac{\partial v}{\partial t} \tag{2.26}$$

式中：v 为坡土薄层的滑移速度，m/s；τ 为薄层所受剪切力，kPa；τ_{f0} 为土体的摩尔-库仑抗剪强度，kPa；η 为土体黏滞力系数，kPa/s；ρ 为岩土材料的密度，kg/m^3。

坡土薄层单元受到的下滑力来源于重力分量，即

$$\tau=\gamma(h-z)\sin\beta \tag{2.27}$$

滑体强度按摩尔-库仑强度表示为

$$\tau_{f0}=c'+(\sigma-u)\tan\varphi'=c'+[\gamma(H-z)-\gamma_w(h-z)]\cos\beta\tan\varphi' \tag{2.28}$$

式中：c' 为坡土的有效黏聚力，kPa；φ' 为坡土的有效内摩擦角，(°)；u 为孔隙水压力，kPa；σ 为坡土薄层单元的正应力，kPa；H 为滑坡深度，m；h 为地下水位的深度，m；γ 和 γ_w 分别为坡土和水的容重，kg/m^3。

把式（2.27）代入式（2.28）用分离变量法对其进行求解。求解时需要利用相应的初始条件和边界条件：$t=0$ 时，$v=0$；$z=0$，即剪切层和稳定层交界处，$v=0$；$z=h$，即滑坡表面，$v_z=\dfrac{\partial v}{\partial z}=0$。可得

$$v(z,t)=\frac{16\alpha\gamma H^2}{\eta\pi^3}\sum_{n=1}^{\infty}\frac{T_n}{(2n-1)^3}\sin\frac{2n-1}{2H}\pi z \tag{2.29}$$

式中：$\alpha=-\gamma\sin\beta+\gamma\cos\beta\tan\varphi=\gamma_w\cos\beta\tan\varphi'$，$T_n=1-\exp\left(-\frac{(2\mathrm{n}-1)^2}{4\rho\mathrm{H}^2}\pi^2\eta t\right)$。

式（2.27）关于时间 t 求积分，可得位移函数

$$s(z,t)=\frac{16\alpha\gamma H^2}{\eta\pi^3}\sum_{n=1}^{\infty}\frac{T_m}{(2m-1)^3}\sin\frac{2m-1}{2H}\pi z \tag{2.30}$$

式中：$T_m=t-\frac{4\rho H^2}{(2m-1)^2\pi^2\eta}\left[1-\exp\left(-\frac{(2m-1)^2}{4\rho H^2}\pi^2\eta\cdot t\right)\right]$。

2.5.3 基于过应力黏塑性模型的天然岸坡滑移解析

2.5.3.1 应力解答

如图 2.49 所示，无限长斜坡上等厚度为 H、天然容重为 γ 的坡土，在任意深度位置 y（$0\leqslant y\leqslant H$）。

稳定区为一下卧基岩，岸坡滑动沿基岩与上部土层交界面，即沿着 x 轴。采用对称假定，则有 $\tau_{xy}=\tau_{yz}=0$。Cauchy 应力平衡方程为

$$\begin{cases}\dfrac{\partial\sigma_x}{\partial x}+\dfrac{\partial\tau_{xy}}{\partial y}+\gamma\sin\beta=0\\[2mm]\dfrac{\partial\tau_{xy}}{\partial x}+\dfrac{\partial\sigma_y}{\partial y}-\gamma\cos\beta=0\\[2mm]\dfrac{\partial\sigma_z}{\partial z}=0\end{cases} \tag{2.31}$$

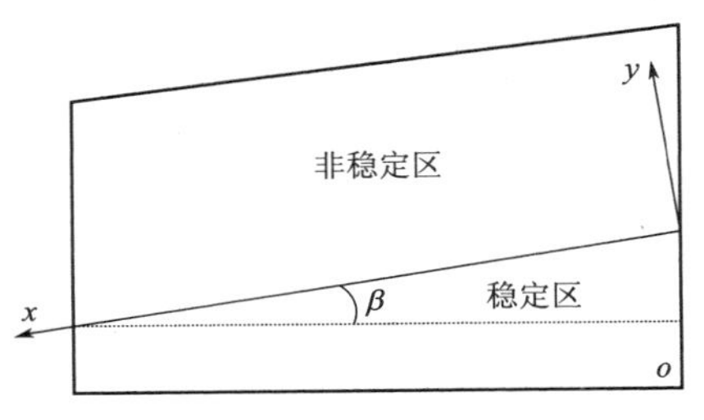

图 2.49 土坡滑移分区示意图

由于假定在 $y=c$（c 为常数）的平面内是各向同性的，应力变量包括剪应力 τ_{xy}、顺坡向应力 σ_x 和垂直于 xoy 平面方向的应力 σ_z，都只是深度 y 的函数。

将 $\frac{\partial\tau_{xy}}{\partial x}=0$，$\frac{\partial\sigma_x}{\partial x}=0$ 代入式（2.31），推出垂直坡面方向的应力 σ_y 为

$$\sigma_y=\int_H^{y/\cos\beta}(\gamma\cos\beta)\mathrm{d}y=\gamma(y-H\cos\beta) \tag{2.32}$$

式（2.32）适用于坡面 $y=H$ 处无外荷载的情况；若有外荷载时，还应加上外荷载在深度 y 处引起的垂直坡面方向的应力。

沿坡面方向（x 轴）的剪应力 τ_{xy} 为

$$\sigma_{xy}=\int_H^{y/\cos\beta}(-\gamma\sin\beta)\mathrm{d}y=-\gamma(y-H\cos\beta)\tan\beta \tag{2.33}$$

同理，若坡面有外荷载时，上式计算的剪应力应叠加上外荷载在深度 y 处引起的顺坡面 x 轴方向的剪应力。

对于无限长土坡，即 $z\rightarrow\infty$，假定为平面应变问题，采用各向同性胡克定律，在 $y=c$（c 为常数）的平面内

$$\sigma_z=\sigma_x=\frac{\nu}{1-\nu}\sigma_y=k\sigma_y \tag{2.34}$$

式中：ν 为泊松比；k 为侧压力系数，即 $k=\frac{\nu}{1-\nu}$。

2.5.3.2 土坡变形近似解析

随着时间的推移，土质岸坡在自然界的长期作用下会发生应力松弛、蠕动变形。岸坡土在蠕变滑移过程中，变形速度 v 是一个不可逆的变量[17-18]，因此一般可以假定坡土的滑移速度 v 和黏塑性应变率有下列关系

$$\varepsilon_{ij}^{v}=\frac{1}{2}(v_{i,j}+v_{j,i}) \tag{2.35}$$

假定如图2.49所示，xoy 平面坐标系中，沿 x 方向（顺坡向）的速度 v_x 只是深度的函数。$v_x=v(y)$，$v_y=0$，$v_z=0$；则有

$$\frac{\mathrm{d}v_x}{\mathrm{d}y}=2\dot{\varepsilon}_{xy}=\frac{2}{\mu}\cdot\frac{\partial Q}{\partial\tau_{xy}} \tag{2.36}$$

式中：Q 为屈服面函数；μ 为黏滞性参数。

根据Cam－Clay模型，土体的屈服轨迹在 p'—q 平面上的投影为一椭圆[19]。屈服面方程为

$$Q=\frac{q^2}{M^2}+p'^2-p'p'_0=0 \tag{2.37}$$

式中：M 为临界状态应力比，可用常规三轴压缩试验确定；p'为平均有效主应力；q 为广义剪应力；p'_0为广义剪应力；$q=0$ 时的平均有效主应力，也称硬化参数。p'和 q 分别由以下两式计算：

$$p'=\frac{1}{3}(\sigma_x+\sigma_y+\sigma_z) \tag{2.38}$$

$$q=\sqrt{\frac{1}{2}[(\sigma_x-\sigma_y)^2+(\sigma_y-\sigma_z)^2+(\sigma_z-\sigma_x)^2+6(\tau_{xy}^2+\tau_{yz}^2+\tau_{zx}^2)]} \tag{2.39}$$

对于无限长均质土坡，广义剪应力为

$$q=\sqrt{(\sigma_x-\sigma_y)^2+3\tau_{xy}^2}=\gamma(H\cos\beta-y)\sqrt{(K_0-1)^2+3\tan^2\beta} \tag{2.40}$$

由式（2.38）～式（2.40），可计算屈服函数 Q 对剪应力 τ_{xy} 的偏导数

$$\frac{\partial Q}{\partial\tau_{xy}}=\frac{\partial Q}{\partial q}\cdot\frac{\partial q}{\partial\tau_{xy}}+\frac{\partial Q}{\partial p'}\cdot\frac{\partial p'}{\partial\tau_{xy}}=\frac{6\tau_{xy}}{M^2} \tag{2.41}$$

将式（2.41）代入式（2.36），得

$$\frac{\mathrm{d}v_x}{\mathrm{d}y}=\frac{2}{\mu}\cdot\frac{\partial Q}{\partial\tau_{xy}}=\frac{12\tau_{xy}}{\mu M^2} \tag{2.42}$$

将式（2.33）代入式（2.42），则得到对应修正剑桥模型的变形速率对土层深度的变化率，式（2.36）化为显式形式

$$\frac{\mathrm{d}v_x}{\mathrm{d}y}=\frac{12[-\gamma(y-H\cos\beta)\tan\beta]}{\mu M^2} \tag{2.43}$$

假定土坡非稳定区中稳定层与剪切层交界面无滑移变形，即 $V|_{y-h_1}=0$，对式（2.43）进行积分，得到土质岸坡非稳定区坡土的渐进变形的速度场为

$$V_x=\frac{6\gamma\tan\beta}{\mu M^2}[(H\cos\beta-h_1)^2-(H\cos\beta-y)^2] \tag{2.44}$$

式中：h_1为硬土层或基岩界面上部（稳定区）不产生变形的土层厚度；$0\leqslant y\leqslant h_1$ 时，这部分土层跟基岩一体，无滑动变形；$y\geqslant h_1$ 时式（2.44）才适用。

由此将图 2-49 所示的岸坡沿厚度示意为：底部基岩固定层、基岩交界面以上 $0\leqslant y\leqslant h_1$ 厚度内的无滑移区（稳定区）和 $y\geqslant h_1$ 的剪切变形区。

由 Cam-Clay 模型推导出速度场式（2.44）计算出速度，再乘以时间，便可以得到土体某一深度的蠕动变形量 U_x，即

$$U_x=v_x t \tag{2.45}$$

式中：U_x 为土层沿坡度方向（x 轴正方向）的剪切位移值；t 为时间。

2.5.3.3 黏滞性参数的修正

在黏滞性参数的修正方面，应用了黄荣樽等[20]提出的含水量是黏性系数的重要影响因素的结论。另外，也有研究表明随着自重应力水平的提高（即 y 变小），细砂岩黏滞系数总体减小[21]。黏性土坡受地下水位的影响，地下水位以下土体处于饱和状态，含水量 w 大，黏滞性较小；而大多数自然岸坡处于地下水位以上，处于非饱和状态，属于非饱和土。由于非饱和土受基质吸力影响，土体含水量 w 由土层深处往土层表面是一个逐步减小的过程，黏滞性因而有一定程度的增加。综上，考虑到土层中不同深度处含水量和应力状态的不同，结合前人的研究，对黏滞性参数进行修正，以期更好地模拟岸坡土体的滑移变形。

从含水量和应力状态对黏滞性的影响趋势来看，岸坡土的黏滞性参数变化与土层位置有关，黏滞性参数随着土层距地表距离的减小（即 y 增大）而增大。黏滞性参数修正为 $\mu=\mu(y)$，即

$$\mu=\mu_0 y^b \tag{2.46}$$

式中：μ_0 表示地下水位下坡土的黏滞性参数，b 为拟合而得的常数。

修正黏滞性参数后，原速度场计算式（2.44）变为

$$V_x=\frac{6\gamma\tan\beta}{\mu_0 M^2}\frac{[(H\cos\beta-h_1)^2-(H\cos\beta-y)^2]}{y^b} \tag{2.47}$$

式（2.47）由于考虑了黏滞性参数随土层深度的变化，可以更好地模拟岸坡土滑移变形[22]。

2.5.3.4 无限长均质岸坡变形算例

本算例使用某滑坡一年的现场实测变形数据[12]，下面利用上述的速度场解析模型来分析该土坡的变形，并与观测位移值进行对比分析。土坡土体天然容重 $\gamma=21.85\text{kN/m}^3$，坡高为 $H=18\text{m}$，土坡倾角 $\beta_0=14°$。计算参数列于表 2.19 中，3 个时间段 196d、260d、356d 的观测位移数据和解析公式计算值如图 2.50 所示。

表 2.19　模型计算参数

泊松比 v	黏滞性参数 μ_0/d	临界状态应力比 M	拟合常数 b
0.35	1.5×10^6	1.24	0.7

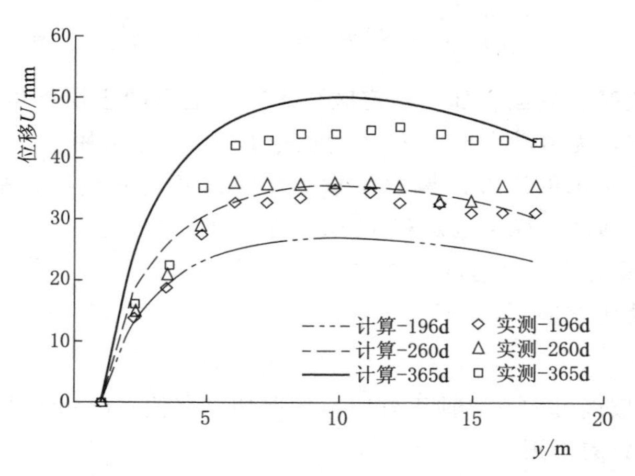

图 2.50　修正黏滞性参数后计算与实测位移比较图

由图 2.50 看出，均质无限长岸坡的变形计算值与实测结果趋势较为一致。而 196d 时，计算位移多于实测 10mm 以上，其原因在于土体滑移变形受诸多因素共同作用，解析解仅引入参数 b 来反映不同深度土层黏滞性参数的非线性变化，很难完全一致地模拟现场监测数据。如果考虑更多影响因素，引入较多的计算参数，可以模拟得更好，但参数过多会使模型实用性降低。

综上所述，本节推导出的与时间和土层深度相关的土坡变形计算公式，可以对土体的变形进行理论计算。考虑到黏滞性系数的不均匀分布，受诸如含水量、应力状态等影响，拟定黏滞性参数为土层深度的函数，在一定土层深度范围内随埋深增大缓慢减小。经上述计算值与实测值的比较，证实了修正的变形量公式能较好地模拟岸坡土变形状态。

2.6　本章小结

本章建立了新疆北部地区岸坡生态防治技术研究试验基地，开展了新疆北部地区岸坡大比尺模型冲刷试验，研究不同流量和不同水位工况下的岸坡冲刷破坏全过程。主要结论如下：

（1）基于大比尺岸坡冲刷模型试验，系统揭示了新疆北部地区特殊土岸坡失稳破坏机制。开展新疆北部地区广泛存在的砾石土岸坡的大比尺模型冲刷破坏试验研究；引入新型观测方法——三维激光扫描技术，对不同流量和不同水位工况下的岸坡冲刷破坏全过程进行观测，根据测量结果分析岸坡崩塌破坏的发展过程及相关力学机制，建立适合于砾石土岸坡的失稳破坏力学模型和分析方法，深入揭示砾石土岸坡失稳破坏机理。

（2）采取继承与创新的研究方法，视岸坡土体为变形体，考虑土体的黏塑特性，以 Bingham 理想黏塑性模型为基础，推导建立天然岸坡滑移力学模型与渐进变形数学物理方程，并提出相应的解析方法。

参　考　文　献

[1]　王延贵．冲积河流岸滩崩塌机理的理论分析及试验研究［D］．北京：中国水利水电科学研究院，

2003：102-109.
[2] 窦国仁．近壁紊流随机理论及其应用［J］．水利水运科学研究，1985，3（6）：84-87.
[3] 石秀清，金腊华．长江大堤窝崩机理与控制措施研究［J］．泥沙研究，2001，2（2）：38-43.
[4] 万兆慧，钱宁．泥沙运动力学［M］．北京：科学出版社，2003.
[5] 张仲南，窦国仁，柴挺生．葛洲坝工程泥沙问题的研究及解决措施［J］．水利水运科学研究，1982，2（1）：102-105.
[6] 唐存本．泥沙起动规律［J］．水利学报，1963，6（2）：12-17.
[7] 唐存本．含沙水流的宾汉极限应力的计算公式［J］．泥沙研究，1981，2（2）：26-29.
[8] 郑颖人，等．边坡与滑坡工程治理［M］．北京：人民交通出版社，2007.
[9] 徐邦栋．滑坡分析与防治［M］．北京：中国铁道出版社，2001.
[10] 周成．植被防护土坡的计算方法［M］．北京：中国水利水电出版社，2008.
[11] 沈珠江．理论土力学［M］．北京：中国水利水电出版社，2000.
[12] Desai C S，Samtani N C，Vulliet L. Constitutive modeling and analysis of creeping slopes [J]. Journal of Geotechnical Engineering，1995，121（1）：43-56.
[13] 刘焦．植被覆盖坡积体的渐进变形及其滑坡启动过程分析［D］．成都：四川大学，2014.
[14] Angeli M G，Gasparetto P，Menotti R M，et al. A visco-plastic model for slope analysis applied to a mudslide in Cortina d'Ampezzo，Italy [J]. Quarterly Journal of Engineering Geology and Hydrogeology，1996，29（3）：233-240.
[15] Van Asch T J W，Van Genuchten P M B. A comparison between theoretical and measured creep profiles of landslides [J]. Geomorphology，1990，3（1）：45-55.
[16] Van Asch，T. W. J.，Van Beek. Problems in predicting the mobility of slow-moving landslides [J]. Engineering Geology，2007，91：46-55.
[17] Cristescu N D，Cazacu O，Cristescu C. A model for slow motion of natural slopes [J]. Canadian Geotechnical Journal，2002，39：924-937.
[18] Zhou C. Deformation analysis of partially saturated soil in slopes [J]. Key Engineering Materials，2007，34：1261-1266.
[19] Darbys E，Thorne C R，Simona. Numerical simulation of widening and bed deformation of straight sand-bed rivers：Ⅱmodel evaluation [J]. Journal of Hydraulic Engineering，1996，122（4）：194-202.
[20] 黄荣樽，邓金根．流变地层的黏性系数及其影响因素［J］．岩石力学与工程学报，2000（S1）：836-839.
[21] 刘传孝，张加旺，贺加栋，等．细砂岩阶段蠕应变特征与粘滞性试验研究［J］．矿冶，2010（4）：12-15.
[22] 谢州．内河航道土质岸坡生态防护及其数值模拟研究［D］．成都：四川大学，2013.

第3章　岸坡生态防护结构固土护坡机理

3.1　岸坡植被根系固土机理

3.1.1　概述

土质岸坡失稳与多种因素有关，例如岸坡土质、气候条件、地质作用、河道水流、坡内渗流、岸上植被覆盖、地震及人类各种工程和非工程活动。天然土质岸坡坡土的变形破坏大致表现为渐进式和突变式两大类，其实突变式也是渐进变形发展而来的，只不过一次变形体积大，速度快，具有强烈的突发性，无任何先兆，一般很难准确预知。牵引式破坏的土质岸坡常常表现为渐进式的变形和破坏，变形是逐步发展的，可以通过现场埋设仪器监测坡体变形。

目前，植被根系固土作用理论研究较少，多数是考虑根系增加了土体的黏聚力来研究，将两者的集合体当作一种复合土体来考虑；或者把直径较大的根系作为锚杆或土钉。本节在分析坡土滑移变形时拟根据根系的作用特点，从数值分析的角度做些根系固土理论的研究。

植被固坡有着巧妙的力学机理，布满根系的土体类似于一种合成材料，其中土体抗拉强度较低，根系的抗拉强度较高，对于直径2～5mm各种类型的树根，其抗拉强度可达到8～80MPa。根系加固机理与土钉加固非常类似，由于根系与土体接触面存在摩擦力，根系能将土体所受的剪切应力转变为根系所受的拉应力，从而增强了土体的抗剪强度。根系加固土体的效果会受到剪切区域根系生长方向和几何分布、根土结构摩擦特性、根系力学特性、剪切区根系含量等因素影响。由于根与土层之间的摩擦力足够大，植物根系不会被拉出，这时植物根系就起到锚固的作用。含根系土层如受剪切作用，原本垂直于剪切面的植物根系变形受拉而偏离垂直方向（图3.1），这时含根土层的等效抗剪强度得以提高，从而提高了岸坡稳定性。

吴积善、陈晓清等的研究表明[1-2]，草本植物、灌木、乔木根系深入土体的深度有所不同，分别是2～10cm、0.5～4m、2～10m，其根系的稠密程度则逐渐变稀疏（图3.2）。草本植株的根系主要分布在土壤浅层，稠密的根系有效提高了土体的整体性和抗侵蚀能力。灌木根系则是草本到乔木的过渡段，乔木的根系深入土体甚至岩体起到锚固作用。三种植被根系呈现倒锥形分布，呈现浅层加筋深层锚固的结构状态。

从工程角度来讲，生态护坡技术通过生态途径达到岸坡稳定安全的效果即可。从生态学角度来看，生态护坡的目标是要形成一个完整的生态系统，涉及动植物和微生物[1]。一个相对完整的生态系统才能有效进行物质、能量的交换，这样的护坡技术才能够持续发展不断强化。

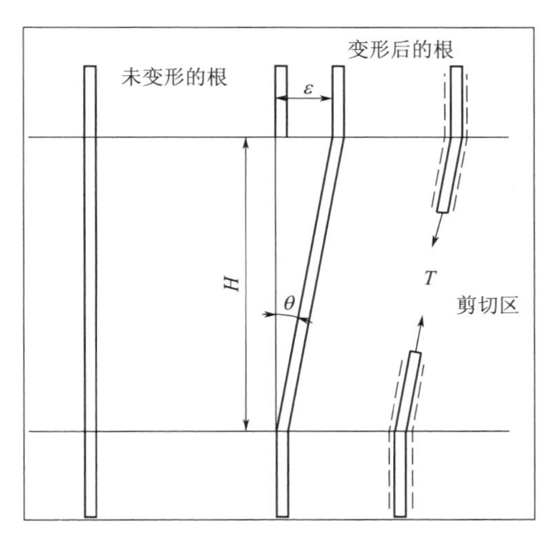

图 3.1　植物提高土层剪切强度示意图

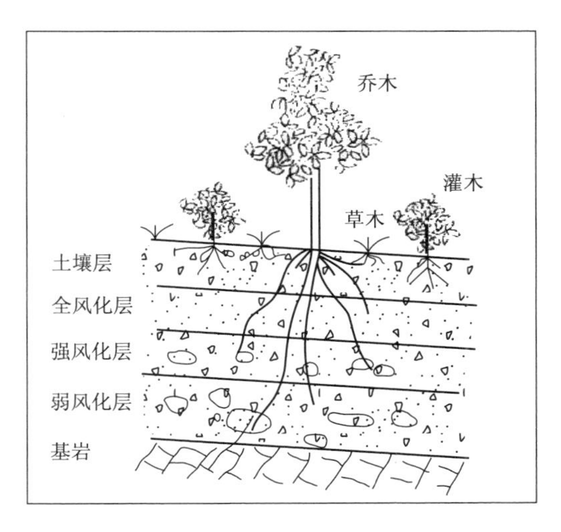

图 3.2　植被根系分布[2]

植被固坡在防止水土流失、吸收噪音和净化环境方面无疑起到了积极的作用，然而在和土坡稳定的关系上，有分析指出其积极和消极双向作用同时存在。表 3.1 和图 3.3 列出了水文和力学相关的 9 个因素，对岸坡稳定性的影响几乎是好坏参半。在此分析基础上，针对水文因素可根据斜坡的地形地质条件，选择合适的植物类型，尽可能地充分发挥植被固坡的积极作用。如选用残根上又可萌生新枝的低矮丛生的灌木来减小风的阻力。在秋冬季节砍去挡风的主干，减小风力的同时减轻树身重量，这样减小了一部分外部营力对岸坡的影响。

表 3.1　　植被固土诸因素与岸坡稳定性的关系[3-4]

类别	序号	因　素　作　用	影响程度
水文因素	①	植被枝叶对雨水的截留作用，从而减少降雨入渗	好
	②	根茎增加了地表的粗糙度和土层的渗透性，导致土层渗透能力的增加	坏
	③	根系吸收土中水分并通过叶片蒸腾作用降低土层孔隙水压力	好
	④	在削减土层湿度的同时有可能出现岩土体干裂，增加岸坡渗透率	坏
力学因素	⑤	根系固土能够增加土层的抗剪强度	好
	⑥	根系锚入较深的稳定硬地层，通过支撑和锚固对上覆岩土体起支撑作用	好
	⑦	树的自重增加了岸坡的法向与下滑分量	不定
	⑧	将风引起的动荷载传递给岸坡	坏
	⑨	根系束缚地表土颗粒，减缓雨水的冲蚀	好

植被根系固坡对岸坡稳定性的影响程度与根的长度以及根的空间分布有关。由于植被根系的长度有限，不同岸坡类型中植物根系的加固作用效果就有所不同，见表 3.2。

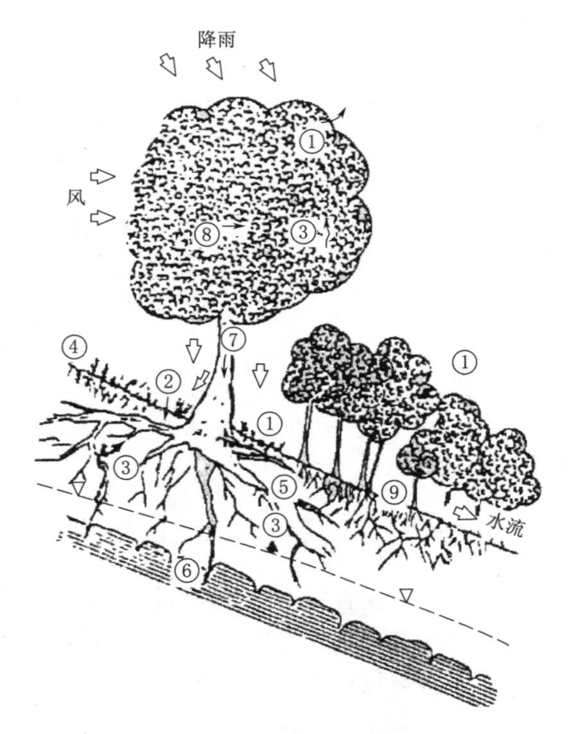

图 3.3　植被固坡因素分析

表 3.2　　　　**植被根系对不同岸坡类型的作用[3-6]**

序号	1	2	3	4
岸坡类型				
植被固土特点	覆土层较薄（小于1m），根系无法伸入到基岩，根系在表层交织呈网状。土层与基岩的交界面为薄弱面，斜坡会因水文因素的影响而迅速变得不稳定	覆土层厚度如A类型，但基岩有裂隙，因而植被根系可伸入。此种情况，在土层与基岩的交界面，根系能发挥一定的抗剪切性和抗拔性能而对岸坡的稳定提供锚固作用	覆土层较厚（1～4m），在基岩上还有一过渡层，其密度与抗剪强度随深度增加。在假设过渡层出现滑动面的情况下，根系能伸入过渡层而起到加固岸坡的效果	覆土层很厚，超过了根系的长度。此种情况，根系只能影响土层的水文状态，对可能的深层滑动不能发挥其根系的力学作用。因而植被固土作用较小

植物根系直径对固土效果的影响可以通过“根土的面积比”来衡量[7]，但在相同面积比的情况下，根系较细时具有较大的表面积，与土体之间产生的摩擦阻力较大，抗拉强度较大，根系的加筋效果表现明显。根系的抗拉强度和直径的关系可以用幂函数表示[8-9]［式（3.1)］，或指数函数式［式（3.2)］来描述[10]。

$$T_r=\alpha d^{\beta} \tag{3.1}$$

$$T_r=Ae^{\frac{B}{d}} \tag{3.2}$$

式中：T_r 为根系平均抗拉强度，N；d 为根系的直径，mm；α、β、A、B 为相应的经验常数。

3.1.2 根系材料组成分析及力学特点

在研究根系固土之前有必要对根系材料的力学特性进行分析。一般来说，由于植物种类、生长环境、根系类型、根的直径等原因，植被根系的抗拉强度有很大差别，但可以从根系本身材料成分来分析其力学特征。

有研究发现[11-12]，根系中的纤维素和木质素成分是直接影响根系抗拉和抗剪性能的关键因素。纤维素主要影响根系的抗拉性能，纤维素的含量在维持根系抗拉强度作用上大于木质素的含量。相比粗根系，更细小的根系由于纤维素含量更高而表现出更好的抗拉强度（即根系的抗拉性能会随着根系直径的增大而减小），如图 3.4 所示[13]，但是也不排除根系年龄对纤维素的影响。

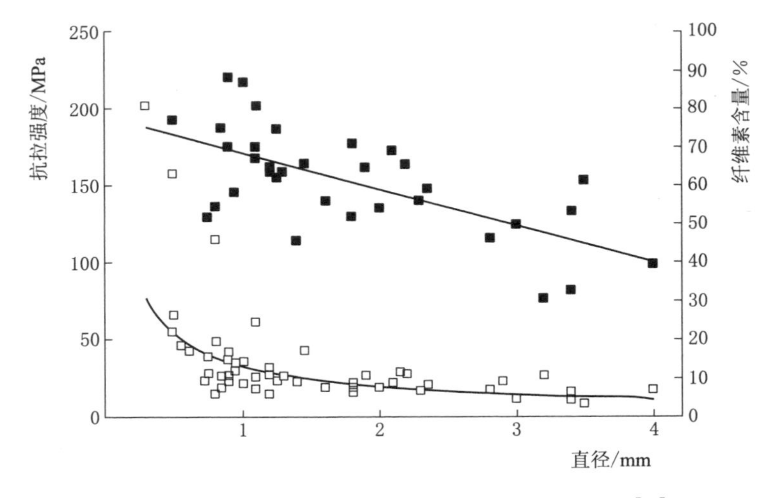

图 3.4 抗拉强度和纤维素与根系直径之间的关系[13]

在纤维素含量相对较高的情况下，可以视根系为柔性材料来计算其抗拉强度与抗剪强度；而木质素含量较高时，根系表现出一定的刚性，在计算时要综合考虑其抗拉强度、抗剪强度及抗弯强度。

3.1.3 植被根系的加筋作用

草本植物根系以须根为主，分布于土体浅层，相互缠绕交织呈网状，使岸坡土体成为土体与根系的复合材料，其表现出的抗拉性能有效提高岩土体的强度，对斜坡的表层滑动具有重要的意义。在分析根系的加筋作用时就可以借鉴加筋土的思想，以加筋土的理论对根土复合体进行研究。

约束增强理论[14]可对一般加筋土进行分析，该理论认为：由于土与筋材界面之间存在剪切力，从而对土体的侧向变形产生一种内约束的效果，等效为接触面上土单元的侧向应力增大了。约束增强理论可通过图3.5表示，图中①是素土的强度包线，②是加筋土体的强度包线。相比而言，加筋土的抗剪强度增加了一个Δc，相应加筋土中增加了一个$\Delta\sigma_3$，即筋材提供土体一个$\Delta\sigma_3$大小的内约束力。

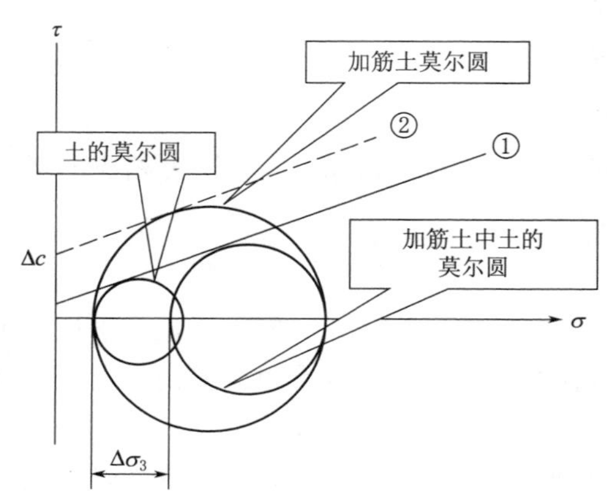

图3.5　加筋土中筋土的相互作用[15]

对于非根系土，其强度表达式可通过莫尔·库仑公式写成

$$\tau_f=\sigma'\tan\varphi'+c' \tag{3.3}$$

式中：τ_f为土的抗剪强度；σ'为剪切面的所受的有效法向力；φ'为土的有效内摩擦角；c'为土的有效黏聚力。

在植物根系的影响下，岩土体抗剪强度的增加可以当作是黏聚力的增大。

$$\tau_r=\tau_f+c_r \tag{3.4}$$

式中：τ_r为根系土的抗剪强度；c_r为根系作用下土体增加的强度（或是增加的黏聚力），详见下列模型。

3.1.3.1　Waldron模型

Waldron和Wu认为在假设根系弹性可变形并垂直分布于滑动面的情况下，根系随土层剪切变形而产生拉力，如图3.6所示，其中拉力的切向分量能抵消一部分剪切力，而法向分量能够增加土层的垂直约束力。

在土体的内摩擦角不变的情况下，根系土增加的黏聚力可以表示为

$$c_r=t_R(\sin\delta+\cos\delta\tan\varphi') \tag{3.5}$$

式中：t_R为土层单位面积内根系平均抗拉强度；δ为根系变形后与土层的夹角。通过现场实测和室内实验，Wu发现在δ（40°～90°）和φ'（25°～40°）取值范围内，$\sin\delta+\cos\delta\tan\varphi'$变化范围为1.0～1.3，因此建议式（3.5）简化为

$$c_r=1.2t_R \tag{3.6}$$

平均抗拉强度t_R可通过计算单位截面内所有根系抗拉强度的均值得到

$$t_R=T_R\frac{A_R}{A} \tag{3.7}$$

式中：A_R/A为截面内根土面积比；T_R可由式（3.1）计算得到。

以上分析都是认为根系能很好地嵌固在土体中，没有出现拔出破坏，根系发挥了最大效用。同时认为根系方向为垂直于滑动层面，而对于斜交的情况，如图3.7所示，黏聚力增加值可以表示为

$$c_r=t_R[\sin(90-\delta)+\cos(90-\delta)\tan\varphi'] \tag{3.8}$$

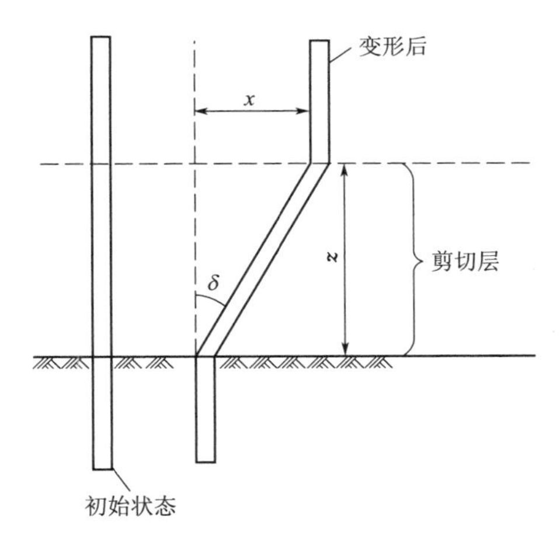

图 3.6 垂直根系固土模型图

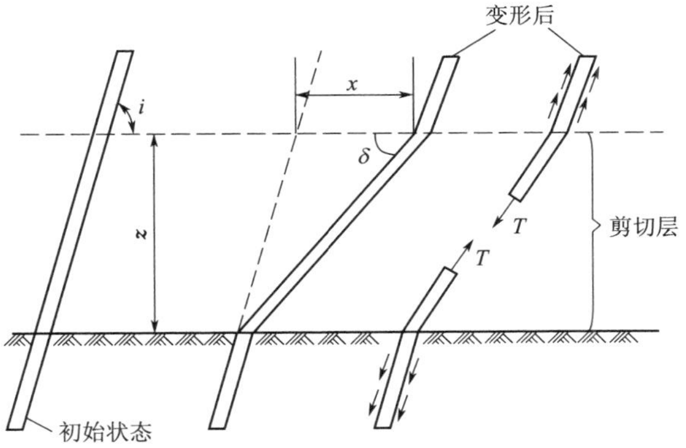

图 3.7 斜交根系固土模型[16]

图 3.7 中，i 为根系与剪切层的初始夹角。Gray[17] 指出 i 的取值在 40°～70°时，根系对土层的加强效果相对垂直状态更好。

3.1.3.2 摩擦型根-土力学作用模型

已知根系在土中的实际分布是参差交错的，难以通过力学推导量化其在岩土体中提供约束力的大小，但通过适当简化（如不考虑土体空隙水压力的影响），可在二维平面分析中得到相应 Δc。宋云[18] 提出了摩擦型根-土力学作用模型，在假设植物根系为一柔性构件的基础上，定量分析了根系加筋作用。

如式（3.8）所示，根系假设为受拉构件，除受到拉力外，还受到土对根的侧向作用力。侧向力的大小可根据土力学原理得到

$$\sigma_z = K_0 \sigma_z = K_0 \gamma z \tag{3.9}$$

式中：K_0 为土的侧向土压力系数或静止土压力系数，$K_0 = \mu/(1-\mu)$，或近似 $K_0 = 1 - \sin\varphi'$；γ 为土的容重；z 为土层厚度。

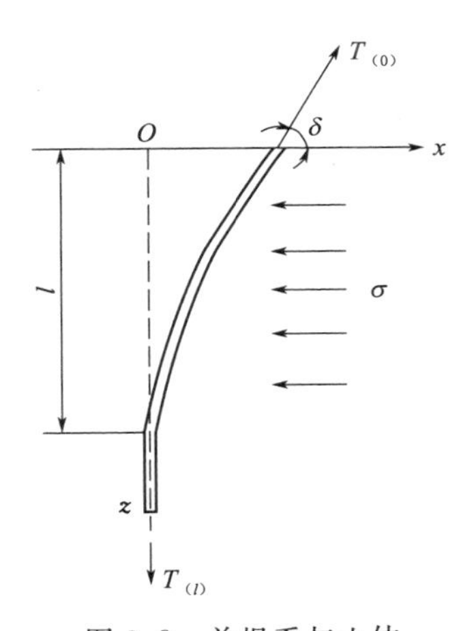

图 3.8 单根系与土体相互作用模型

根据根系的受力情况，由式（3.9）可得到单根系受拉力大小

$$T_{(0)} = \frac{\int_z^{z+l} K_0 \gamma (z + \mathrm{d}z)\mathrm{d}z}{\cos\delta} \approx \frac{\int_z^{z+l} K_0 \gamma z \mathrm{d}z}{\cos\delta} = \frac{K_0 \gamma l (l + 2z)}{2\cos\delta} \tag{3.10}$$

如果所研究土层很薄（即 $l \ll z$）时，可得

$$\begin{cases} T_{(0)} = \dfrac{K_0 \gamma z l}{\cos\delta} \\ T_{(l)} = T_{(0)} \sin\delta \end{cases} \tag{3.11}$$

从而可得到单根系增加的强度为

$$\Delta c'_r = \frac{T_{(0)}\cos\delta}{a} + \frac{T_{(0)}\sin\delta\tan\varphi}{a} \tag{3.12}$$

式中：T 为单根系的抗拉力；δ 为根系与水平面的夹角；a 为单根系周围对应的土体面积。

对于截面积为 A 的土体，设截面有 n 条根系，对应根土复合体增加的总抗剪强度为

$$\Delta c_r = \frac{\sum_{j=1}^{n} T_{(0)j}\cos\delta_j}{A} + \frac{\sum_{j=1}^{n} T_{(0)j}\sin\delta_j}{A}\tan\varphi \tag{3.13}$$

进而可得到植被根系作用下岩土体总的抗剪强度为

$$\tau_r = \sigma'\tan\varphi' + c' + \Delta c_r \tag{3.14}$$

式（3.10）～式（3.13）由宋云[18]完成推导，并有现场直剪试验[19]和室内试验[20-21]对其验证分析。分析表明，在根系的影响下，岩土体的黏聚力增幅为15%～50%，根系加筋效果明显。由于计算模型的简化和参数的偏差，计算出增加的抗剪强度值有上下限值，而下限计算值与实验结果吻合度较高，可以用于岸坡的稳定性计算。

以上分析都是针对单根根系的加筋作用。虽然根系在岩土体中加筋效果明显，但是加筋都是对草本植物根系、灌木植物以及木本植物的侧根而言，根系相对较细，且分布密度自地表向下逐渐减小（其中90%根系集中在0～30cm土层内[22]）。因而，根系的加筋对斜坡表层稳定意义较大，对于深层滑动作用较小。

3.1.4　植被根系的锚固作用

锚固理论通常是指岩土工程中充分利用锚杆、土钉的箍束骨架，分担荷载、传递和扩散应力、约束变形等功能，对岩土体进行加强支护作用的理论。土体抗剪强度较低，抗拉强度几乎为0，如在土体中设置锚杆或土钉，通过与土体间的相互作用，将浅层软弱、松动、不稳定的岩土体锚固于稳定土层中，提高土体整体强度。

木本植物根系的木质素含量高于草本植物，使得其根系的刚度较大，同时相对较粗较长的根系更能深入岩土体中，直达稳定层。如将根系当作预应力锚杆，根据锚杆支护理论，其提供的锚固力能很好地维持岸坡的稳定性。木本植物的根系分为侧向根系和垂直根系，分别从横向和纵向发挥作用：侧向根系能够通过应力传递的方式，增加了非稳定土体与相邻横向稳定土体的连接作用；而垂直根系能够深入土层，将浅层根系土层锚固到深处较稳定土层上，使得土体的稳定性明显增加。

3.1.4.1　侧向根系的牵引效应

木本植物的侧根一般主要分布于斜坡表层，锚固机理主要是通过侧根牵拉力的形式表现出来，能明显提高土层的斜向抗张拉强度，即侧根的斜向牵引效应[22]。

通常情况下，斜坡在滑动变形的时候伴随着坡体表面出现若干张拉裂隙。对于含根系土，如图3.9所示能够观察到在张拉裂隙部位有根系的分布。由于根系的抗张拉作用和根土之间的摩擦力，来自稳定土体的侧根对有下滑趋势的土体具有牵引作用，抑制其继续下滑［图3.9（a）］；同样来自滑动土体的侧根深入到了稳定相邻土体［图3.9（b）］，也发挥了侧根的牵引效应。

关于侧根的固土作用力学机理，周跃[22]等研究总结为：侧根能在斜坡表层组成连续

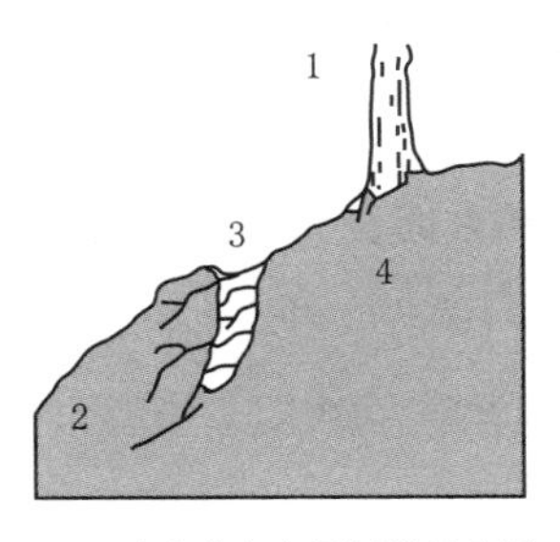

(a) 来自稳定土层侧根的作用

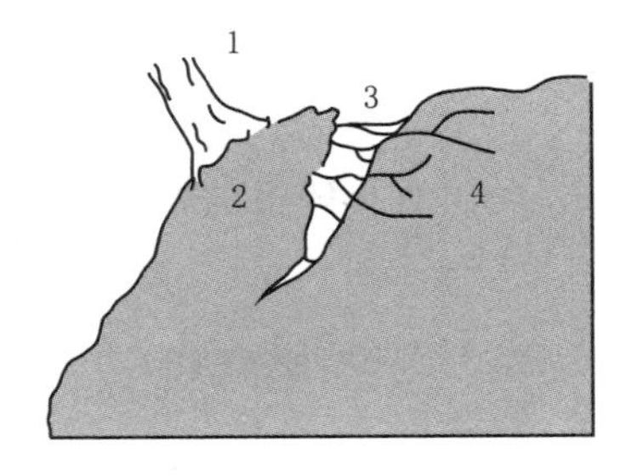

(b) 来自滑动土层侧根的作用

图 3.9 斜坡浅层滑动与侧根的牵引效应[22]

1—植物；2—滑动体；3—裂隙及根系；4—稳定土体

的和具有斜向牵引作用的根网，原来的局部岸坡失稳通过牵引作用，使下滑力扩散到相邻土体，减小了剩余推力的大小。

周德培等[23]对侧向根系的受力情况进行了阐述，如图 3.10 所示，AA'为滑动面，$abcd$ 为滑体，下滑土体把剩余推力 T 作用于主根及树干，主根及树干再把受到的力传递给侧根，从而侧根与稳定土体的摩阻力就平衡了一部分的下滑推力。具体到图 3.10 中，OO'把侧根沿主根分为左右两部分，当土体沿滑动面 AA'滑动时，只有右侧的受拉侧根能对土体的下滑起抑制作用。

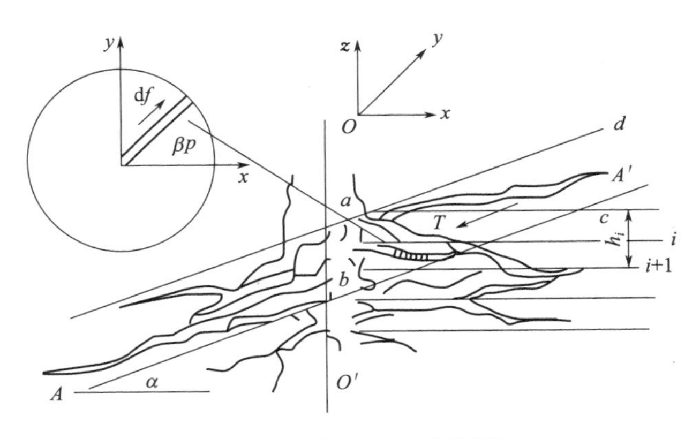

图 3.10 侧向根系力学图

为了求得侧根平衡下滑土体的剩余推力的大小，需首先计算出右侧根系所受摩阻力的合力。建立坐标系，以水平方向为 x 轴，假定侧根的延伸方向都是水平向，在根系的延伸范围内将根系分为 n 个区段，对任意区段 $[i，i+1]$ $(1\leqslant i\leqslant n-1)$ 的任一水平根系，摩阻力 $\mathrm{d}f$ 可以表示为

$$\mathrm{d}f=\int_0^{L_p}2\pi\bar{r}_i\gamma\mu(h_i+l\cos\beta_p\tan\alpha)\mathrm{d}l=2\pi\bar{r}_i\gamma\mu L_p\left(h_i+\frac{L_p}{2}\cos\beta_p\tan\alpha\right) \tag{3.15}$$

式中：$\bar{r}_i$ 为根系的平均半径；γ 为土体的容重；μ 为根土之间的静摩擦系数；L_p 为根系的总长；h_i 为区段 $[i，i+1]$ 至点 a 的距离；β_p 为根系延伸方向与 x 轴的夹角；α 为岸

坡角。从而，df 沿 x 轴方向的分量 df_x 为

$$df_x = df\cos\beta_p = 2\pi\bar{r}_i\gamma\mu L_p\left(h_i + \cos\beta_p\tan\alpha\frac{L_p}{2}\right)\cos\rho_p \tag{3.16}$$

在区段 $[i, i+1]$ 内所有侧根的摩阻力在水平方向分量之和为

$$F_{ix} = \sum df_x \tag{3.17}$$

统计整个侧根长度范围内摩阻力沿水平方向的分量之和

$$F_i = \sum_{i=1}^{n} F_{ix} \tag{3.18}$$

假定滑动土体的剩余推力的方向平行于坡面，则由侧根牵引效应所平衡掉的剩余推力为

$$T_R = F_x\cos\alpha \tag{3.19}$$

滑动土体的总剩余推力可求得为

$$T = W\sin\alpha - W\cos\alpha\tan\varphi - cL \tag{3.20}$$

式中：W 为滑动土体 $abcd$ 的重量；φ 为弱面土体的内摩擦角；c 为土体的黏聚力；L 为 bc 的长度。

联合式（3.19）和式（3.20）可得到让土体保持稳定所需满足的条件

$$F_x\cos\alpha - W\sin\alpha + W\cos\alpha\tan\varphi + cL \geqslant 0 \tag{3.21}$$

式（3.21）的意义还可用来确定坡面木本植物合理的株距。

以上分析量化了侧根通过牵引效应提供平衡推力的大小，但也应注意侧根在固坡作用中的局限性（对斜坡浅层稳定影响较大），在综合分析时，还应结合岸坡类型来分析。在侧根固坡的基础上，还需要垂直向根系深入到稳定层，最好是能穿过潜在的滑移面。

3.1.4.2　垂直根系的锚固作用

木本植物的垂直根系对斜坡的稳定性有着关键性的作用，它把表层和深部稳定层连接了起来，增加了斜坡的整体稳定性。垂直根系固土模型可以简化为以主根为轴向、侧根为分支的全长黏接型锚杆来分析其对周边土体的力学作用，其锚固力为侧根及主根与周边土体的摩擦力累加总和[23]。根据锚固理论，木本植物垂直根主根系的锚固作用主要表现如下。

由于素土抗剪强度较低，抗拉强度几乎可以忽略，而根系具有较高的抗拉和抗剪强度，通过根系、根土接触面与土体的共同作用，可以增强根土复合体的抵抗滑动的能力，改善其变形特性；垂直根系对土体具有箍束作用，可以抑制土体变形、提高根土复合体的整体性和稳定性；土体变形逐渐进入塑性状态时，应力开始向根系转移，根系起到了传递分担荷载的作用，从而延缓根土复合体塑性区的开展和可能出现的开裂。

力学模型中根系的受力分析如图 3.11 所示，对距地表深度 z 处的根径大于 1mm 的任意根段分析 dl，在上覆土压力 γz 作用下，根段 dl 所受的最大静摩擦合力为

$$df = 2\pi r\mu\gamma z\,dl \tag{3.22}$$

式中：r 为根段的半径；μ 为根土间静摩擦系数。

为计算垂直根系的锚固力，只考虑 $\mathrm{d}f$ 在垂直方向上的投影分量

$$\mathrm{d}f_z = \mathrm{d}f\cos\theta = 2\pi r\mu\gamma z\,\mathrm{d}l\cos\theta = 2\pi r\mu\gamma z\,\mathrm{d}z \tag{3.23}$$

考虑整个根系在沿深度 z 方向，其平均半径的分布函数若设为 $\bar{r}=P(z)$，根的总数设为 $N=Q(z)$，则根系的最大静摩擦在垂直方向上的分量 F（也是垂直根系的最大锚固力 T）为

$$T = F = \int_0^{\infty}\sum \mathrm{d}f_z$$

$$= 2\pi\mu\gamma\int_0^{\infty}P(z)Q(z)z\,\mathrm{d}z \tag{3.24}$$

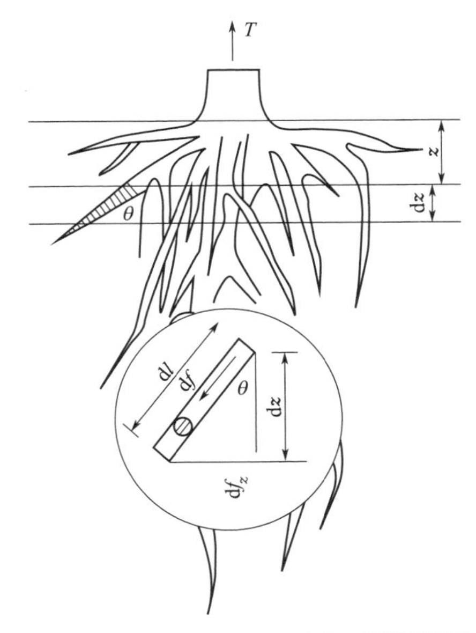

图 3.11 根系受力图（垂直根系锚固作用）

相比根系的加筋作用，根系的锚固作用范围更为广泛，主要是通过应力的传递和扩散，使得不稳定的表层与未遭到破坏影响并依然具有较高承载力的周围土体形成了整体，通过根系的锚固作用，把滑坡的剩余推力一部分分散到岸坡稳定区域，降低了根土复合体的应力水平，改善了斜坡的变形性能，从而提高了岸坡的稳定性。

3.2 植被根系对土体力学特性影响的试验研究

关于根系的加筋和锚固作用不仅可以从理论上加以分析，同时还可以通过相关试验直观地表明其固土效果，并基于此阐述其固土机理。

3.2.1 带根系土体的试验方案设计

本节主要研究带根系土体的直剪试验的方案设计，包括试验仪器的设计、试验操作过程的设计、试验样品的制作、试验中变量的控制以及试验过程中试验数据的采集和后期的试验数据处理等；本节主要是为下节对带根系土体的现场直剪试验制定试验方案，确保现场试验顺利进行，为现场试验提供必要的技术支持[24]。

3.2.1.1 试验仪器的设计及试验过程的说明

试验仪器主要由直剪盒、千斤顶、压力传感器、百分表、角钢、荷载板及荷载支架等部分组成。直剪盒为方形钢箱，箱体内部尺寸为 30cm×30cm×25cm，箱体厚 1cm；千斤顶为手摇式剪力千斤顶（最大载荷 2.5t，最大起升高度 38cm）；压力传感器采用的是电传式压力传感器并附带电子显示器（最大量程 5t，精度 0.01kg）；百分表采用机械式量程百分表（量程 50mm，精度 0.01mm）；角钢采用 35 角钢每段长度 30cm；荷载板使用钢板尺寸为 29.8cm×29.8cm×1cm，其上部放置荷载支架（木质支架）用于堆放荷载沙袋，试验装置如图 3.12 所示。

试验的主要流程如下：

(1) 试验装置安装。首先将直剪盒放置在事先开挖好的土坑中，然后在直剪盒中装入

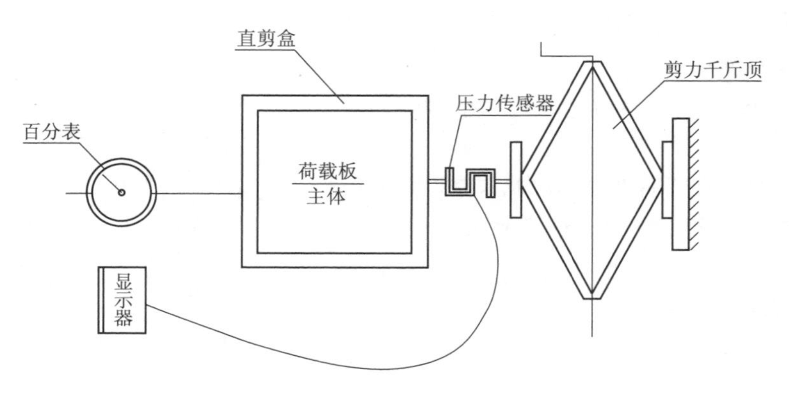

图 3.12　试验装置示意图

土样，之后在土体顶部放置荷载板和荷载支架，在支架上面放置设计的荷载沙袋，在荷载沙袋安置完成后再安装剪力千斤顶、连接压力传感器，最后在直剪盒的另一侧固定百分表，并保证百分表与直剪盒紧密接触。

（2）试验过程操作。本试验为现场直剪试验，试验具体步骤与室内快速直剪试验类似，试验过程主要是在恒定的竖向荷载下进行的横向剪切试验；需要注意的是需人为控制剪切速率（每分钟千斤顶伸长 1mm，手摇 2 圈左右），剪切位移达到 5cm 或者出现剪力峰值之后视为试验结束。

（3）试验数据记录。本试验主要参照室内快速直剪试验，试验过程中所需要记录的试验数据主要有压力传感器所记录的剪力荷载 T，百分表所记录的试验的剪切位移 S。由于本试验装置中剪切力的施加主要是由人工控制的千斤顶来实现，试验过程中不可能一直保持匀速剪切，因此在剪力和位移的记录中还需要记录两者对应的时间以便试验之后的数据整理。

试验装置及安装照片如图 3.13 和图 3.14 所示。

图 3.13　试验装置安装前

图 3.14　试验装置安装后

3.2.1.2　试验样品制作及变量控制

本试验为土体的现场直剪试验，样品为含根系或不含根系的土体。由于在试验过程中需要将土体按照直剪盒的尺寸进行相应的开挖与切割，因此极易破坏原状土体的结构性；

同时对于该根系土体的剪切则需要将乔木或者灌木连根剪切，试验之后对植物破坏巨大，极易导致试验区域内植物死亡，对环境造成不可恢复的伤害，这是试验所不允许的。基于以上种种原因，本室外直剪试验所使用的试验土样为重塑土体制作，制作严格按照原位土体的含水率、干密度控制，同时使用原位开挖的土体制作试验土样，尽量减小人为影响因素。

土样尺寸按照直剪盒的内盒尺寸控制，为了减小重塑土样与开挖后地面的接触影响，特意将地面按照土样截面尺寸下挖 10cm 作为土样的嵌固端长度，以保证直剪过程中土样剪切面不受重塑土与原状土的接触面影响，开挖嵌入槽如图 3.15 所示。

在模拟带根系的土样中，根系主要选用直径 4mm 长度 30cm 的竹签替代，在根系设置之前将竹签预先置入水中浸泡 3d 以上，以保证其含水率达到 75%以上（自然根系的含水率 75%～80%），根系的布置应等间距均匀放置，本试验中共设置了 3×3、4×4、5×5、6×6 等数量的根系布置方式，如图 3.16 所示。根系嵌入开挖槽以下 5cm 并充分击实嵌入点周边的土体，保证竹签嵌入端的稳定。

在土体制样时按干密度 1.67g/cm^3，含水率 17%控制，同时以钢制的剪切盒作为土样模具。土体制样时在 52.45kg 干土料中加入 8.92kg 水，均匀拌和并且分 5 次填入，每次填入土料之后充分击实至 7cm 高度，在每层击实完成加入土料之前一定先将下层土体作刮毛处理；重复该过程直至 5 层土体全部填筑完成。

该现场直剪试验主要模拟根系对土体力学特性的作用，因此本试验的变量控制以根系数量为主。通过现场直剪试验测试不同根系含量土体的力学特性差异来研究根系固土效能。

图 3.15 土样嵌固槽

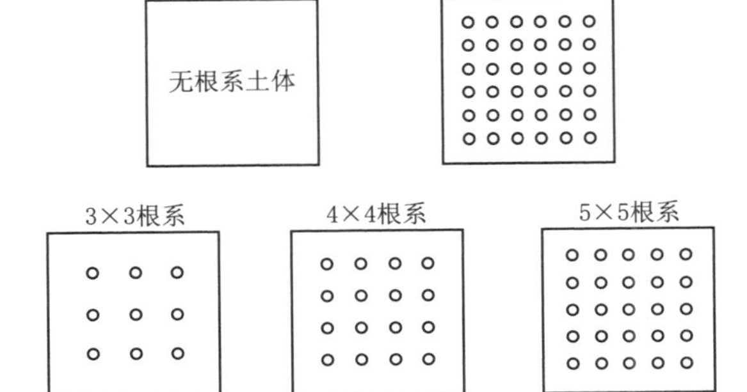

图 3.16 土样根系布置简图

3.2.1.3 试验数据的采集及处理

本试验主要参照室内直剪试验，数据记录及处理也类似，只是该试验中剪切速率为人为控制千斤顶的顶升速度，不可能达到室内直剪的匀速剪切，因此在数据记录时不仅要记录剪切过程中压力传感器测量的剪力、位移百分表测量的剪切位移值，同时还要附加测量两者产生的时间值，以便通过时间作为纽带一一对应剪力值与该值对应下的剪切位移。

数据记录过程主要使用摄像机将压力显示器、位移百分表、秒表同时录像，录像过程持续整个剪切试验，直至土体剪坏停止录像。

试验记录的数据主要有剪切位移及剪切力，剪应力为剪切力除以受剪土体的横截面积所得的数值；试验中所施加的竖向荷载主要通过载荷板载荷支架传递给土体，本试验中竖向荷载分别为200kg、350kg、500kg，均通过沙袋自重提供，该竖向荷载的应力值主要是模拟1～3m埋深的土体的自重应力。

通过以上所记录得出的剪应力τ、竖向应力σ_γ以及位移L，绘制出现场直剪试验的应力-应变曲线，通过应力-应变曲线选择峰值点或者试验完成点的剪切强度，绘制试验土样的抗剪强度线。通过有根系和无根系及根系含量不同的抗剪强度线的对比分析，研究根系对土体力学特性的影响以及根系对土体的加固作用。

3.2.2　带根系土体的现场重塑土试验

本节主要通过现场重塑土的直剪试验来研究根系土体的力学特征，现场试验内容主要包括不含根系、含不同数量根系土体的直剪试验。根系含量的不同主要是通过土样横截面积中根系含量来体现的；根系的直径统一为4mm，长度为30cm，本试验中的根系数量主要有9（3×3）根（含根率为0.13%）、16（4×4）根（含根率为0.22%）、25（5×5）根（含根率为0.35%）、36（6×6）根（含根率为0.52%）等不同的根系含量变量。基于以上的变量控制，同时试验制样时保证含水率为17%（原状土体的平均含水率），干密度为1.67g/cm^3（原状土体的干密度）的原状土体的基本物理性质相同，同时试验时，竖向荷载分别为200kg（应力22kPa）、350kg（应力38kPa）、500kg（应力55kPa）进行直剪试验。

3.2.2.1　基于根系含量不同的现场侧限直剪试验

基于以上的变量控制进行的现场直剪试验，试验结果见图3.17～图3.26及表3.3。

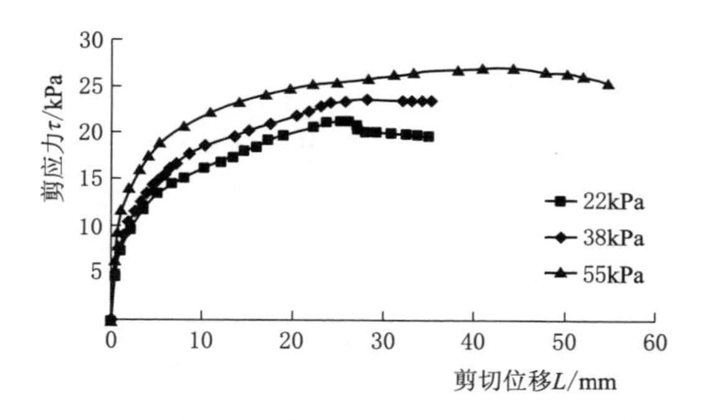

图3.17　无根系试样应力-应变图

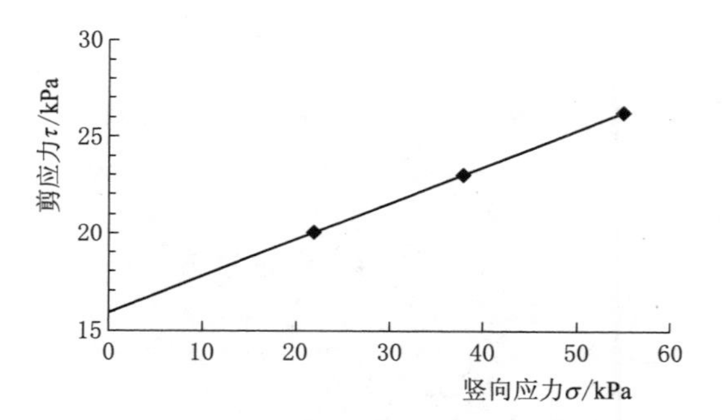

图3.18　无根系试样抗剪强度包线

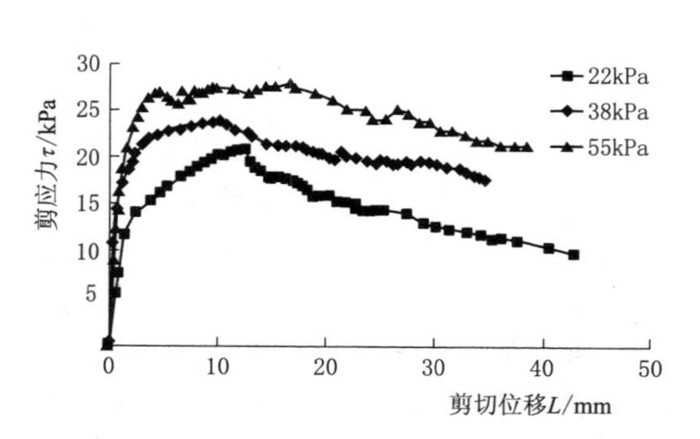

图3.19　截面含根率0.13%试样应力-应变图

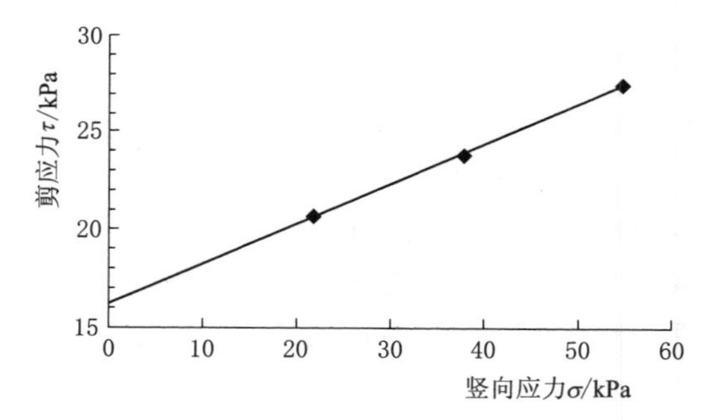

图3.20　截面含根率0.13%试样抗剪强度包线

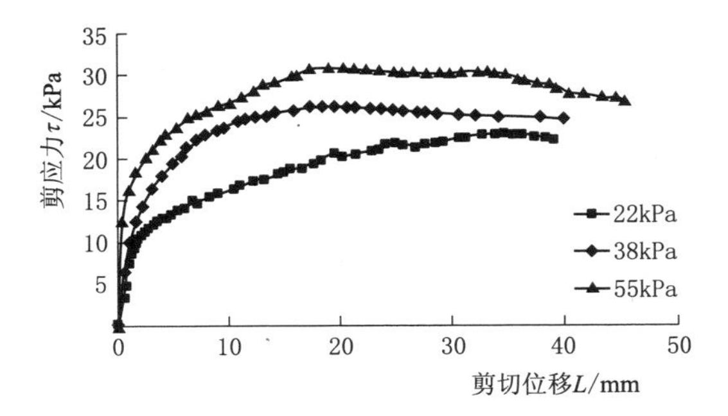

图 3.21 截面含根率 0.22%试验应力-应变图

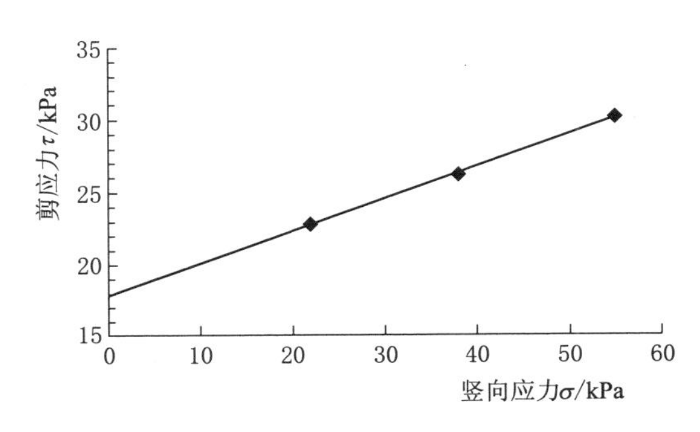

图 3.22 截面含根率 0.22%试验抗剪强度包线

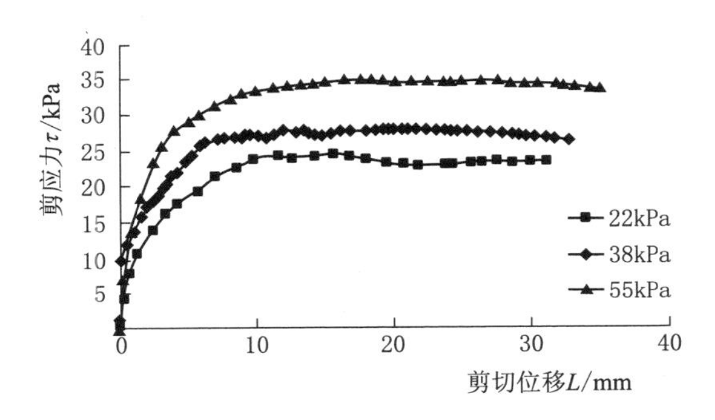

图 3.23 截面含根率 0.35%试样应力-应变图

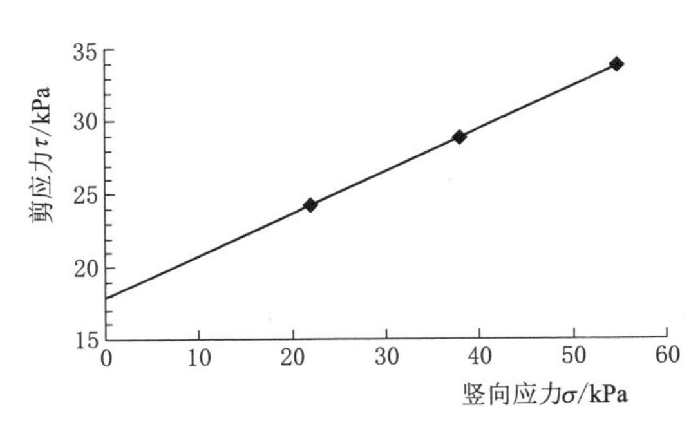

图 3.24 截面含根率 0.35%试样剪切强度包线

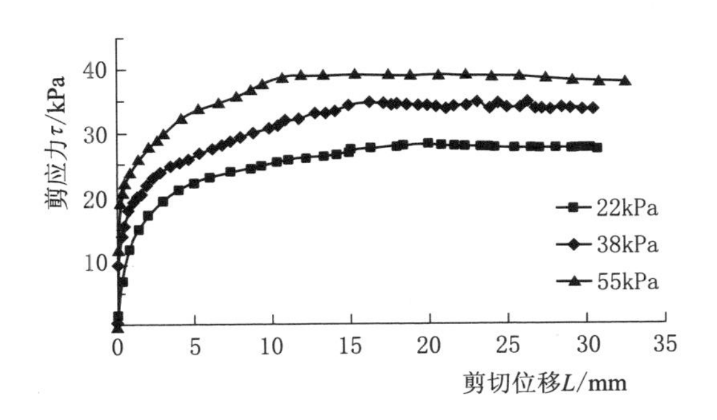

图 3.25 截面含根率 0.52%应力-应变图

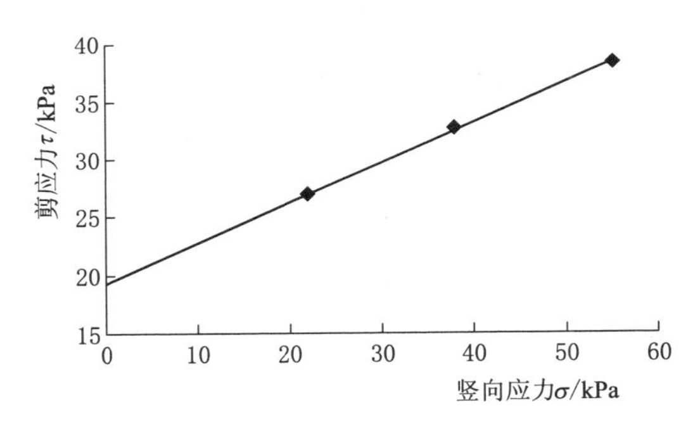

图 3.26 截面含根率 0.52%抗剪强度包线

表 3.3 现场直剪试验结果汇总表

试样含根率	干密度/(g/cm^3)	正应力/kPa	抗剪强度/kPa	凝聚力 c/kPa	内摩擦角/(°)
无根	1.67	22	20.17	15.75	10.60
		38	23.58		
		55	26.93		
0.13%	1.67	22	20.74	16.20	11.42
		38	23.84		
		55	27.42		

续表

试样含根率	干密度/(g/cm³)	正应力/kPa	抗剪强度/kPa	凝聚力 c/kPa	内摩擦角 φ/(°)
0.22%	1.67	22	22.89	17.86	12.57
		38	26.16		
		55	30.27		
0.35%	1.67	22	24.20	17.89	16.02
		38	28.80		
		55	33.67		
0.52%	1.67	22	26.90	19.19	19.38
		38	32.90		
		55	38.40		

图 3.27 试验后根系变形图

从现场的试验结果中也可以明显看到，在加入了根系的土样试验过程中，土样的抗剪强度明显增加，根系在剪切面附近所产生的剪切变形较大，部分根系甚至出现了拔出及剪断破坏，试验结束后的照片如图 3.27 所示。

3.2.2.2 现场试验的数据处理及分析

基于以上的试验结果可以绘制出土样内摩擦角及凝聚力与截面根系含量的关系曲线如图 3.28 和图 3.29 所示。

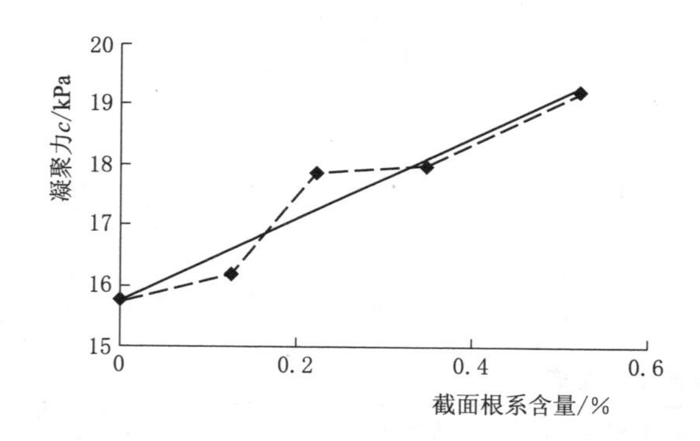

图 3.28 凝聚力与截面根系含量关系图

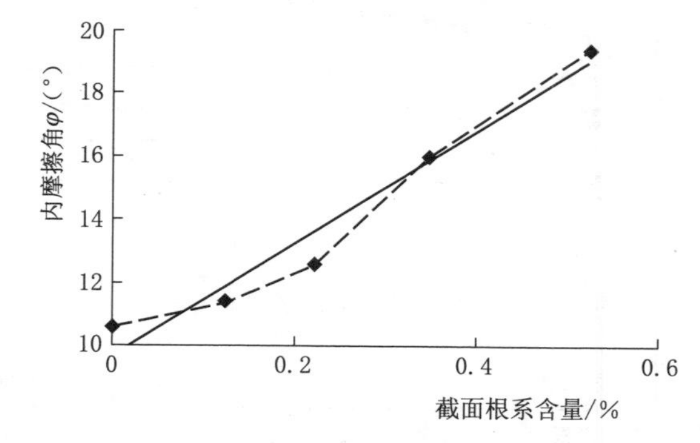

图 3.29 内摩擦角与截面根系含量关系图

从以上图中不难看出，在土样中加入根系，土样的抗剪切能力明显提高；尤其是在根系含量增加的过程中可以直观地看到，土体的内摩擦角是随着截面根系含量的增加而增大的，且增大的趋势较为明显；同时土体的凝聚力也在平稳增加，但增加幅度明显小于内摩擦角的增幅。

基于以上的结果，本研究认为根系对土体内摩擦角的增加作用主要体现在以下两个方面：

（1）土体与湿润的根系之间存在着较大的摩擦；由于根系吸水后体积膨胀，表面与土体相互挤压变形，相互之间产生较大的压应力，同时在制样时对竹签（模拟根系）表面的刮毛来模拟真实根系的粗糙表面，这样根系与土体之间（接触对之间）的摩擦系数较大，由于较大的压应力及较大的摩擦系数，导致了在根系拉拔的过程中根系与土体产生较大的摩擦力。

（2）土体与根系的接触表面积随着根系的增多而增大。无根系时土体受剪的面积主要为剪切面，而加入根系之后，土体在受剪时由于根系与远离剪切面的土体嵌固紧密，因此会导致根系与周围土体产生较小的相对位移，而相对位移的产生就会导致摩阻力的出现；而根系的增加又会带动更多的土体受剪，使土体的受剪切面积增多，摩阻力增大，从而在宏观上表现为土体内摩擦角增加，抗剪强度提高。其具体的受力示意图如图3.30所示。

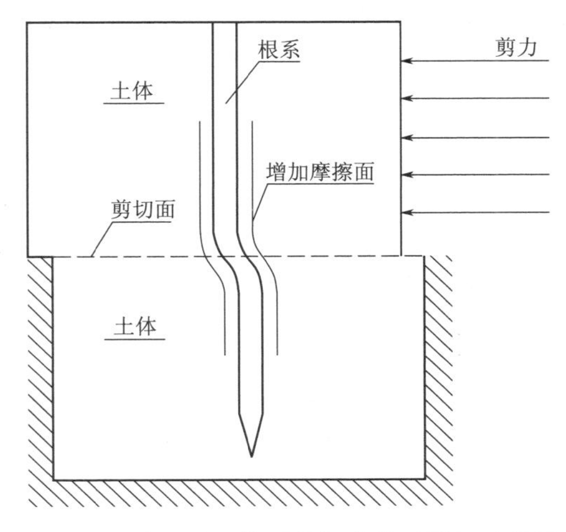

图3.30　含根系土体受剪切摩擦面增加示意图

试验结果中，关于凝聚力的增加也能通过根系加筋作用来很好的解释。试验结果中之所以会出现凝聚力随根系数量的增加而增大，主要是由于根系的加入导致土样在受较小剪切时，土体与根系协调变形（未产生相对位移时）。而根系的模量、刚度均大于土体，因此在受力时根系能够为土体分担一部分外力荷载作用，表现为根系给土体一个内约束（主要体现为黏结约束）增加了土体的整体结构性。

3.3　岸坡根系固土理论的研究及计算分析

根系固土的理论模型主要可以分为4种，即加筋土模型、植物锚杆模型、土体力学参数增加模型、根-土共同作用有限元计算模型。这些模型各具特色，同时又各有一定的局限性，具体介绍如下。

（1）加筋土模型。该模型将根系固土的原理类比于土工格栅加固土体，能够较形象地模拟根系与土体之间的相互作用，同时基于土工格栅已有计算方法，根系固土的量化计算较为简单方便。但该方法的问题在于根系与格栅的物理力学性质差别较大，植物根系没有土工格栅（高强度人工合成有机材料）那样的高弹性强度，且根系具有一定的弹塑性及自适应变形能力。同时考虑到与土体的相互作用中，土工格栅铺设时与土体平行分层碾压，水平顺层接触较好，植物根系由于其向地性的生物特性与土体主要是竖向插入式接触，两者与土体接触的性状差异较大。因此使用土工格栅模型来量化根系固土显然尚有诸多不足之处，尚需不断完善。

（2）植物锚杆模型。将根系固土类比于植物锚杆及土钉模型，该模型能够较好地考虑植物根系的强度，以及根系对周围土体的加固，同时在物理作用及力学机理上都能很好地模拟根系对土体的加固作用，能够做到物理相似及力学相似。但其不足之处在于将根系视为锚杆（锚杆自身的刚度较大），随土体变形的能力较差，不能很好地与土体协调变形，且由于植物根系分布的随机性较大，若将所有分布的根系全部使用锚杆模拟，显然过于麻烦且不便于实际研究。

（3）土体力学参数增加模型。该模型采用的是概化地提高土体力学参数的方法。该方法在工程上使用较简单、方便、快速，通过现场的观察及原位测试，提出将不同根系分布以及不同根系含量的土体力学参数适当提高的方法在宏观层面上描述根系固土。该方法较广泛地应用于工程实践当中，但其缺陷也是显而易见的。该方法较大地依赖于以往的工程经验，其土力学参数的扩大系数很难准确给定。

（4）根-土共同作用有限元计算模型。该模型在高校及科研单位中使用较多，其主要特点是借助于有限元软件，能够较真实地依照实际试验模型建立有限元计算模型，再基于相关理论提出的不同假设去设置计算条件，因此其能够较好、较真实地模拟根系固土，因此在实际科研中得到广泛应用。

3.3.1　根系与土体共同作用的有限元模型及计算参数

本节计算模拟主要是通过有限元软件对上节中根系土体现场直剪试验结果进行数值模拟[24]。有限元软件主要采用MIDAS GTS三维有限元分析软件，其特点主要是建模迅速、计算方便、模型多样等。在计算模拟过程中主要考虑了在有根系、无根系作用下土体受同样剪切时的应力-应变特点，以及根系与土体不同作用机理之间的土样受力的应力-应变特点，同时基于现场试验结果，综合分析根研究系对土体的加固作用。

本节主要研究有根系、无根系以及不同根-土作用机理下相同剪切位移下的土体的应力-应变等结果的差异来研究根系对土体的加固作用，有限元计算模型如图3.31和图3.32所示。

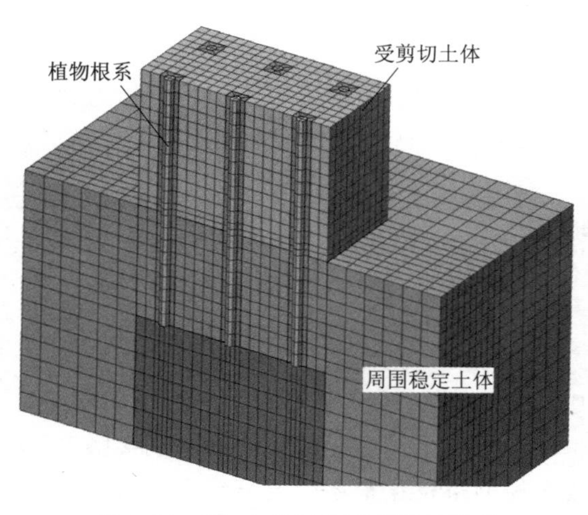

图3.31　根-土共同作用有限元模型

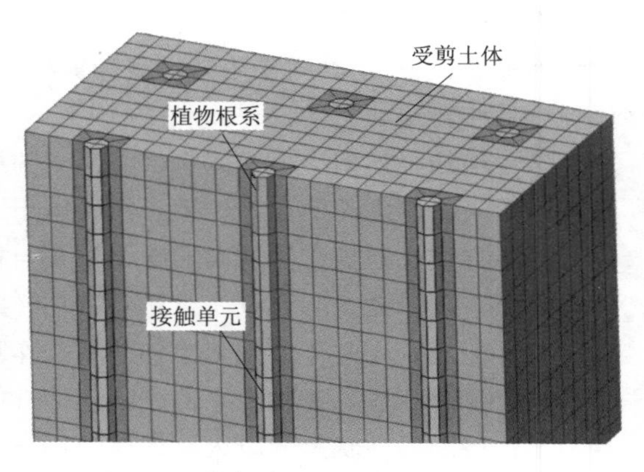

图3.32　接触单元共同作用有限元模型

基于以上两图，在进行有限元模拟计算时，对无根系土体的直剪模拟主要是将模型中的根系单元的参数设置为受剪切土体单元的参数，同时删掉接触单元；而模拟根-土不同作用机理的条件时，主要体现在接触单元的设置与否，前者为无接触单元，后者为有接触单元，该模型主要研究接触对根系固土的影响。

在本模型中除接触单元外的其他单元均为常规 3D 实体单元，接触单元主要采用库仑摩擦（Coulomb friction）理论。计算所选用的物理参数见表 3.4。

表 3.4　　　　有限元模型参数取值

材料	模型	容重 γ/(kN/m³)	弹性模量 E /(kN/m²)	泊松比 μ	内摩擦角 φ/(°)	凝聚力 c /(kN/m²)
受剪土体	M－C	16.5	1.0E+04	0.28	23	68
周围土体	M－C	16.8	1.14E+04	0.25	23	69
植物根系	Tresca	6	3.20E+05	0.24	屈服应力 2000kN/m²	
接触面	类型	法向刚度/(kN/m³)	切向刚度/(kN/m³)	内摩擦角/(°)	凝聚力 c/(kN/m²)	
	库仑摩擦	30000	5000	22	15	

在计算模拟过程中 3 组算例均使用相同的外部荷载，均在竖向应力 22kPa 下进行计算，横向剪荷载均使用强制位移，强制总位移 3cm 分 10 步均匀加载用以模拟直剪过程。

基于以上的计算模型及物理参数，进行了 3 组不同工况的有限元数值模拟，分别为：根系与土体间设置摩擦单元直剪模拟、根系与土体间共节点无摩擦单元直剪模拟、无根系纯土体直剪模拟，得出了不同的计算结果，该结果主要为研究根系与土体的相互作用方式以及根系对土体强度的变化提供相应的数据参考。

3.3.2　根系与土体相互作用方式分析研究

本节主要基于之前不同工况的有限元计算结果，通过根系与土体之间有、无设置摩擦单元来模拟根系与土体的不同作用方式，基于不同的作用方式同时对比之前的现场试验成果，分析研究根系与土体之间的作用方式，以及根-土合体在受力过程中的相互运动方式等。

计算结果均选取强制位移作用完成阶段来比较，结果如图 3.33 和图 3.34 所示。从图中可以很明显地看到，在加入了摩擦单元之后对模拟的结果造成了较大的影响。在未设置摩擦单元时根系与土体共用节点，因此根、土协调变形；从位移等值线上可以看出，在位移变形等值线经过根-土界面时平稳过渡几乎没有产生突变；而与之不同的是在设置了摩擦接触单元之后，摩擦单元将根-土单元分割开使之与相邻的节点分离，因此在剪切力的作用下根系与土体不再协调运动，两者之间出现了相对运动；同时可以看到在设置摩擦单元之后，土体的变形区域主要集中在剪切面附近，较之前明显减小，且根系有明显的拔出运动趋势。

对比之前的现场试验，在试验完成之后，根系与周围土体的变形存在着明显的差异，土体的横向剪切位移超过 3cm，而根系的横向变形明显小于土体，根系既没有被剪断也没

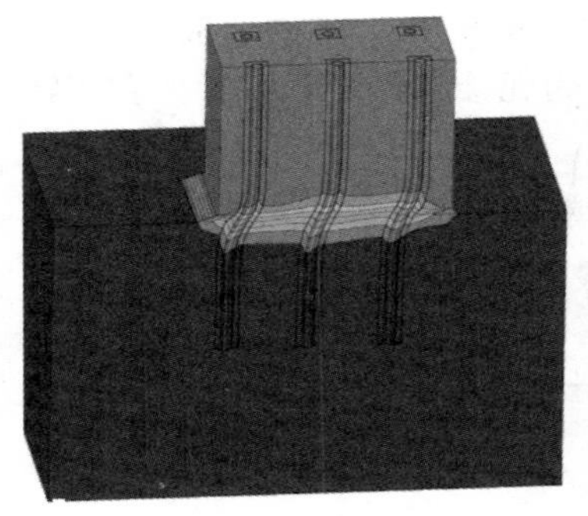

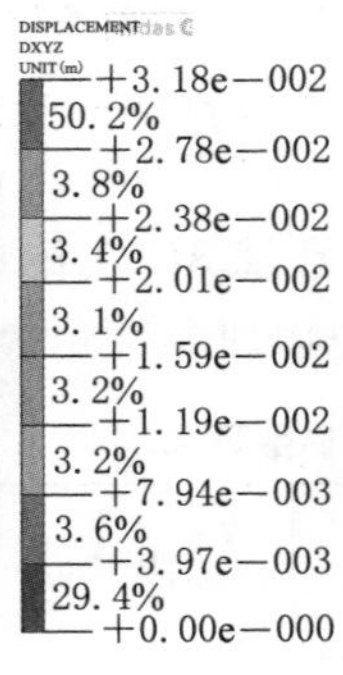

图 3.33　无摩擦单元时试样变形图

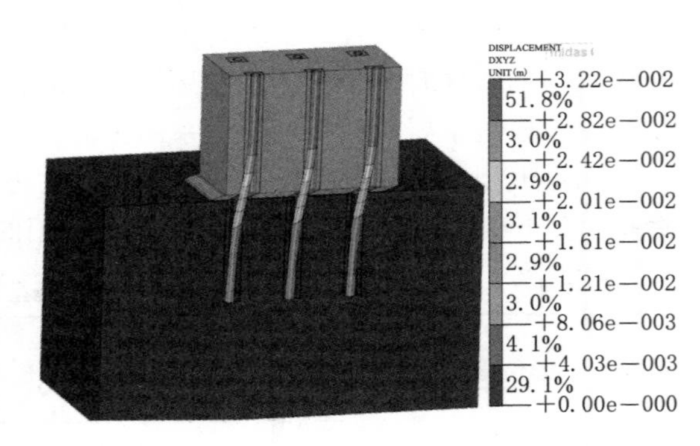

图 3.34　有摩擦单元时试样变形图

有出现较大的拉升、扭曲变形。试验完成之后根系与周围的土体之间也存在着较为明显的相对运动；在直剪试验之前根系顶端与土体齐平，当试验完成之后根系顶端从土体表面抽离，导致了 2cm 左右的孔洞。造成该结果的原因主要是由于在制样时根系是下部与土体夯实锚固，顶端类似于悬空于土体之中，当整个试样受到剪切时，根-土体可认为是悬臂端结构受力，而根系从土体中抽离则表明根-土之间没有完全的协调变形，两者之间存在着明显的相对运动。

现场试验结果表明在模拟计算中对该模型设置了摩擦接触单元之后能更好地拟合试验结果，根-土单元的运动特征能够更好地展现试验过程中根系与土体的相互作用方式。基于相关文献资料[24]也可以说明，根系与土体之间是一种可滑动的相互咬合接触形式。根系通过表面的绒毛深入土体的微小孔隙之中，绒毛与土颗粒紧密结合，当根系与土体之间出现较大的剪切外力作用时，由于根与土体之间存在的刚度差异，导致根系与土体之间不能协调变形，根系表面的绒毛将会出现断裂，根系与土体之间出现相对运动，宏观上则表现为根系从土体中拔出。

根系单元在有、无接触摩擦单元时的应力分布将会出现较大的差异，其相应的应力分布如图 3.35 所示。

从图 3.35 中可以看到，当根系与土体之间设置了摩擦单元时，根系所受的应力明显减低，尤其是最大剪应力 Tresca 应力降低了 30%；同时从根系的 Mises 应力图也可以看出在设置摩擦单元之后根系受力更为均匀，根系全段受力；从根系平均应力图中也可以看出，在设置了摩擦单元之后根系的平均应力也大大地降低，根系的受拉区域也分布更为广泛（应力值中拉应力为正）。由于根系的特殊性其抗拉能力远大于其抗剪能力，这一点也能说明摩擦单元的引入能够更好地反映自然界中植被覆盖较好的岸坡出现滑坡时，植被往往是被连根拔出而非顺层将根系剪断。

基于以上试验、计算以及相关的自然现象证明根系与土体之间的作用方式以相互紧密接触咬合为主，当根-土合体所受较大外力剪切时两者的运动状态主要以根系的拔出运动为主，根与土体之间表现为摩擦阻力。

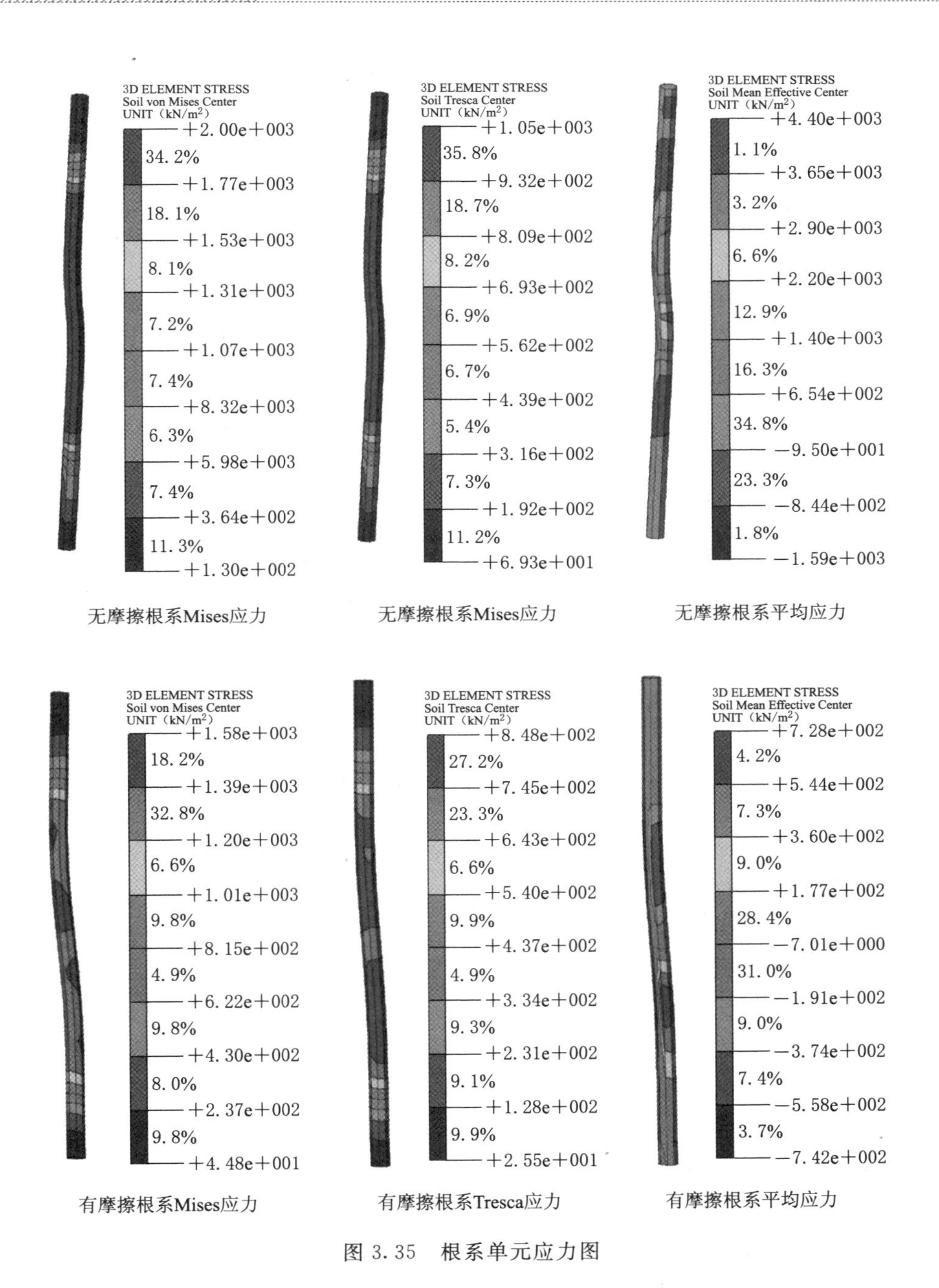

图 3.35 根系单元应力图

3.3.3 根系对土体物理力学参数的影响分析

上节主要研究了根系与土体的相互作用方式，本小节主要探讨在该作用方式之下随着根系的引入对土体力学性能的影响。

选取带摩擦的根-土复合体与纯土体在同样的剪切作用下进行比较分析，其剪应力计算结果如图 3.36 和图 3.37 所示。

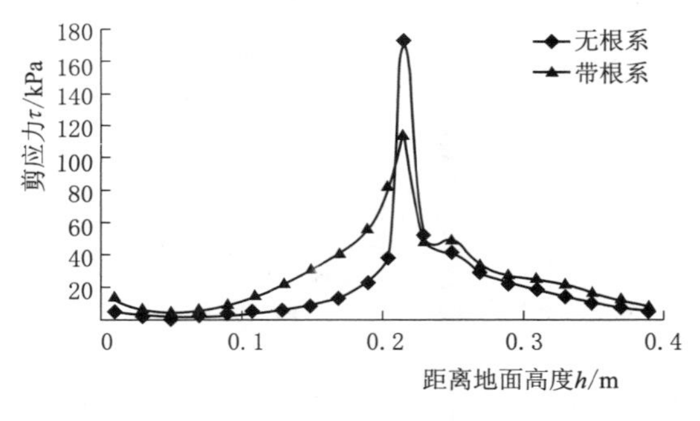

图 3.36 土体受剪侧单元剪应力分布图

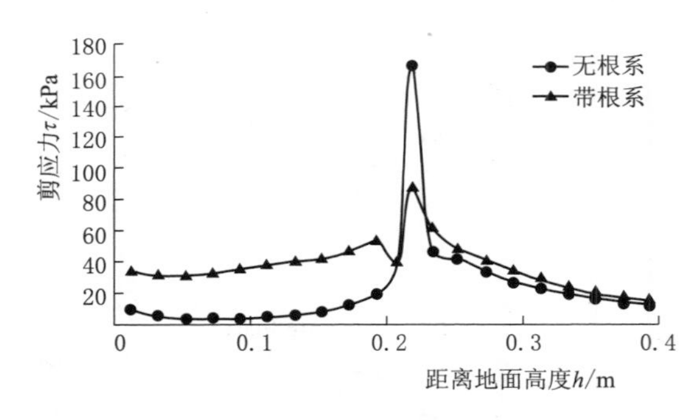

图 3.37 土体背侧单元剪应力分布图

从以上两图中可以看出，随着根系的加入土体的剪应力出现了向非剪切带分散的趋势（剪切面距离地面 0.25m），位于剪切面的土体单元其剪应力明显减小，受剪侧土体单元的最大剪应力在根系作用下减小了 35%，而背侧单元剪应力减小达到了 40%；土体单元剪应力的减小意味着其实际抗剪强度的增加。两组模拟对比可以明显看到在加入根系（截面含根率为 1.76%）的工况下，土体的抗剪强度至少提高了 30%。

该对比模拟充分说明了根系对土体起到了增大抗剪能力的作用，根系的介入可以导致土体中剪应力的扩散，从而减少土体中剪应力的集中，对土体起到了分散破坏荷载的作用，间接增大了土体的抗剪强度。

3.4 根系作用下土质岸坡渐进变形解析方法

3.4.1 根系固土模型

事实上，在考虑植被根系对边坡作用时，并不能简单地参照在 3.1 节所述的根系加筋理论和锚固理论，因为在研究有植被覆盖的自然边坡时，其滑坡的产生是多种因素综合作用的结果[25]。

就单单考虑坡体、水和根系三者之间的关系时，它们之间也是相互作用相互影响的。比如水的存在会削弱土体的强度，也会影响根系的固土效果。Natasha Pollen[26] 曾详细阐述了根系固土中细根和粗根的力学特点：细根提供的拉断力高于拔出力，粗根所提供的拔出力高于拉断力，如图 3.38 所示。同时，由于水的存在造成基质吸力的变化，引起了根系固土效果的时间历史性差异。

基于损伤学理论，根系的拉断和拔出破坏都是根系的损伤过程，时间因素的考虑可以参考因伐木、火灾、移植等原因造成植物移走时，根系会腐烂失效而强度降低的时间过程函数[27-28]，形如下式。

$$T_{rt}=T_{r0}e^{-bt} \tag{3.25}$$

式中：T_{rt} 为时间 t 后根系损伤强度；T_{r0} 为根系初始强度；b 为根系损伤概率或比率。

滑坡可分为浅层滑动和深层滑动。对于浅层滑动，主根系在垂直方向上能够发挥锚固作用，同时须根的加筋作用能抑制剪切层的变形，固土效果反映的是对剪切层和随动层都有作用，如图 3.39（a）所示；对于深层滑动，根系只对边坡表层有加固作用，由于根系的侧向锚固作用，固土效果发生在随动层，如图 3.39（b）所示。

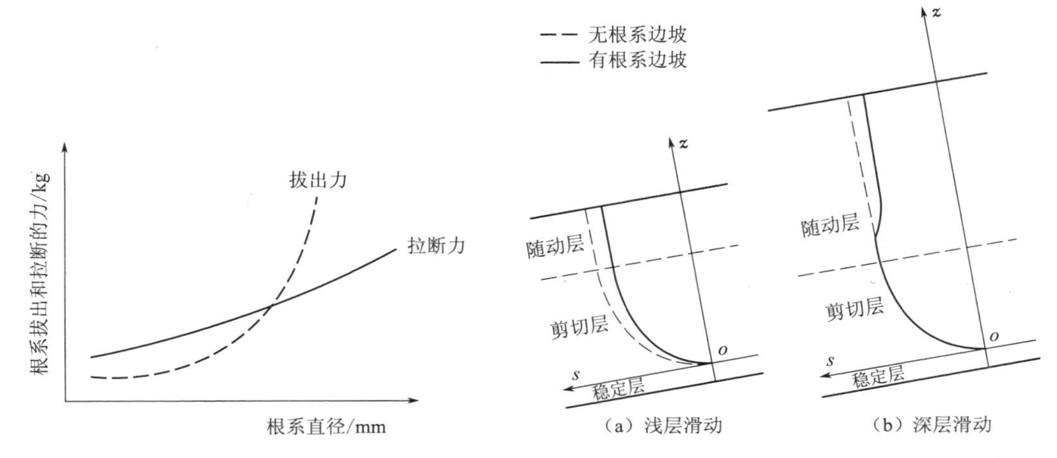

图 3.38 拔出力和拉断力与直径根系的关系

图 3.39 边坡根系固土模型位移分布图[29]

考虑了水和根系作用的边坡，在采用 Bingham 模型进行变形计算时，黏滞力部分和增加的根系阻滑力将是影响模型计算结果的主要因素。在 Waldron 根系固土模型基础上[15]，根系提供的抗滑力可以表示为

$$\Delta S=\alpha \cdot T_r(\sin\beta+\cos\beta\tan\varphi') \tag{3.26}$$

式中：α 为土层中根系截面积比率 $\alpha=A_r/A$，根据根系的空间分布假设土层中根系截面积比率为 kz^2；T_r 为土层单位面积根系平均抗拉强度；β 为坡角；φ'为土体的内摩擦角。

考虑根系沿深度的分布情况及时间历史效应（如根系随边坡变形产生的拔出和拉断等），本节在无限长边坡分析中把根系分布率简化为深 z 和时间 t 的函数，即 $\alpha=A_r/A=f(z,t)$，同时采用 Wu[30]关于（$\sin\beta+\cos\beta\tan\varphi'$）的建议值 1.2，则有

$$\Delta S=1.2T_r f(z,t) \tag{3.27}$$

采用 Bingham 模型计算根系固坡滑移变形时，引入式（3.27）可作为土体的附加强度项或增加的抗滑力。

3.4.2 基于 Bingham 理想黏塑性模型的植被岸坡滑移解析

在 2.5 节中，针对式（2.2）中考虑根系的作用，同时考虑黏滞性系数的非线性变化，则有

$$\frac{\partial}{\partial z}\left[\tau-\left(\tau_{f0}+\Delta S+\eta(z)\frac{\partial v}{\partial z}\right)\right]=-\rho\frac{\partial v}{\partial t} \tag{3.28}$$

式中：$\eta(z)=\eta_0 z^b$；$\Delta S=T_r(\sin\beta+\cos\beta\tan\varphi')kz^2$。

采用分离变量法对其进行求解式（3.28），同时利用相应的初始条件和边界条件：$t=0$ 时，$v=0$；$z=0$，即剪切层和稳定层交界处，$v=0$；$z=h$，即滑坡表面，$v_z=\dfrac{\partial v}{\partial z}=0$，

可得到关于根系作用边坡滑移变形解析解的级数形式

$$v(z,t)=\frac{32\chi H^{\frac{3-b}{2}}}{\eta_0}\times\sum_{m=1}^{\infty}\left\{B_m z^{\frac{1-b}{2}}J_{1-b}(\mu_m\sqrt{z/H})\left[1-\exp\left(-\frac{\eta_0\mu_m^2}{4\rho H}t\right)\right]\right\} \tag{3.29}$$

式中：$B_m=\dfrac{(1+T'_r kh)J_{2-b}(\mu_m)-\dfrac{2T'_r kh}{\mu_m}J_{3-b}(\mu_m)}{\left(\dfrac{\mu_m^2}{(1-b)^2}+3\right)\mu_m^3 J_{2-b}^2(\mu_m)}$，$T'_r=T_r(\sin\beta+\cos\beta\tan\phi')$，$\chi=\gamma(\sin\beta-\cos\beta\tan\varphi)-\gamma_w\cos\beta\tan\phi'$；$J$ 为贝塞尔函数；μ_m 为贝塞尔方程 $J_{-b}(x)=0$ 的第 m 个零点值；b 为上述非线性黏滞性的拟合参数；H 为坡土厚度；η_0 为饱和坡土的黏滞性参数；ρ 为坡土的密度；t 为时间，$0\leqslant z\leqslant H$，$t\geqslant 0$。

进一步对速度关于时间求积分，可以得到边坡滑移的位移场函数

$$u(z,t)=\frac{32\chi H^{\frac{3-b}{2}}}{\eta_0}\sum_{m=1}^{\infty}B_m T_m z^{\frac{1-b}{2}}J_{1-b}(\mu_m\sqrt{z/H}) \tag{3.30}$$

式中：$T_m=t+\dfrac{4\rho h}{\eta_0\mu_m^2}\left[\exp\left(-\dfrac{\eta_0\mu_m^2}{\rho h}t\right)-1\right]$，其余符号含义同上。

3.4.3　基于过应力黏塑性模型的植被岸坡滑移解析

目前，植被根系固土作用理论的研究较少，多数是考虑根系增加了土体的黏聚力来研究，将两者的集合体当着一种复合土体来考虑，或者把直径较大的根系作为锚杆或土钉。在分析坡土滑移变形时为了从数值分析的角度作些根系固土理论研究，通过选取恰当的屈服面，再根据根系的作用特点对其进行修正，达到预期目的。

本小节首先在无限长均质土坡的应力变量解析解的基础上，在沈珠江[31]的水滴形剪切屈服面中考虑植被根系固土效应，进行适当修正，推导出根系固土岸坡滑移变形速率场。这个速率场可以用于计算给定的土层和时间点的剪切位移值。利用2.5.3节对黏滞性参数适当修正和在理论模型中考虑根系固土作用，以2.5.3节的算例为例，利用变形速率公式的理论计算位移并与实测变形值比较[32]。

3.4.3.1　根系作用岸坡土变形解

植物根系对浅层岸坡土体起到部分加筋、锚固作用，使其抗剪强度得到了提高。土体剪切变形屈服面在考虑根系加固的情况下会向外扩展[33-34]，屈服强度增大。对沈珠江提出的水滴形屈服面作适当的修改来反映根系对土体屈服面的影响。水滴形屈服面方程为

$$Q=\frac{4\left(p'^2-\frac{1}{2}p_0'^2\right)^2}{p_0'^2}+\frac{2q^2}{M^2 p_0'^2}-1=0 \tag{3.31}$$

考虑植被根系的加筋、锚固和拱效应等作用，屈服面扩大，屈服应力得到提高[33-34]。根系作用下土体竖向屈服应力 σ_p 为

$$\sigma_p=\sigma_{p0}+\Delta\tau_f\frac{1+\sin\varphi'}{\sin\varphi'\cos\varphi'} \tag{3.32}$$

式中：σ_{p0}为无植被根系饱和土竖向屈服应力；φ'为有效内摩擦角（°）；$\Delta\tau_f$为根系引起的土体抗剪强度的增长，kPa。

考虑到植物根系增加浅层土体抗剪强度，把上述水滴形屈服面方程修正为

$$Q=\frac{4\left(p'^2-\frac{1}{2}p_m'^2\right)^2}{p_m'^4}+\frac{2q^2}{M^2p_m'^2}-1=0 \tag{3.33}$$

其中，$p'_m=p'_0+\Delta\tau_f\frac{1+\sin\varphi'}{\sin\varphi'\cos\varphi'}$。

从而得到

$$\frac{\partial Q}{\partial\tau_{xy}}=\frac{12\tau_{xy}}{M^2\left(p'_0+\Delta\tau_f\frac{1+\sin\varphi'}{\sin\varphi'\cos\varphi'}\right)^2} \tag{3.34}$$

进一步利用式（2.30）～式（2.32）可得

$$\frac{dV_x}{dy}=-\frac{24\gamma(y-H\cos\beta)\tan\beta}{\mu M^2\left(p'_0+\Delta\tau_f\frac{1+\sin\varphi'}{\sin\varphi'\cos\varphi'}\right)^2} \tag{3.35}$$

假定土坡稳定层与剪切层交界面无滑移变形（下部基岩），即$V|_{y=h_1}=0$。对式（3.35）进行积分，得到植被根系作用岸坡剪切滑移变形区渐进变形的速度场为

$$V_x=\frac{12\gamma\tan\beta[(H\cos\beta-h_1)^2-(H\cos\beta-y)^2]}{\mu M^2\left(p'_0+\Delta\tau_f\frac{1+\sin\varphi'}{\sin\varphi'\cos\varphi'}\right)^2} \tag{3.36}$$

为了考虑根系和黏滞性参数的影响，更好地模拟岸坡土滑移，假定黏滞性参数不为常数，而是如式（2.45）所示，则得到植被根系作用岸坡剪切滑移变形区渐进变形的速度场为

$$V_x=\frac{12\gamma\tan\beta}{\mu_0M^2}\cdot\frac{[(H\cos\beta-h_1)^2-(H\cos\beta-y)^2]}{\left(p'_0+\Delta\tau_f\frac{1+\sin\varphi'}{\sin\varphi'\cos\varphi'}\right)^2y^b} \tag{3.37}$$

薄层坡土的蠕动变形量的平均值即土体在x轴方向上的平均位移，可以由式（3.37）中的速度乘以时间t计算。

3.4.3.2　算例分析

本算例同样使用文献［35］中的196d、260d、356d等3个时间段观测位移数据。为了模拟根系对土坡蠕动变形的影响，本小节模拟时对浅层土（小于3m深）取$p'_0=55$kPa，$\Delta\tau_f=10$kPa（有根系）；深部土层取$p'_0=85$kPa，$\Delta\tau_f=0$（无根系）。主要模型计算参数列于表3.5中。

表3.5　模型计算参数

泊松比v	黏滞性参数μ_0/d	临界状态应力比M或有效内摩擦角φ'	拟合常数b
0.3	1.5×10^6	1.24或31°	0.3

由修正后的速度场计算3个时间段196d、260d、356d的位移值和相应时段的观测位移数据如图3.40～图3.42所示。几个图均对黏滞性参数进行了修正。经对比，在浅层3m土层深度内考虑根系作用，可以减少相应范围内土体变形约10mm。图3.42将修正黏滞性参数后考虑根系固土和不考虑根系固土的理论计算值作了对比。很明显，考虑了根系的作用时相应深度内变形减小（曲线下降）。

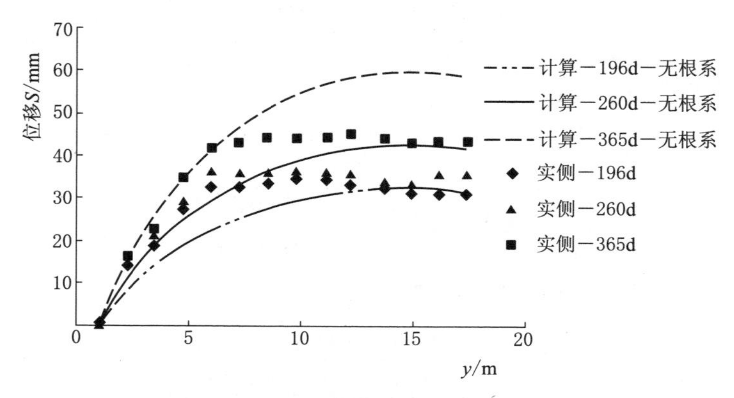

图3.40　修正μ后无根系作用的计算位移值与实测值比较图

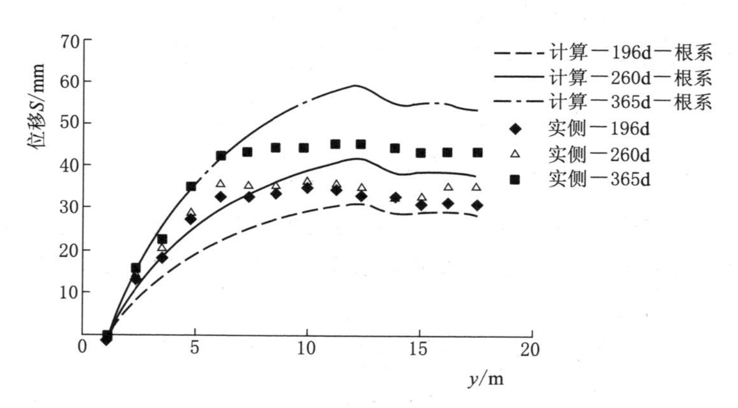

图3.41　修正μ和考虑根系作用的计算值与实测值比较图

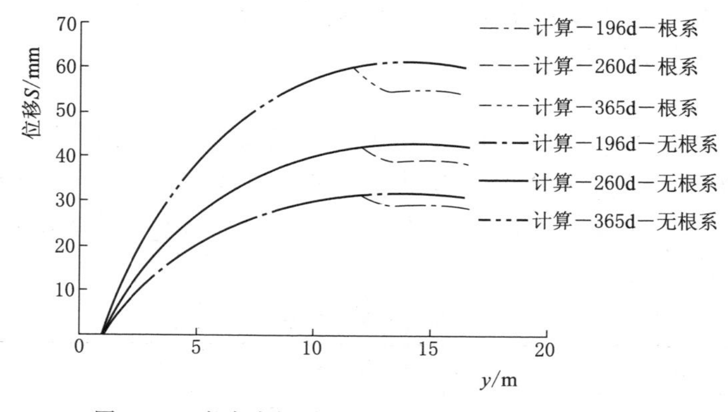

图3.42　考虑有根系和无根系的理论计算值比较图

无根系固土作用时，坡土的计算位移在浅层偏大。在小于3m的土层中考虑根系的固土作用，计算位移值在浅层有明显折减，与实测位移值趋势相近。浅层坡土滑移值与相邻深部土层相比有所减小，表层坡土位移与相邻层土的位移值接近，表明上层土随下层滑移层刚性滑移的特点。由于土质岸坡变形影响因素较多，因而不可避免地会出现偏差。

模型计算位移与实测对比表明，考虑了根系固土作用的岸坡土位移计算公式可以用来预测岸坡土的变形趋势。模型只引入了两个参数，并通过常规试验即可获得，只修正公式中的两个参数即可计算不同土质岸坡的变形值。

本节用理论分析方法推导出无限长均质岸坡和根系固土岸坡的滑移变形解析解，表明岸坡土体变形从深部土层向表面先出现一个剪切层，表层土随邻近下层剪切带土体刚性滑移，修正黏滞性参数后的模型计算值能较好地模拟符合实测数据。根系固土岸坡的滑移变形解析考虑根系增长了3m以内浅层土体黏聚力和土体所受先期固结压力，同样在修正土层的黏滞性参数的情况下，较好地模拟了岸坡的变形。

3.5 本章小结

（1）本章联合理论研究和试验方法较为系统地揭示了植被根系固土护坡机理。

1）开展了不含根系、含不同数量根系土体的现场直剪试验。研究得出根系与土体的作用方式以相互紧密咬合为主，当受较大外力剪切作用时，根系主要体现为从土体中拔出趋势；随着根系的增加，根-土复合体的内摩擦角也会随之而增大。

2）根系固土室内直剪试验选用的土体主要选取研究区域浅层表土，取样土体主要根据其覆盖的深度不同，取用了埋深分别为10cm、30cm、50cm的土体进行含水率试验。研究结果表明土体的强度指标凝聚力 c 和内摩擦角均受到含水率变化的影响，但两者的影响效果却明显不同。

3）采用根-土共同作用三维有限元计算模型分析根系与土体的相互作用，结果表明根与土体之间表现为摩擦阻力。

（2）将Bingham模型用于综合考虑植被根系固土作用的岸坡渐进变形分析中，重点考虑坡土在剪切变形过程中表现出的黏滞性特点，基于黏塑性理论对其分析，并建立了相应的数学物理方程。模型计算值与现场监测值相比较，表明Bingham模型能很好地描述滑坡变形过程中的剪切层受力变形过程，并能同时考虑根系分布深度、宽度及其随坡土滑移时间变化分布等的作用，为合理分析含植被根系固土作用的岸坡渐进变形过程分析提供了较好的思路。

参考文献

[1] 吴积善，田连权，康志成，等．泥石流及其综合治理［M］．北京：科学出版社，1993.

[2] 陈晓清，崔鹏，韦方强．良好植被区泥石流防治初探［J］．山地学报，2006，24（3）：333－339.

[3] Barker D H ed. Vegetation and Slopes Stabilisation［M］. Oxford：Protection and Ecology－Proceedings of the International Conference Held at the University Museum，1994.

[4]　王可钧，李焯芬．植物固坡的力学简析 [J]. 岩石力学与工程学报，1998（6）：687－691.

[5]　Y. Tsukamota，O. Kasakobe. Vegetation Influences on Debris Slide Occurrences on Steep Slopes in Japan [R]. Symposium on Effects of Forest Land Use on Erosion and Slope Stability，Envl. Policy Institute，Honolulu，Hawaii，1984.

[6]　Greenbelt consulting. Trees，Soils，Geology，and Slope Stability [EB/OL]. http：//www. greenbeltconsulting. com/articles/treessoilgeo. html，2014/05/16.

[7]　Waldron L J. The shear resistance of root－permeated homogeneous and stratified soil [J]. Soil Science Society of America Journal，1977，41（5）：843－849.

[8]　Hathaway R L，Penny D. Root strength in some Populus and Salix clones [J]. New Zealand Journal of Botany，1975，13（3）：333－344.

[9]　Nilaweera N S，Nutalaya P. Role of tree roots in slope stabilisation [J]. Bulletin of Engineering Geology and the Environment，1999，57（4）：337－342.

[10]　Zhou Y，Watts D，Li Y，et al. A case study of effect of lateral roots of Pinus yunnanensis on shallow soil reinforcement [J]. Forest Ecology and Management，1998，103（2）：107－120.

[11]　Genet M，Stokes A，Salin F，et al. The influence of cellulose content on tensile strength in tree roots [J]. Plant and soil，2005，278（1－2）：1－9.

[12]　言志信，曹小红，蔡汉成，等．植被护坡中根土相互作用机制研究现状及趋势 [J]. 兰州大学学报（自然科学版）. 2010（S1）.

[13]　Burroughs E R，Thomas B R. Declining root strength in Douglas－fir after felling as a factor in slope stability [R]. Washington D C：Uninted States Department of Agriculture Forest Service Research Note，1977：27.

[14]　徐超，邢皓枫．土工合成材料 [M]. 北京：机械工业出版社，2010.

[15]　李广信．岩土工程50讲岩坛漫话 [M]. 北京：人民交通出版社，2010.

[16]　Wu T H. Investigation of Landslides on Prince of Wales Island [R]. Columbus：Ohio State Univ. USA，1976：94.

[17]　Gray D H，Leiser A T. Biotechnical slope protection and erosion control [M]. New York：Van Nostrand Reinhold Company Inc.，1982.

[18]　宋云，言志信，段建．摩擦型根-土作用模型 [J]. 岩土力学，2005（S2）：171－174.

[19]　江锋，张俊云．植物根系与边坡土体间的力学特性研究 [J]. 地质灾害与环境保护，2008（1）：57－61.

[20]　言志信，宋云，江平，等．植被护坡中植物根和岩土相互作用的力学分析 [J]. 应用数学和力学，2010（5）：585－590.

[21]　Stout，B. B. Studies of the root systems of decious trees [M]. S. Black Rock Forest Bulletin No15，Cambridge：Harvard University，1956.

[22]　周跃，徐强，络华松，等．乔木侧根对土体的斜向牵引效应 I 原理和数学模型 [J]. 山地学报，1999（1）：5－10.

[23]　周德培，张俊云．植被护坡工程技术 [M]. 北京：人民交通出版社，2003.

[24]　曾子．生态土坡泥石流起动及柔性拦截分析研究 [D]. 成都：四川大学，2014.

[25]　刘焦．植被覆盖坡积体的渐进变形及其滑坡启动过程分析 [D]. 成都：四川大学，2014.

[26]　Pollen N. Temporal and spatial variability in root reinforcement of streambanks：accounting for soil shear strength and moisture [J]. Catena，2007，69（3）：197－205.

[27]　Hathaway R L，Penny D. Root strength in some Populus and Salix clones [J]. New Zealand Journal of Botany，1975，13（3）：333－344.

[28]　封金财，王建华．植物根的存在对边坡稳定性的作用 [J]. 华东交通大学学报，2003（5）：42－45.

[29] 刘焦，周成，陈磊，等．基于 Bingham 模型考虑根系固土的边坡渐进变形模拟 [J]. 四川大学学报（工程科学版），2013 (S1)：74-78.

[30] Wu T H, McKinnell III W P, Swanston D N. Strength of tree roots and landslides on Prince of Wales Island, Alaska [J]. Canadian Geotechnical Journal, 1979, 16 (1): 19-33.

[31] 沈珠江．理论土力学 [M]. 北京：中国水利水电出版社，2000.

[32] 谢州．内河航道土质岸坡生态防护及其数值模拟研究 [D]. 成都：四川大学，2013.

[33] Zhou C. General formulation of a three dimensional constitutive model for partially and fully saturated soils based on Given Fabric Yield model. [C]//proc. of 3rd Asian conference on Unsaturated Soils. UNSAT-ASIA, Nanjing, China, 2007: 431-436.

[34] Ghorbel S. Modele de comportement a L'Etat limite des sols satures et non satures [D]. Quebec: Canada, Department of Civil Engineering, Laval University, 2006.

[35] Desai C S, Samtani N C, Vulliet L. Constitutive modeling and analysis of creeping slopes [J]. Journal of Geotechnical Engineering, 1995, 121 (1): 43-56.

第4章　石笼网生态护坡结构抗冲刷性能与强度特性研究

传统的河流岸坡防护形式大多是采用现浇混凝土结构、干砌石、预制混凝土块体等刚性结构。这种刚性结构在保护岸坡稳定性、防止水土流失等方面起到了一定的作用，但同时对河道岸坡的生态环境造成了不同程度的破坏。业内人士提出了基于生态护坡、河流健康和生态河流的“生态河道”等概念，即在保证岸坡稳定性的同时，能够实现生态系统的自我修复，改善岸坡生态环境；集景观性、安全高效性、生态性于一体，实现“人与自然和谐共处”“回归自然”“修复河流生态系统”，从而实现真正意义上建设生态河流的目标。

河流岸坡稳定性主要受控于水流冲刷作用、岸坡岩土体抗冲性能等，因此，护岸结构首先要考虑抗水流冲刷的性能。相较于其他生态护坡技术，石笼网结构在抗水流冲刷方面有着较明显的优势，其多孔隙结构防浪效果好，并且结构本身抗水流冲刷能力强，能抵抗最高达8m/s的水流冲刷。本章利用大型水槽试验系统研究石笼网垫护坡结构不同逊径比、隔档间距及网垫厚度等与其防冲刷性能的关系，提出更为合理的石笼网垫设计参数；开展石笼网垫护坡结构与基面摩擦性能试验，采用大型直剪仪研究石笼单体结构应力-应变关系与强度指标，确定有网垫约束的石笼结构直剪试验剪切破坏值，得到石笼单体结构抗剪强度指标，为石笼网垫设计与岸坡结构稳定性分析提供理论依据。

4.1　石笼网护坡结构发展现状与关键设计指标

4.1.1　石笼网护坡结构发展现状

20世纪初石笼网护垫第一次应用到意大利雷诺河的岸坡防护工程上。我国在20世纪90年代初引进这项技术，并将这种结构应用在护岸和挡墙两个领域，如图4.1所示是石笼网结构在我国东北地区河流岸坡、堤防上的应用。最初的石笼网护坡结构多采用单一的石笼网与填石料结合作用于岸坡，经过工程的实践应用，发现石笼网结构与植被相互结合能达到更好的防护效果，更好地契合生态护坡的要求。

目前，工程中较多采用石笼网与植被的复合结构。网垫内填石间的空隙能为河流中的微生物、鱼类及其他水生物提供一个良好的生态环境；石笼网结构空隙中生长出的植被除了为生物提供遮蔽层、避难所及有机物的来源外，也可减缓水流冲击，促进泥沙淤积。以图4.2南京江心洲石笼网垫生态护岸工程为例，网垫下土层基本为岸坡原状土，含有大量

图 4.1 河流岸坡、堤防石笼网结构

的芦苇根系及其他植被根系和种子，岸坡铺设石笼网垫数月后，植被从网垫填石缝隙中长出，岸坡生态环境得到优化，实现了固土、绿化与净化水质的多重效应[1]。

图 4.2 南京江心洲石笼网垫生态护岸工程实例（完工 5 个月后）

虽然目前河流整治岸坡防护工程中石笼网结构广泛应用，但其研究大多数集中在石笼网挡墙技术方面。英国的 Sogge 于 1974 年首次提出了平面应力分析在石笼挡墙研究中的适应性[2]；柴贺军、孟云伟、贾学明[3]采用有限元分析法深入研究分析了石笼网挡墙的稳定性，为石笼网挡墙的工程应用提供了可靠的理论支撑。但是，在河道岸坡治理工程中应用较多的贴坡式石笼结构研究相对较少，其结构设计、施工等方面仍然存在诸多问题，如石笼网结构的厚度、防波浪冲刷性能、坡脚设计等。国内多数石笼网护坡结构设计参数和相应的理论依据都是依据国外标准或国内现有施工经验。已有工程案例表明，石笼网结构的破坏与石笼网内填石料级配及填石料流失有密切关系。因此，网垫中颗粒的逊径含量对网垫稳定性的影响；水流冲刷作用下石笼网抗冲刷破坏临界流速和极限流速的界定，这些都将是今后研究的重点。

4.1.2 石笼网结构的特点和优势

4.1.2.1 石笼网结构特点

石笼结构主要分为直立式、台阶式和贴坡式（图 4.3）。直立式护岸结构横断面多为

"品"字结构，在工程中多以石笼挡墙的形式出现，这种结构往往对地基要求较高，要有一定的承载力；台阶式护岸结构使用石笼网箱构成台阶式结构，适用于不同高度的岸坡；贴坡式护岸结构主要用于斜坡的防护，单元网垫为机器编制的六边形双绞合钢丝网垫，其表面涂有高尔凡或镀锌等防腐措施，内部填充相应级配的块石，由块石和钢丝网箱构成整体防护结构，其斜坡段和水平段长度可以根据工况进行不同程度的调整。

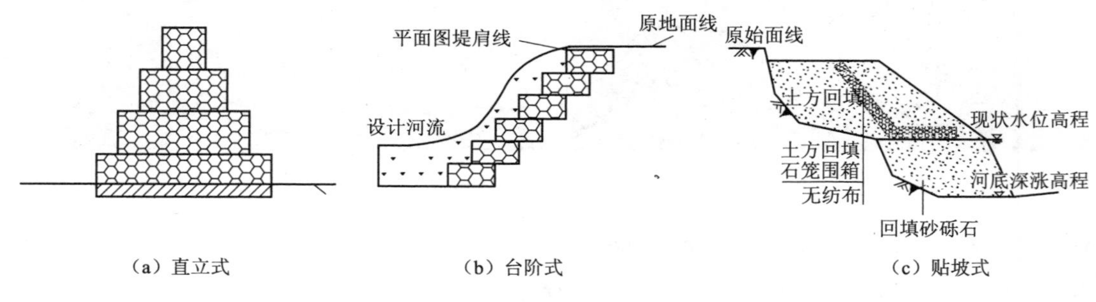

(a) 直立式　(b) 台阶式　(c) 贴坡式

图4.3 石笼网护坡结构

4.1.2.2 石笼网护坡结构优势

目前，坡面植草护坡技术在坡面防护中广为应用，虽然植被护坡在加固边坡和生态绿化等方面有着不可替代的优越性，但是依靠植被根系只能对表层的土体进行加固，而对于深层土体其强度并没有得到明显的加强；在防冲刷方面只能做到防降雨径流的冲刷，对于河流的冲刷防护效果很差。石笼网护垫以其结构特点在防河流冲刷方面则有独特的优势。选取一般的柔性护岸结构和石笼网结构进行对比（表4.1）。

表4.1 石笼网结构与一般柔性护岸结构对比分析

护岸材料	流速允许值/(m/s)	适用范围	适用岸坡类型	优　缺　点	单价/(元/m^2)
植生土坡	小于1	护坡	坡比大于等于1∶3	生态好，费用低；不耐冲刷	15～20
三维土工网垫	2	护坡	坡比大于等于1∶2.5	生态性好，施工便捷；耐久性一般	25
土工格室	2	护坡	坡比大于等于1∶2	生态好，施工快；不耐冲刷	40～50
生态袋	3	挡墙 护坡	各种岸坡	适用于软基、生态性好；耐久性较差	100～120
石笼网垫	4	挡墙 护坡	冲刷严重岸坡	整体性好，抗冲刷、透水强；植被易恢复，护滩护岸俱佳	150

4.1.3 石笼网护坡结构关键设计指标分析

石笼网结构用于岸坡防护取得良好效果的同时，其结构设计参数和施工等方面仍存在许多问题。国内外对其可行性的研究分析较少，大多数工程都是依靠施工经验或是国外的设计标准。国内外对石笼网护坡结构研究主要集中在以下几个方面。

4.1.3.1 石笼网垫厚度与临界流速的关系

在石笼网垫钢丝金属材料技术成熟且防腐耐久的前提下，石笼网垫的抗冲性主要受填料块石的粒径控制，同时也与网垫厚度有关，抗冲性通过临界流速和极限流速反映；临界流速是指网垫内填石不产生移动的流速；极限流速是指虽然填石移动导致网垫变形，但流速仍在可接受的范围内。马克菲尔公司早在20世纪80年代就在美国科罗拉多大学进行了大量的模型试验，并对已建工程进行反分析，最后得出了各种厚度网垫的抗冲流速，见表4.2[4]。网垫厚度230mm，填石粒径75～100mm时临界流速为3.6m/s，极限流速为5.5m/s。穿过网垫达到土体的水流流速是保证河床不出现永久损坏的关键因素，当网垫厚度在170～300mm时，网垫下的流速可降低至1/4～1/2。科罗拉多大学的模型试验表明，在相同的水力条件下，网垫的防护系数是抛石的2倍。

表4.2　石笼网垫厚度与流速的关系

厚度/mm	石料规格/mm	填石平均粒径/mm	临界流速/(m/s)	极限流速/(m/s)
150～170	70～100	85	3.5	4.2
	70～150	110	4.2	4.5
230～250	70～100	85	3.6	5.5
	70～150	120	4.5	6.1
300	70～120	100	4.2	5.5
	100～150	125	5.0	6.4

表4.2的石笼网抗冲流速与厚度的关系仅单独考虑了石笼网结构，相关试验表明[4]，当石笼网结构表面有覆盖物时，将会对临界流速产生一定的影响。表4.3给出了石笼网结构面层覆有沥青时的厚度与流速关系。

表4.3　石笼网垫厚度（含沥青覆盖层）与流速的关系

厚度/mm	石料规格/mm	沥青面层/(kg/m^2)	临界流速/(m/s)
150～170	70～90	80～120	5.5
230～250	70～120	120～160	6.3
300	100～150	60～200	7.0

4.1.3.2　波浪荷载作用下石笼网厚度设计参数

对于大型河道、航道而言，风力和航船都会产生不同程度的波浪，而波浪作用在石笼网上将产生复杂的水动力问题，且波浪的涨退会产生两种作用效果截然不同的波推力和波吸力。Maccaferri总部、荷兰Delft水力实验室及岩土工程研究所相互合作研究，得出了波浪作用下石笼网的设计参数[5]。考虑坡内地下水的渗透力时，利用极限平衡法计算分析可知下滑比顶出危险，则控制下滑稳定性的石笼网厚度采用经验公式（4.1）[6]计算。

$$\delta \geqslant \frac{h(1+\tan\theta\tan\varphi)\sin\theta}{(G_s-1)(1-n)(\tan\varphi-\tan\theta)} \tag{4.1}$$

式中：h 为石笼面层块体内外水头差，可由穿过石笼渗透坡降推算或渗流数值计算求得；θ 为坡角；φ 为摩擦角；n 为石笼填充料的孔隙率，$n=0.2\sim0.3$；G_s 为块体比重，约为2.4。

考虑到渗流水头 h 是控制坡面局部稳定性设计的重要作用力，因此 h 的取值变得尤为关键。稳定流场中 h 的确定较为容易，而在非稳定渗流下就变得非常困难。考虑这些情况，相关专家[6-7]通过对潮涌波浪诱发渗流场的研究计算，得出 h 的经验取值，即取波浪高度的1.2倍，见经验公式（4.2）。

$$\delta \geqslant \frac{0.12H(1+\tan\theta\tan\varphi)\sin\theta}{(G_s-1)(1-n)(\tan\varphi-\tan\theta)} \tag{4.2}$$

式中：H 为波高，对于不规则波，采用有效波高 H。其他符号含义同式（4.1）。

毛昶熙等[8]学者认为，式（4.1）和式（4.2）比常用的赫式公式更为合理，在赫式公式的推导中只考虑了堤外作用的波浪力，并没有考虑堤内的渗流场；在公式比较和验证资料的分析中，也表明赫式公式在较陡的坡面上不能适用。上述的公式仅适用波浪作用下护坡结构局部稳定性控制标准，对于涉及护坡结构的块石大小尚无计算公式。

4.2 石笼网生态护坡结构抗冲刷性能

在黑龙江省三江治理工程中，堤防迎水面主要采用石笼网护坡结构。网垫均采用如下设计参数：护垫厚度23cm，网孔大小6～8cm，碎石填充粒径7～15cm，网面钢丝直径2.7mm。工程运行阶段，发现在水流的长期冲刷下，石笼网内逊径颗粒（粒径小于网孔的颗粒）的含量逐渐减少，严重的地方出现了石笼网局部淘空的现象。石笼网结构的抗水流冲刷能力随之降低，同时减少了石笼网结构的使用寿命，石笼网结构护坡难以达到预期效果。为此，开展石笼网护坡结构抗冲刷性能试验，优化石笼网护坡结构设计参数，提高其抗冲刷性能。

4.2.1 试验设计

4.2.1.1 相似条件

鉴于本项试验目的，考虑到涉及护岸结构及其附近三维水流和河床冲淤变形，同时需兼顾模型中石笼网垫尺度的可操作性，结合试验场地条件及试验准确性的要求，采用正态模型试验方法。为使模型与原型达到水流和泥沙运动相似[9-10]，须满足以下相似条件，即

水流重力相似：
$$\lambda_v = \lambda_H^{\frac{1}{2}} = \lambda_L^{\frac{1}{2}} \tag{4.3}$$

式中：λ_v 为模型流速比尺；λ_H 为模型垂直比尺，λ_L 为模型水平比尺。

水流运动时间比尺：
$$\lambda_t = \frac{\lambda_L}{\lambda_v} \tag{4.4}$$

式中：λ_t 为模型时间比尺；λ_v 为模型流速比尺，λ_L 为模型水平比尺。

紊流阻力平方区限制条件：模型水流为处于阻力平方区的紊流，水流雷诺数应大于1000，垂直比尺满足下式

$$\lambda_H \leqslant 4.22\left(\frac{V_p H_p}{\nu}\right)^{2/11} \xi_p^{8/11} \lambda_L^{8/11} \tag{4.5}$$

式中：V_p 为原型平均流速；H_p 为原型平均水深；ν 为紊动黏性系数；ξ_p 为原型阻力系数；λ_H 为模型垂直比尺；λ_L 为模型水平比尺。

4.2.1.2 模型布置和制作

根据试验场地情况以及工程堤防石笼网垫结构实际情况，本次概化模型试验在试验室

内长 15m、宽 3m 的水槽中进行（图 4.4 和图 4.5）。根据原型沙级配来选配模型沙级配，制作坡比为 1∶3 的模型岸坡，重点观测岸坡段长 5m、高 0.5m、宽 2m，坡前水深 25～35cm。按拟定比尺 1∶20，模拟相当于天然长 100m、高 10m、宽 40m 的岸坡，坡前水深 5.0～7.0m。制作好后的试验水槽如图 4.6 所示。

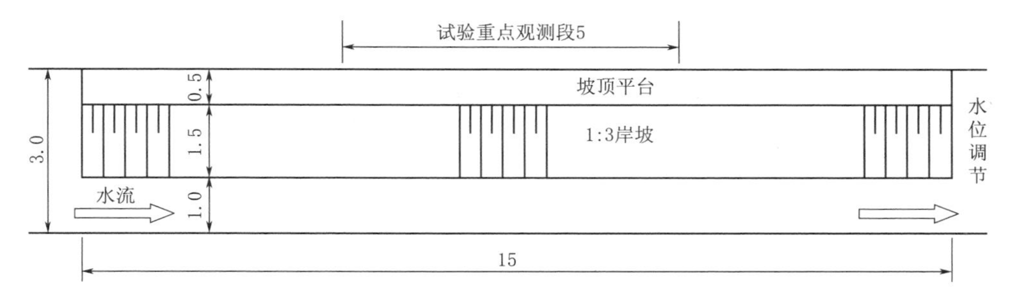

图 4.4 试验水槽平面布置图（单位：m）

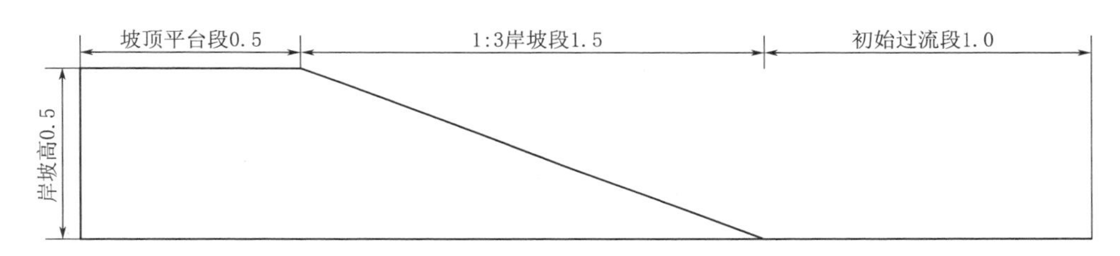

图 4.5 试验水槽断面布置图（单位：m）

(a) 冲水前

(b) 冲水中

图 4.6 试验水槽模型图

根据模型几何比尺 1∶20，模型试验中护垫厚度为 1.15cm，网孔大小为 3～4mm，碎石填充粒径 3.5～7.5mm，d_{50} 按 6mm 来配制。配置超逊径时，则考虑按设置比例配置粒径小于网孔大小（3～4mm）的小碎石，粒径一般为 1～2mm。经市场调研，本次试验在保证网孔大小满足几何相似的要求下（网孔大小为 3～4mm），将采用铝线网（网丝直径约为 0.3mm）来模拟石笼网垫护垫网面，如图 4.7 所示。

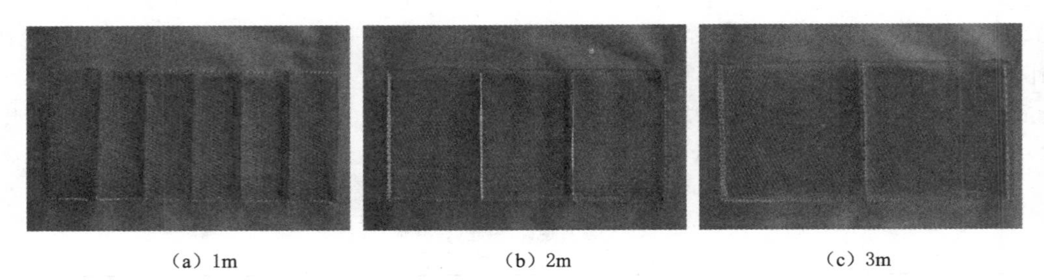

图 4.7　水槽冲刷试验中不同隔板间距石笼网垫结构图

4.2.1.3　模型沙选择及模型比尺

根据工程河段岸坡泥沙级配分析资料，河岸泥沙基本为均匀细沙，泥沙中值粒径约为0.30mm。经初步考虑，正态模型几何比尺采用 1∶20，相应的流速比尺 λ_v 为 4.47，原型流速为 3.00～6.00m/s，对应于模型水槽流速为 0.67～1.34m/s。由多家泥沙起动流速公式（表 4.4），可计算出原型泥沙（粒径 0.30mm）在 3～7m 水深下的起动流速约为0.45～0.60m/s，如要满足泥沙起动条件，则要求模型沙在 0.15～0.35m 水深下的起动流速为 0.10～0.13m/s。根据相关泥沙起动水槽试验研究，容重 1.80g/cm^3 左右的石英砂粒径为 0.07～0.08mm 时起动流速一般为 0.11～0.14m/s，可基本达到起动相似，即泥沙起动流速比尺。

表 4.4　不同泥沙起动公式流速计算结果　　单位：cm/s

天然水深/m	唐存本公式	窦国仁公式	沙玉清公式	张瑞瑾公式	均值
3	49.57	36.28	56.27	38.80	47.37
4	52.00	39.51	59.60	40.76	50.37
5	53.97	42.49	62.32	42.42	52.93
6	55.64	45.28	64.63	43.90	55.18
7	57.09	47.93	66.66	45.25	57.23

可以看出，同一条件下泥沙的起动速度和水深有一定的相关性（图 4.8），因此在模型试验中，根据缩尺得到的水深要求预先估算泥沙起动的流速，然后适当地降低这一流速值作为试验的初始冲刷流速。

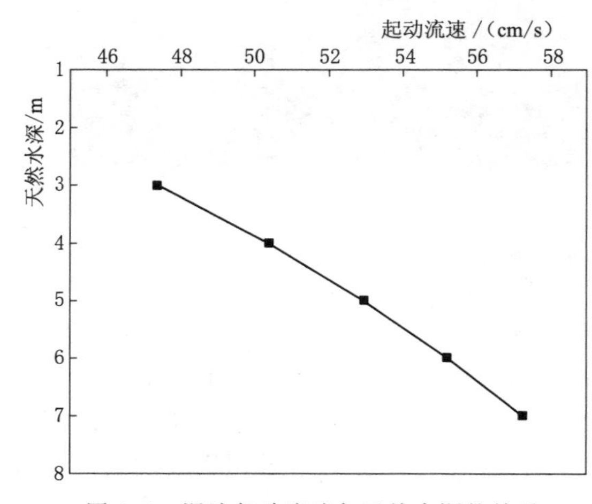

图 4.8　泥沙起动流速与天然水深的关系

在试验过程中，还应满足模型沙与原型沙水下休止角基本一致，根据水槽实验结果，石英沙的水下休止角一般为 30°～34°，与天然砂的水下休止角基本一致，能够满足试验水下休止角基本一致的要求。因此，本次试验采用石英砂作为岸坡模型沙。模型比尺见表 4.5，岸坡模型沙级配选取如图 4.9 所示。

表 4.5 模型比尺表

比尺名称	符号	取值
水平比尺	λ_l	20
垂直比尺	λ_h	20
流速比尺	λ_v	4.47
泥沙起动流速比尺	λ_{vc}	4.47

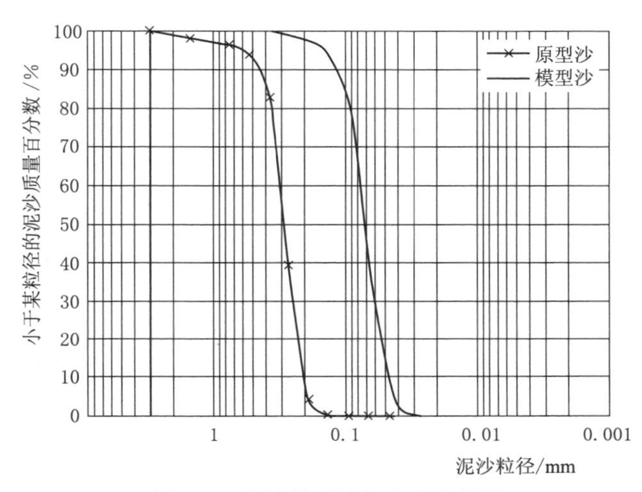

图 4.9 岸坡模型沙级配选取情况

4.2.1.4 模型测量和试验组次

根据试验目的，试验观测内容主要是石笼网垫结构坡脚处水流速度实时观测、石笼网垫中块石移动情况。

(1) 水流流速测量。水下流速测量使用螺旋桨流速仪。螺旋桨流速仪为光电式旋桨流速仪，其测速原理为将旋桨的转速通过信号放大器传至计算机转换为水流流速，测量范围为 1 ～200cm/s。

(2) 水位（水深）测量。采用智能跟踪式水位仪及水位测针进行测量。此外，水槽中水槽边壁上自床面以上刻有以 cm 为单位的刻度，通过调节尾门观察水面与水位刻度的对应关系来观察水槽水位。试验过程中试验段水深基本控制在 30cm 左右。

(3) 石笼网垫护垫护坡破坏情况（块石移动情况）：采用高清拍摄设备进行记录。试验组次主要通过控制变量来研究不同逊径配比、不同隔板间距、不同网垫厚度石笼网垫结构冲刷过程，具体见表 4.6～表 4.8。

表 4.6 不同逊径配比模型试验组次表

结构性参数	参数取值范围					
逊径配比/%	5	10	15	20	25	30
石笼网垫厚度/cm	23					
隔档间距/m	1.0					
岸坡坡比	1∶3					

表4.7　　不同隔挡间距模型试验组次表

结构性参数	参数取值范围		
隔挡间距/m	1	2	3
石笼网垫厚度/cm	23		
逊径配比/%	5		
岸坡坡比	1∶3		

表4.8　　不同石笼网垫厚度模型试验组次表

结构性参数	参数取值范围			
石笼网垫厚度/cm	15	20	23	30
岸坡坡比	1∶3			
填石平均粒径/mm	120			
逊径配比/%	5			

4.2.2　试验结果与分析

在铺设石笼网垫结构的岸坡上，水流冲刷将直接作用在石笼网垫上。在长期水流冲刷下，网垫破坏的其中一种形式是原本填充密实的网箱随着逊径颗粒的不断流出，使得箱内出现较大的空间，大粒径填充石块在水流作用下开始运动并不断撞击宾格网垫，使得网垫发生变形破坏。这里定义逊径颗粒开始起动即为石笼网垫结构的临界流速。

4.2.2.1　不同逊径含量下临界流速分析

试验过程中，首先设计填石粒径（逊径配比5%）及其对应石笼网垫护坡结构条件下，不断增加水流冲刷强度（不断增大水流流速），观测石笼网垫结构中块石的移动情况，测量对应的临界流速；随后，通过改变逊径颗粒配比，进行下一组次临界流速试验研究，共针对6组不同逊径配比进行相应的水槽冲刷试验研究，具体见表4.6。在此基础上，分析逊径配比对石笼网垫抗冲性能（临界破坏流速）的影响。

逊径配比5%的试验观测结果表明：流速较小时（小于1.0m/s），网垫内填石未产生移动现象，随着流速的增大（流速2.0m/s），个别逊径细颗粒石子出现轻微晃动现象，随着流速进一步加大（流速2.8m/s），受水流紊动的影响，逊径部分的细颗粒石子出现明显的晃动，粒径较小部分石子开始通过网孔跳跃出来，但此时整个网垫内的填石仍是完整的，当流速进一步增大至4.2m/s时，多数粒径较小的石子则进入网垫底部，局部网垫内的填石出现明显位移，认为此时流速即为石笼网垫结构抗水流冲刷的临界流速。

图4.10（a）为逊径配比5%的石笼网垫结构连续冲刷2h，局部网垫右上角开始出现空隙，此处的填石向顺水流的下坡方向挤压移动。其他逊径配比条件下的试验观测过程与之类似，图4.10（b）～图4.10（f）给出了不同逊径配比下冲刷2h的效果图。

整个水流冲刷过程流速随时间的变化情况分为4个阶段：第一阶段，水流从0增加到一个较小的流速（试验中流速不超过1m/s）；第二阶段，部分细小石子开始出现轻微晃动（或悬浮）；第三阶段，部分细小石子开始出现明显晃动；第四阶段，局部网垫内填石开始

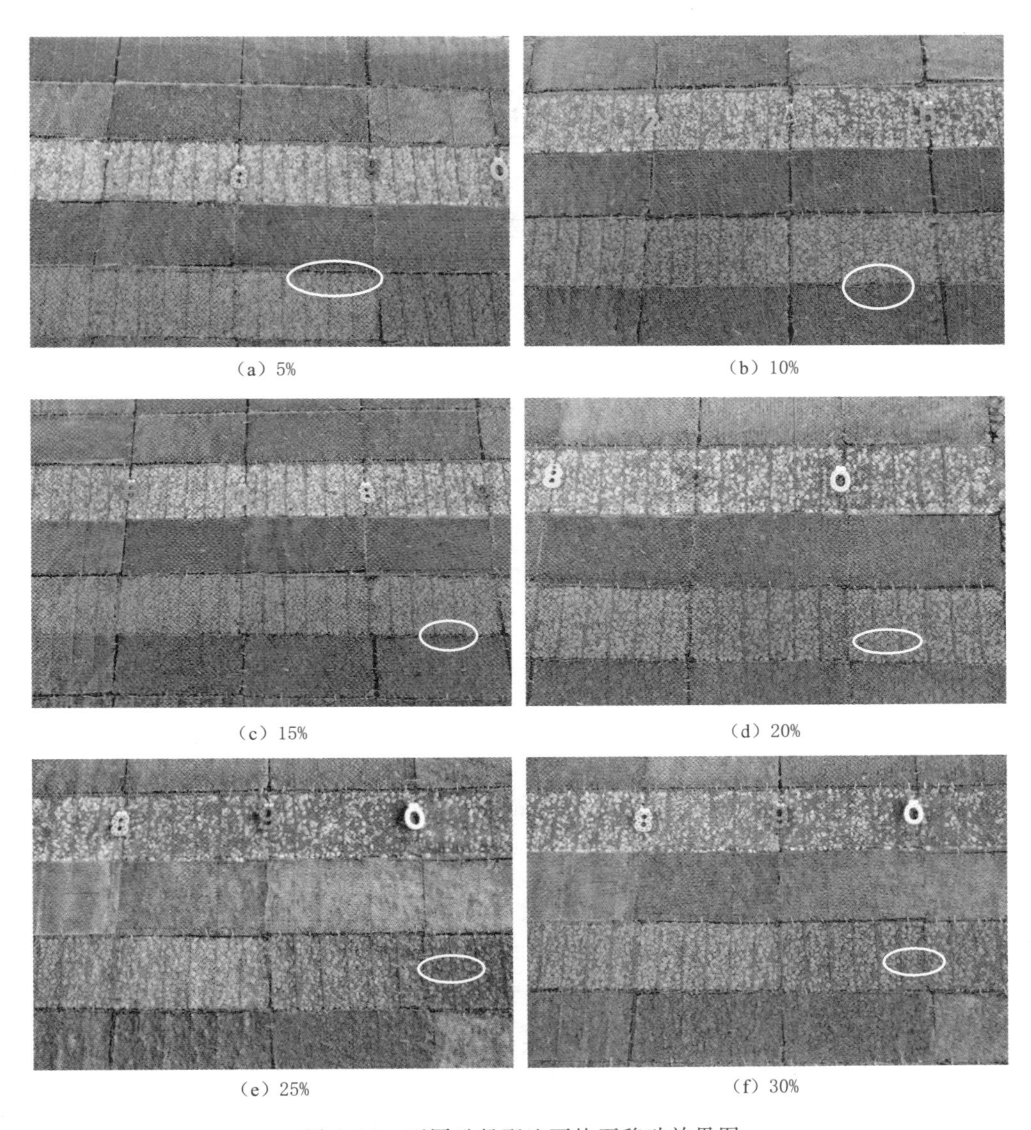

(a) 5%　(b) 10%

(c) 15%　(d) 20%

(e) 25%　(f) 30%

图 4.10　不同逊径配比下块石移动效果图

发生明显位移。有所不同的是，不同逊径配比的石笼网垫局部填石出现明显位移的流速存在一定的差异。逊径配比 10％的石笼网垫结构，流速在 4.1m/s 左右时局部网垫内的填石出现明显的位移；逊径配比分别为 15％、20％、25％及 30％时，冲刷 2h 局部网垫内填石出现明显位移的流速分别为 3.9m/s、3.6m/s、3.2m/s、2.6m/s。

表 4.9 给出了不同逊径条件下临界破坏流速值，进一步可以得到临界破坏流速与逊径配比的关系。当逊径配比在 5％～15％内变化时，对临界流速的影响不大；当逊径配比超过 15％后，临界破坏流速随着逊径配比的增加而不断减小的幅度变得十分显著；相同条件下，逊径配比为 30％的石笼网垫结构抗冲流速比逊径配比 5％的流速减小了 1.6m/s，如图 4.11 所示，因此严格控制石笼网垫内填石逊径配比尤为关键。由此说明，

逊径颗粒配比对石笼网垫机构的抗冲性能具有显著的影响，石笼网垫结构的逊径配比不宜超过 10%～15%。

表 4.9　　不同逊径配比条件下临界破坏流速

逊径配比/%	5	10	15	20	25	30
临界流速/(m/s)	4.2	4.1	3.9	3.6	3.2	2.6

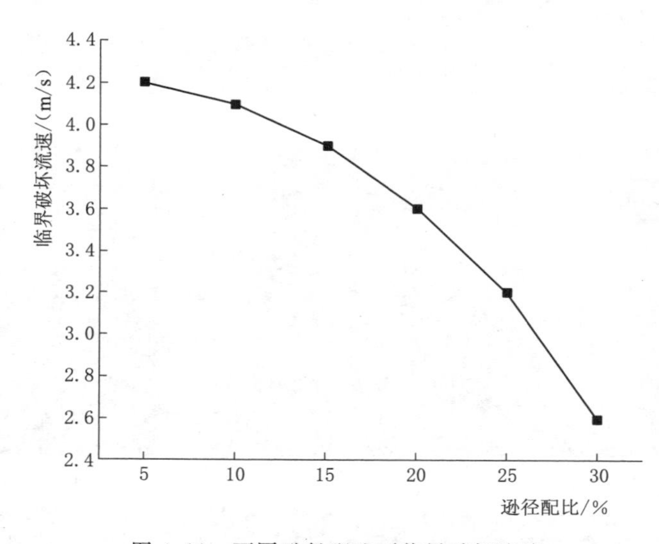

图 4.11　不同逊径配比下临界破坏流速

4.2.2.2　不同挡板间距下临界流速分析

试验过程中，设计填石逊径配比 5%，首先进行隔档间距为 1m 的石笼网垫结构冲刷试验，观测和试验过程与上述不同逊径配比试验过程类似，破坏流速仍然以局部网垫内填石出现明显位移为标准；随后，通过改变隔档间距进行下一组的临界流速和持续时间试验研究，共针对 3 组不同的隔档间距进行相应水槽试验研究，具体见表 4.7。

图 4.12 给出了挡板间距 1m、3m 条件下，持续冲刷 2h 的效果图。在整个冲刷过程中，随着水流速度的增加，箱内的填石从未产生移动到逊径部分的细颗粒石子出现晃动；

(a) 1m　　(b) 3m

图 4.12　不同隔档间距下块石移动效果图

然后到多数粒径较小的石子随水流冲走或进入网垫底部，局部网垫内的填石出现明显的位移，填石向顺水流的下坡方向挤压移动。

表 4.10 给出了不同隔档间距下，内部填石移动变化 4 个阶段的流速值，结合石笼网垫结构破坏标准，给出了不同隔档间距下，石笼网垫结构破坏时的临界流速，见表 4.11。

表 4.10　　内部填石移动变化流速值

隔档间距/m	流　速　值/(m/s)			
	填石未产生移动	个别逊径颗粒晃动	多数逊径颗粒晃动	明显位移
1	1.0	2.0	2.8	4.2
2	1.0	2.0	2.8	4.0
3	1.0	2.0	2.8	3.5

表 4.11　　不同隔档间距临界破坏流速

不同隔档间/m	1	2	3
临界流速/(m/s)	4.2	4.0	3.5

可以看出，临界破坏流速与隔档间距有很大关系，随着隔档间距的增大，临界流速减小；相同条件下，隔档间距 1m 的石笼网垫结构抗冲流速比 3m 隔档间距的抗冲流速大了 0.7m/s（图 4.13）。隔档间距较小时，填石更容易形成整体稳定，可移动的空间相对较小；随着挡板间距的增大，给填石提供的移动空间也相对变大，填石起动所需要的流速变小，网垫更容易产生破坏。

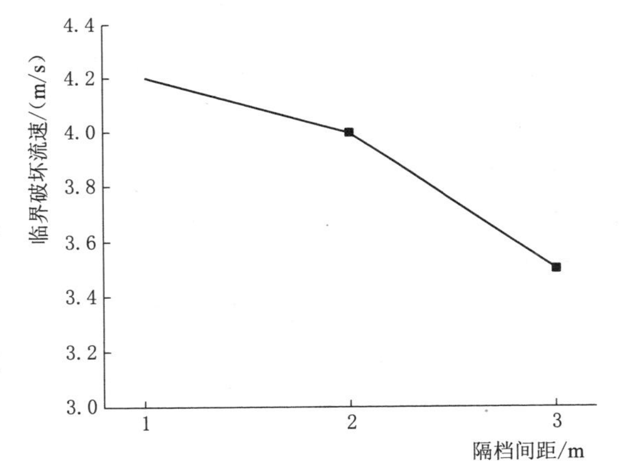

图 4.13　不同隔档间距下临界破坏流速

4.2.2.3　不同厚度下临界流速分析

与上述研究方法相同，针对不同厚度（15cm、20cm、23cm、30cm）的石笼网垫结构，研究其对破坏临界流速的影响，具体见表 4.8。设计填石逊径含量为 5%，隔档间距为 1m。冲刷时间仍为 2h，通过观察内部填石的移动情况来确定石笼网垫结构破坏时的临界流速，结果见表 4.12。同样，随着网垫厚度的增大，临界破坏流速逐渐增大；厚度 30cm 的石笼网垫结构抗冲流速比厚度 15cm 的抗冲流速提高了 1m/s（图 4.14）。主要原因是石笼网垫结构厚度较小时（小于填石中值粒径的 2 倍），块石填充的过程中会出现单层现象，填石之间的相互咬合作用相对较弱，填石相对容易出现移动；随着厚度的增加，上下层填石之间相互咬合，产生相应位移所需要的流速则需进一步增大。

表 4.12　　不同厚度下临界破坏流速

不同厚度/cm	15	20	23	30
临界流速/(m/s)	3.5	4.0	4.2	4.5

注　表中 23cm 厚度是网垫内填石中值粒径的 2 倍。

通过以上分析，结合不同逊径配比、不同隔档间距下的试验结果，石笼网垫结构抗冲性能与逊径配比、隔档间距、厚度有很大的关系，尤其是逊径配比、厚度变化对临界破坏流速值的影响更为明显。因此，在考虑施工工艺可行的条件下，逊径配比不应超过 10%～15%，隔档间距相对较小，网垫厚度不应小于网内填石中值粒径的 2 倍，填石相对稳定，石笼网垫结构的抗冲刷性能才相对较好，石笼网垫结构防护效果才能达到最佳状态。

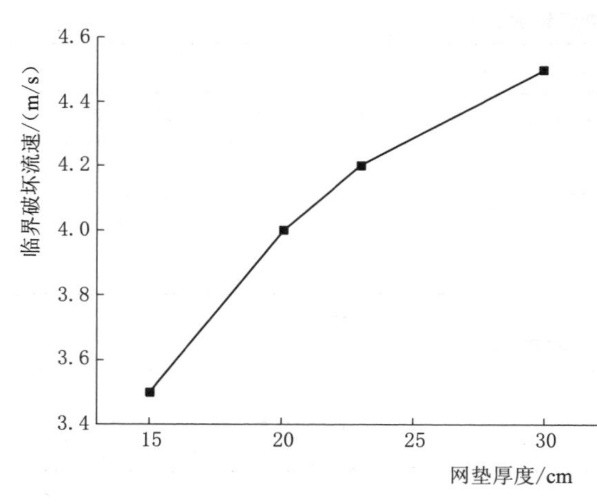

图 4.14　不同厚度下临界破坏流速

4.2.2.4　石笼网垫结构设计参数——填充率、损失率的关系

石笼网垫结构在水流持续冲刷作用下的主要破坏方式就是逊径颗粒的流失导致大颗粒填石在网垫内移动，撞击网垫从而可能导致整体结构的破坏。而产生位移空间的大小不仅与设计参数有关，网垫中块石的填充率、损失率则是最直接的影响因素。针对缩尺模型试验，对填充率和冲刷 2h 后网垫内填石损失率进行了测定；试验过程中发现，影响损失率的主要参数是石笼网垫结构内填石逊径配比，因此这里只针对不同逊径配比下，石笼网垫结构内部填石损失率的研究，其余结构参数均控制不变，网垫厚度 23cm、隔档间距 1m，具体结果如图 4.15 和图 4.16 所示。

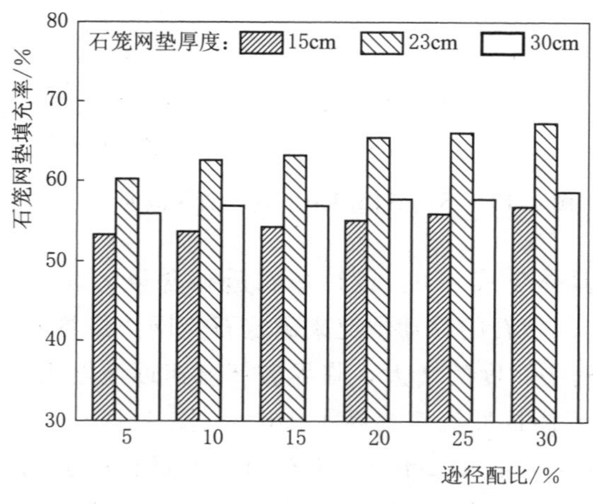

图 4.15　石笼网垫结构参数——填充率

注：填充率是针对缩尺的石笼网垫结构，与实际工况有一定误差，在后面填充试验予以说明。

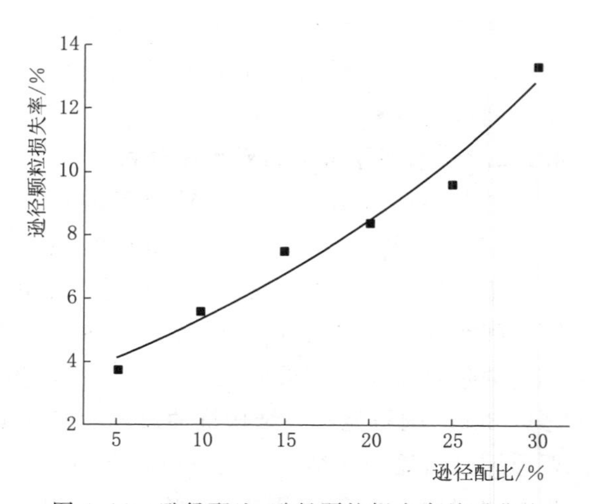

图 4.16　逊径配比-逊径颗粒损失率关系曲线

由图 4.15 可知，石笼网垫结构厚度对网垫的填充率有明显的影响，23cm 厚度的网垫填充率相较 15cm、30cm 有明显的优势，并且受填石逊径颗粒配比的影响较小；其中 15cm 厚度的网垫填充率较低，试验过程中网垫中粒径较大的填石仅能填充一层，填石之间的咬合力极差极易产生错动，这也验证了在冲刷过程中厚度为 15cm 的石笼网垫结构抗冲流速最小，网内填石在水流冲刷后位移最大；对于同一厚度的网垫，其填充率随逊径颗粒配比的增加而增加，但由逊径颗粒损失率来看（图 4.16），水槽流速达到相应临界流速时，逊径颗粒损失程度随配比的增加更为严重，这就导致网垫产生更大的空间使得大粒径填石间的咬合力变差，从而网垫抗冲流速降低，这种现象在水槽冲刷过程中得到验证。

4.3　石笼网护坡结构摩擦性能及强度特性试验研究

在岸坡防护结构稳定性分析中，主要包括护岸结构及岸坡基础土的整体稳定性和护岸结构的自身稳定性。石笼网生态护坡结构作用在岸坡上，其自身稳定性主要是通过网垫结构与岸坡表面的摩擦力来维持的，护坡结构与基础土之间的摩擦系数变得尤为关键；而在分析石笼网结构作用下岸坡的整体稳定性时，石笼网结构的强度参数也是必须要解决的问题。尽管已经有了石笼网结构自身稳定性和岸坡整体稳定性的研究，但涉及的结构与岸坡基面的摩擦特性和石笼网结构自身强度变形特性的研究还相对较少。而其中包含的参数取值往往对研究结果产生很大的影响。

本章仍以黑龙江干流石笼网护岸工程为研究背景，开展石笼网结构与基面土摩擦性能试验和石笼网单体结构室内大型直剪试验，确定石笼网结构摩擦系数和强度指标取值，为石笼网结构自身稳定性和护岸结构整体稳定性研究提供参数。

4.3.1　石笼网结构自身抗滑稳定性分析

石笼网结构作用在岸坡上的简化示意图如图 4.17 所示，主要分为护坡部分、固脚部分，这里假设护坡部分和固脚部分是一个整体，取单位宽度护坡结构作为研究对象，护坡部分石笼网结构质量 W_1，固脚部分质量 W_2，护坡高度 H，边坡角度为 θ。为了简化分析，当石笼网结构处于临界滑动状态时，护脚部分会起到一个阻力的效果，设为 f_2；石笼网结构与基底土的摩擦角设为 φ_0。石笼网结构临界状态时的受力状态如图 4.18 所示。

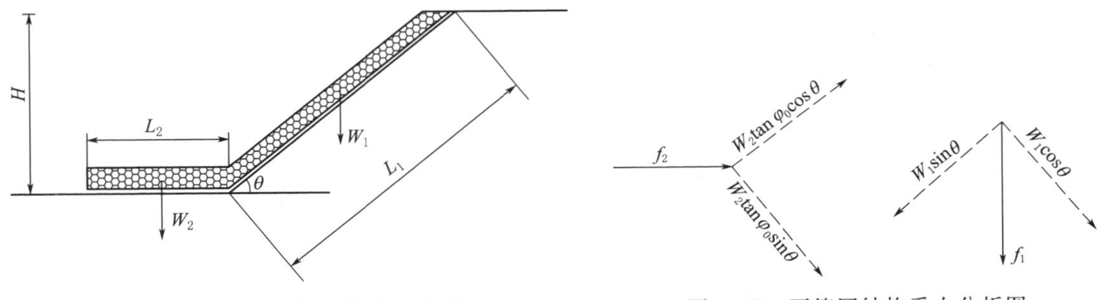

图 4.17　石笼网护坡简化示意图

图 4.18　石笼网结构受力分析图

当石笼网结构趋近于滑动状态时，石笼网结构沿坡面向上的抗滑力 R，滑动力 T 计算公式如下

$$R=W_1\cos\theta\tan\varphi_0+W_2\tan\varphi_0\cos\theta+W_2(\tan\varphi_0)^2\sin\theta \tag{4.6}$$

$$T=W_1\sin\theta \tag{4.7}$$

假设石笼网结构内部材料均匀，单位质量为 W，则石笼网结构自身抗滑安全系数为 F_S，由式（4.6）和式（4.7）得

$$F_S=\frac{R}{T}=\frac{W_1\cos\theta\tan\varphi_0+W_2\tan\varphi_0\cos\theta+W_2(\tan\varphi_0)^2\sin\theta}{W_1\sin\theta} \tag{4.8}$$

将 $W_1=W\dfrac{H}{\sin\theta}$，$W_2=WL_2$代入式（4.8）得

$$F_S=\frac{L_2\tan\varphi_0(\tan\varphi_0\sin\theta+\cos\theta)}{H}+\frac{\tan\varphi_0}{\tan\theta} \tag{4.9}$$

式（4.9）反映了石笼网护坡结构抗滑安全系数与岸坡高度 H，岸坡坡角 θ，护脚长度 L_2及石笼网结构与基底土的摩擦角 φ_0的关系。显然，随着岸坡角度和高度的增加，石笼网结构的自身抗滑安全系数降低；而随着护脚距离 L_2和摩擦角 φ_0的增加，安全系数会增大；这里当石笼网结构处于临界状态时，$F_S=1$，式（4.9）化为

$$\frac{L_2\tan\varphi_0(\tan\varphi_0\sin\theta+\cos\theta)}{H}=1-\frac{\tan\varphi_0}{\tan\theta} \tag{4.10}$$

可以看出：$\theta<\varphi_0$时，石笼网结构自身抗滑稳定安全系数大于 1，结构安全；$\theta>\varphi_0$时，式（4.10）右边小于 0，即石笼网自身抗滑稳定安全系数小于 1，结构不安全，此时要采取加固措施。

因此，石笼网结构与基底土的摩擦系数对自身抗滑稳定性有很大的关系，研究石笼网结构摩擦性能，准确获得相应的摩擦系数对实际工况具有重要意义。

4.3.2　石笼网结构与基面摩擦性能试验研究

石笼网结构与基面的摩擦性能会很大程度地影响自身抗滑稳定性，而这种材料的摩擦性能与接触面含水量、网内填石、不同反滤层又有很大关系。本次试验主要针对上述因素进行研究，得到不同因素条件下石笼网结构的摩擦角，为实际工况提供有效的理论支撑。

采用如图 4.19 所示的斜面摩擦仪对不同填石规格、基面类型、基土水分条件开展系列试验，测量摩擦仪的倾斜角度，利用静力平衡条件计算结构与基土表面的摩擦力和摩擦系数。

4.3.2.1　试验内容及组次

（1）基土含水率对摩擦系数的影响。改变石笼网结构与基土接触面的含水量，测量不同含水量条件下基土与石笼网结构界面的摩擦系数。

（2）填石状况对摩擦系数的影响。选择大块填石和小块填石两种规格粒径进行铺底，固定一种含水量，测量基土与石笼网结构界面的摩擦系数。

图 4.19 斜面摩擦仪

(3) 不同反滤层条件对摩擦系数的影响。选取常用的无纺布和砂两种反滤料，固定一种含水量，测量基土与石笼网结构界面的摩擦系数。具体组次见表 4.13。

表 4.13　　试验组次表

试验条件	控制指标	试验组次	备注
铺底方式	小块铺底	1 组	含水量 35%，设置一层无纺布
	大块铺底	1 组	含水量 35%，设置一层无纺布
反滤层类型	无纺布	1 组	含水量 35%，填石常规铺设
	砂垫层	1 组	含水量 35%，填石常规铺设
基土含水率	15%	1 组	设置一层无纺布，填石常规铺设
	25%	1 组	设置一层无纺布，填石常规铺设
	35%	1 组	设置一层无纺布，填石常规铺设

4.3.2.2 试验过程

石笼网结构与基面摩擦性能试验过程如下（图 4.20）。

(a) 土样制备

(b) 石笼网结构安装

(c) 加压起动

图 4.20 试验过程图

(1) 将斜面摩擦仪安装调平。

(2) 按试验要求制备土样并填筑。

(3) 将石笼网结构置于摩擦仪上。

(4) 安装千分表并归零。

(5) 手动控制液压系统使摩擦仪缓慢上升，并观察千分表数值变化，当千分表读数达到5mm后，停止液压系统并记录倾角传感器读数。

(6) 调节液压系统，使摩擦仪箱体恢复水平，改变试验条件重复上述试验。

4.3.2.3 试验结果与分析

(1) 填石铺垫方式对摩擦系数的影响。

考虑到不同尺寸的填石铺设在网垫底部，造成与土接触的面积有很大差异，摩擦系数也因此会出现差别。本次试验选用工程现场两种不同规格的粒径铺设在底部，试验基土含水量取35%，基土与石笼网结构之间铺设一层无纺布，判定块石13cm×10cm（$L\times W$）以下为小，超过此规格的块石为大，如图4.21所示。

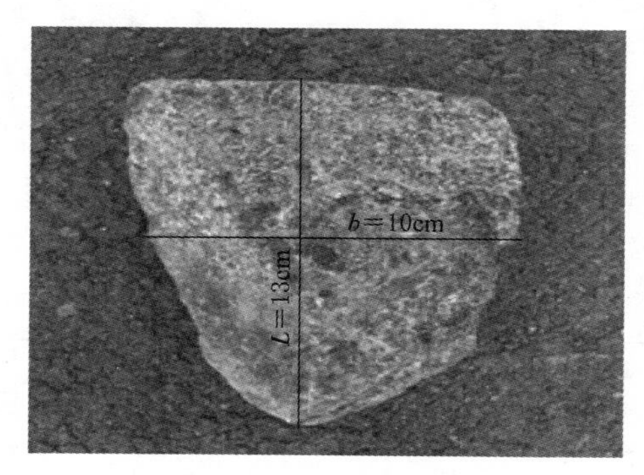

图4.21 块石判别标准

试验以石笼网结构位移5mm为滑动标准，试验结果见表4.14。可以看出小块铺底时的倾角为45.33°，摩擦系数为1.012；大块铺底时的倾角为40.88°，摩擦系数为0.866，明显小于小块铺底。这是因为小块铺底时，下底面的块体数量更多，凹凸程度要大于大块铺底，因此摩擦系数更大。

表4.14 不同铺底方式下的摩擦系数

序号	填石铺底方式	角度/(°)	摩擦系数
1	小块铺底	45.33	1.012
2	大块铺底	40.88	0.866

(2) 不同反滤层条件对摩擦系数的影响。

土工布和天然砂都是工程上最常用的垫层材料，考虑到两种界面材料的摩擦性能有一定的差异，故作为对比试验，比较两种反滤层界面材料性能的区别，试验判别标准仍为5mm，试验结果见表4.15。可以看出，级配砂反滤的摩擦系数要大于无纺布反滤的摩擦系数。

表4.15 不同反滤层摩擦系数

序号	反滤层	角度/(°)	摩擦系数
1	无纺布反滤层	41.13	0.873
2	级配砂反滤层	42.68	0.922

(3) 基土含水率对摩擦系数的影响。

考虑到水润滑作用对摩擦系数的影响，试验配制了3种不同含水率的基土进行相应试验，试验结果见表4.16。随着含水量的增加摩擦系数逐渐减小，当含水量超过25%时，其减小幅度明显增大，说明基土含水量对石笼网结构界面摩擦性能有很大影响。

表 4.16　　不同含水率下摩擦系数

序号	含水率/%	角度/(°)	摩擦系数
1	15	44.28	0.975
2	25	43.52	0.950
3	35	41.13	0.873

综合上文可知，石笼网内底部填石方式、反滤层的设置以及基土含水率确实对石笼网结构面层的摩擦性能有一定的影响，但总体来看变化幅度不大。石笼网结构与基面的摩擦角为41°～45°，相应的摩擦系数为0.9～1.0，因此，结合式（4.11），当岸坡坡角不超过40°时，石笼网结构的摩擦性能足以维持自身抗滑稳定性的要求；实际工况中，岸坡坡角大于40°时，石笼网结构无法依靠自身的摩擦性能维持抗滑稳定性，这时要考虑对石笼网护坡结构进行相应的加固，以保证石笼网结构自身抗滑稳定性的要求。

4.3.3 石笼网结构填充率及试验级配的确定

块石填充率是石笼网结构设计的重要指标，一般要求填充率达到70%及以上，但实际施工中由于石料级配、施工工序等多方面的因素，导致实际填充率不能满足设计要求。为控制这一指标，在室内开展了自然充填状态下石笼网结构填充率试验。

4.3.3.1 试样的缩尺效应

由于实际工程材料粒径较大，无法对原级配料样进行试验，故需将填石材料的级配曲线缩制成试验条件允许的试验粒径级配曲线。在缩制过程中，由于试样粒径级配的变化，将引起材料强度和变形特性的变化。研究表明[11]，对于土石料的强度，其密度是最重要的影响因子。因此，室内模拟试验中密度是一个重要指标。缩尺主要会影响材料的轴向变形和体积变形，而对峰值强度无影响[12-13]。本次试验主要研究有无网垫加固堆石料的抗剪强度指标——黏聚力 c 和内摩擦角 φ 的确定。因此，降低缩尺效应带来的影响就是严格控制材料的干密度。把原级配缩制成试验级配最常用的方法有相似级配法和等量替代法。相似级配法保持了级配关系（不均匀系数不变），细颗粒含量变大，但不应影响原级配的力学性质的程度，一般来讲，小于5mm颗粒含量不大于15%～30%；等量替代法具有保持粗颗粒的骨架作用及粗料的级配的连续性和近似性等特点，适用超粒径含量小于40%的堆石料。本试验采用相似级配法。

相似级配法计算公式：

$$d_{ni}=\frac{d_{oi}}{n};\quad n=\frac{d_{o\max}}{d_{\max}};\quad p_{dn}=\frac{p_{do}}{n} \tag{4.11}$$

式中：d_{ni}为原级配某粒径缩小后的粒径，mm；p_{dn}为粒径缩小 n 倍后相应的小于某粒径的百分含量，%；p_{do}为原级配相应的小于某粒径的百分含量，%；n 为粒径的缩小倍数；$d_{o\max}$为原级配最大粒径，mm；$d_{\max}$为试样允许最大粒径，mm。

4.3.3.2 试验方案

石笼网结构内填石料的最小干密度是石笼网结构填充率最直接的反应，确定填石料的最小干密度是石笼网护坡工程设计与施工中的重要技术指标。黑龙江省三江治理工程中石笼网垫均采用如下设计参数：护垫厚度 23cm，网孔大小 6～8cm，碎石填充粒径 7～15cm，d_{50}=12cm，网面钢丝直径 2.7mm；根据工程现场实测情况，石笼网的填充率为 60%～70%，石笼中填充块石的最大粒径为 15cm 左右，因大型直剪仪允许的试样最大尺寸为 6cm，故取 n 值为 2.5。

最小干密度试验采用人工法。试样筒表面用环刀找平，然后根据颗粒总量、剩余量及试样体积计算试样的最小干密度，根据比重计算得到最小干密度对应的孔隙率。文中定义石笼网结构的填充率为石笼网结构内填石料的体积与石笼网体积之比，具体公式如下。

$$\rho_{d\min}=\frac{m_d}{V_c} \tag{4.12}$$

$$n=1-\frac{\rho_d}{G_s} \tag{4.13}$$

式中：$\rho_{d\min}$为最小干密度，g/cm^3；V_c为试样筒容积，cm^3；G_s为土粒比重。

试验主要测定了设计级配下填石料的最小干密度，具体设计级配见表 4.17 和表 4.18。

表 4.17　不同逊径含量设计级配

级配特性	小于某粒径颗粒质量百分比含量/%			
	正常粒径颗粒含量/%		逊径比/%	
	60/mm	40mm	20mm	10mm
逊径比（30%）	100	70	30	10
逊径比（25%）	100	70	25	10
逊径比（20%）	100	70	20	10
逊径比（15%）	100	70	15	5
逊径比（10%）	100	70	10	5

表 4.18　不同 $P_{<40}$ 含量设计级配

级配特性	小于某粒径颗粒质量百分比含量/%			
	正常粒径颗粒含量/%		逊径比/%	
	60mm	40mm	20mm	10mm
$P_{<40}=70$	100	70	30	10
$P_{<40}=60$	100	60	25	10
$P_{<40}=40$	100	40	15	5
$P_{<40}=30$	100	30	10	5

4.3.3.3 试验结果

试验测得的最小干密度和对应的孔隙率见表 4.19 和表 4.20。

表 4.19　　不同逊径含量设计级配相对密度试验成果

级配特性	比重	最小干密度/(g/cm³)	最小干密度对应孔隙率/%
逊径比（30%）	2.71	1.459	46.0
逊径比（25%）	2.71	1.438	47.0
逊径比（20%）	2.71	1.416	47.7
逊径比（15%）	2.71	1.413	47.8
逊径比（10%）	2.71	1.286	52.5

表 4.20　　不同 $P_{<40}$ 含量设计级配相对密度试验成果

级配特性	比重	最小干密度/(g/cm³)	最小干密度对应孔隙率/%
$P_{<40}=70$	2.71	1.459	46.0
$P_{<40}=60$	2.71	1.479	45.4
$P_{<40}=40$	2.71	1.435	47.0
$P_{<40}=30$	2.71	1.396	48.5

4.3.3.4 石笼网填充率与级配的关系

石笼网碎石填充率与逊径颗粒含量的关系及 $P_{<40}$ 含量如图 4.22 和图 4.23 所示，由图可知，①随着逊径颗粒含量的增加，石笼网填充率逐渐增大，原因在于，粗颗粒含量较高时，粗颗粒骨架形成的孔隙较大，细颗料主要起填充作用；②随着 $P_{<40}$ 含量的增加，石笼网的填充率先增大后减小，当其含量达到 60%时，石笼网获得最大填充率，这有可能是当 $P_{<40}$ 的含量为 60%时，其形成的粗颗粒骨架最佳，使得细颗粒料最大限度地填充到孔隙中，最小干密度达到最大值。

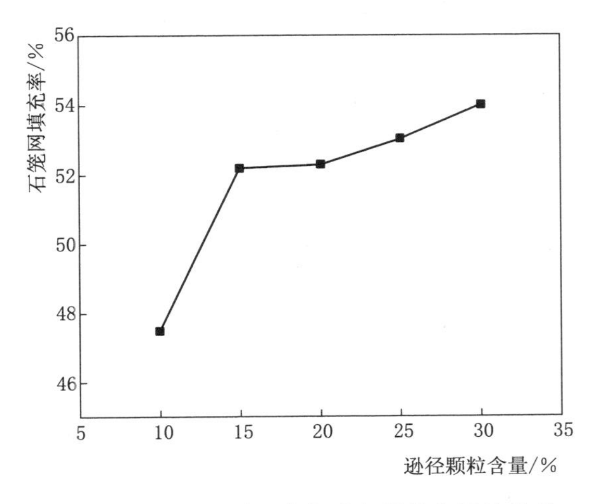

图 4.22　石笼网填充率与逊径颗粒含量的关系

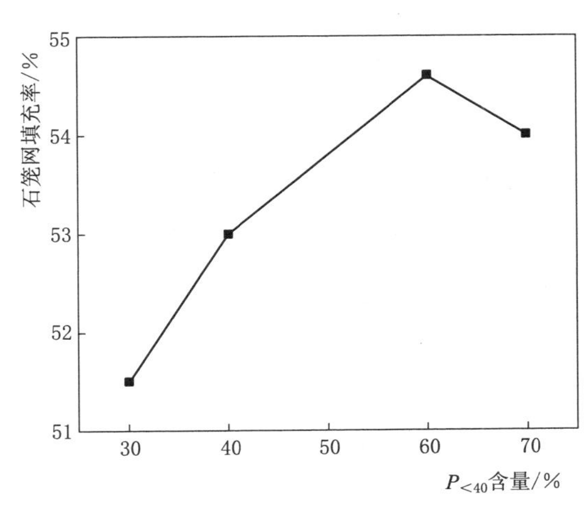

图 4.23　石笼网填充率与 $P_{<40}$ 含量的关系

可以看出，石笼网结构的填充率在没有经过振捣的作用下很难达到 60%～70%，因此要达到工况要求，需要在填筑的过程中进行必要的振捣。为提高试样干密度和填充率，选择设计级 $P_{<40}=40$ 的试样进行了人工击实状态下的填充试验。试样分 3 层填充并震动击实，测得其填充率为 72%，干密度为 1.70 g/cm^3，这一指标满足了设计要求。矿石经机械破碎、筛分时，按照粒径范围进行适当筛选，网垫填充时控制粒径为 6～15cm 的填石达到 80%，粒径小于 5cm 的块石含量在 20%左右，并结合一定的人工振捣，石笼网填充率基本满足了设计要求。

结合石笼网结构的填充率及石笼网结构水流冲刷试验，按照上述缩尺试验的方法得到本次大型直剪试验的级配图如图 4.24 所示。

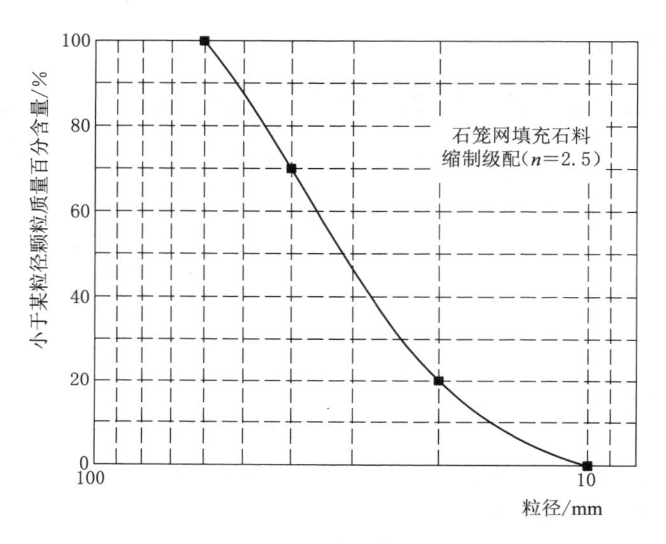

图 4.24　直剪试验填石料设计级配曲线图

4.3.4　石笼网单体结构强度特性试验研究

石笼网单体结构作为石笼网护岸单元结构，其强度特性不仅影响石笼网结构自身稳定性，而且在分析整体岸坡稳定性时也是必不可缺的要素。尽管堆石料的强度研究很多，但是专门针对石笼网结构的填石料强度特性的研究相对较少；研究石笼网单体结构的力学特性，相当于研究石笼网加筋粗粒土的力学特性。本试验主要针对黑龙江干流现有石笼网护岸工况，开展石笼网单体结构大型直剪试验，重点针对石笼网加筋作用对箱内填石强度特性的研究；从而得到石笼结构的强度指标 c 和 φ，这对丰富石笼网结构的理论，为后续研究护岸结构整体稳定性提供真实有效的强度参数具有重要意义。

4.3.4.1　试验仪器

常规剪切试验剪切盒的尺寸和提供剪切力大小的局限使得其无法用于粗粒土的直剪试验；经过缩尺后的石笼内填充碎石的最大粒径为 6cm，最小粒径为 1cm，常规直剪仪无法完成石笼单体结构的直剪试验。因此，本试验采用南京水利科学研究院自行研制的高性能大型接触面直剪仪，其最大轴向荷载为 400kN，最大水平荷载为 400kN，试样尺寸为 500mm×500mm；该仪器主要包括水平加载控制系统、垂直加载控制系统等加载控制系统；水平位移传感器、水平荷载传感器、垂直荷载传感器、垂直位移传感器等数据采集系统以及上下刚性剪切盒、滚珠等必要部件（图 4.25）。

(a) 刚性剪切金

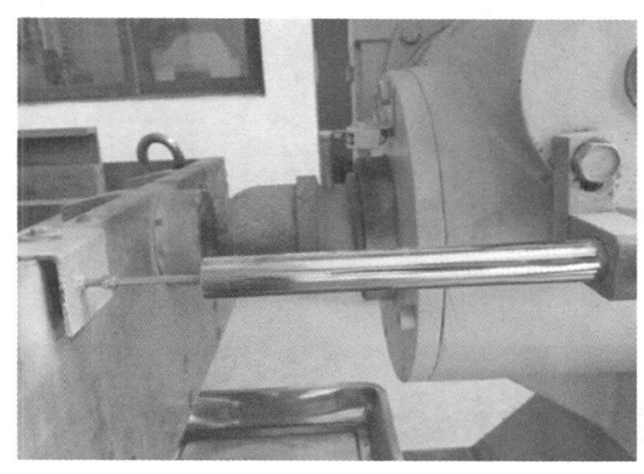

(b) 水平加载控制系统

(c) 垂直加载控制系统

图 4.25　高性能大型直剪仪

4.3.4.2　试验材料

本试验采用与工况填石料性质接近的碎石，其主要由矿石经机械破碎、筛分制得，根据实际工程中所用碎石粒径的大小，通过缩尺的方法选取 3 种粒径分布，具体参数见表 4.21。

表 4.21　试验用石笼网填石物理参数

类别	粒径大小/mm	中值粒径/mm	粒径组占比/%	比重/Gs
粒径组 1	10～20	14	20	2.71
粒径组 2	20～40	27	50	2.71
粒径组 3	40～60	52	30	2.71

试验用石笼网材料，经市场调研采用与实际工况所用石笼材质性能相似的普通铁丝网，石笼网铁丝直径和网孔大小根据填充石料缩尺倍数，按照几何缩尺的方法确定：石笼网铁丝直径 2.7mm，网格尺寸约为 30mm×40mm，捆扎好的石笼网几何尺寸为 500mm×

500mm×300mm，接头处采用铁丝绑扎。

4.3.4.3　试验组次

选取 3 种粒径分布的碎石作为石笼网填充料，10～20mm、20～40mm、40～60mm 粒径碎石按照上述级配配制；工况石笼网碎石的填充率为 70%，故试验试样的孔隙率 n 为 30%；试样分 3 层填充并震动击实（图 4.26），剪切缝缝宽为试样中最大颗粒粒径的 1/4～1/3，设定上下剪切盒开缝值为 25mm；试验采用应变式控制方式进行剪切，剪切过程中控制竖向应力分别为 50kPa、100kPa、200kPa 和 400kPa。试验分组进行：有石笼网碎石料和无石笼网碎石料直剪试验，见表 4.22。

（a）石笼网安装

（b）石料分层填筑、振捣

（c）装料

（d）吊装

图 4.26　直剪试验制样和安装过程图

表 4.22　石笼网单体结构试验组次表

编　　号	S-1				S-2			
竖向应力/kPa	500	100	200	400	50	100	200	400
石笼网尺寸/(mm×mm×mm)	500×500×300				/			
填石孔隙率 n/%	30				30			
有无网垫约束	有				无			

以往的研究中大型直剪试验制样时会受到试样中碎石颗粒的干扰，同时试样上部的卸荷也对试验值产生干扰，但从总体来讲，对于碎石土大型直剪试验值相对室内常规试验值可靠；在整个试验过程中需保持剪切盒侧壁的光滑，进行不固结快剪，水平匀速剪切，剪切速率为 5mm/min。数据自动采集软件将按时间间隔 1s 的采样方式记录法向力和法向位移，按变形量 1mm 的采样方式记录水平力和水平位移；剪切变形速率为 5mm/min。通过两组试样直剪试验的结果得到有无石笼网结构填充石料的强度指标与变形特性；分析石笼网单体结构强度来源；对比分析石笼网对填充石料黏聚力 c 及内摩擦角 φ 的影响。

4.3.4.4 试验结果分析

（1）石笼网对填石料强度特性的影响。

图 4.27 为填石料有、无石笼网约束的剪切应力-水平位移关系图，可以看出，有无石笼网的填石料达到最大剪切力时，最大剪切位移为 30～40mm，而有石笼网的最大剪切位移为 70～80mm；有石笼网的填石料峰值剪切力远远大于没有石笼网约束的填石料，说明石笼网对填石料的峰值强度和延性有较大的提高，这和蒋建清对石笼网垫对粗粒土作用效果的研究是相符合的[14]。

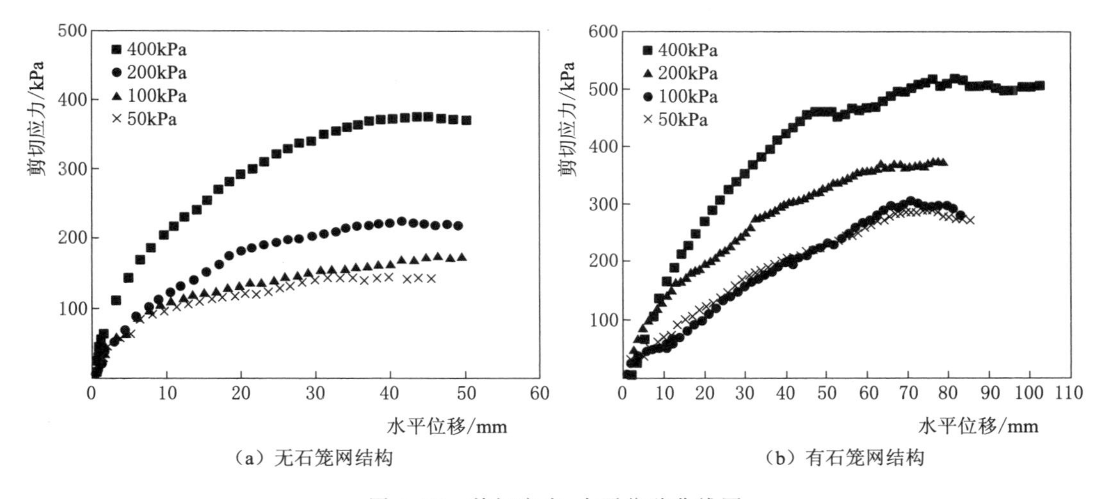

（a）无石笼网结构　（b）有石笼网结构

图 4.27 剪切应力-水平位移曲线图

根据摩尔-库仑定律，堆石料的强度可表达为

$$\tau = c + \sigma \tan\varphi \tag{4.14}$$

式中：c 为黏聚力；φ 为内摩擦角。

可以看出，堆石料的强度主要取决于黏聚力和内摩擦角；取各试验条件下的最大剪切破坏值（表 4.23），按照式（4.14）进行拟合，结果如图 4.28 所示。

表 4.23　有无石笼结构试验剪切破坏值　单位：kPa

填石料状态	有石笼网				无石笼网			
竖向压力	50	100	200	400	50	100	200	400
剪切破坏应力	288.64	319.24	372.60	516.60	143.76	171.84	224.04	375.52

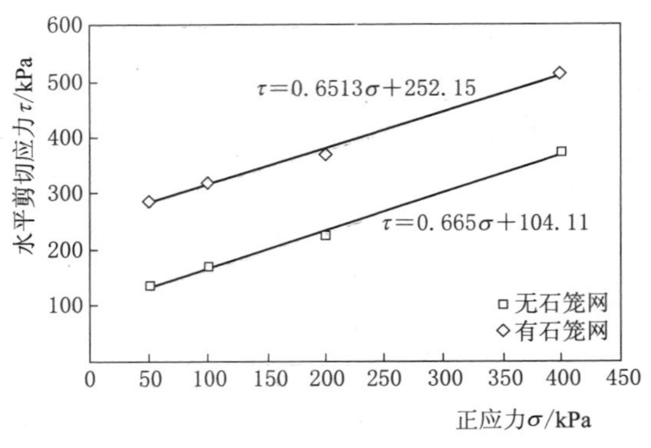

图4.28 石笼单体结构剪切破坏 $\tau-\sigma$ 关系曲线图

无石笼网约束的黏聚力为104.11kPa、内摩擦角为33.6°，有石笼网约束的黏聚力为252.15kPa、内摩擦角为31.51°。可以看到，在石笼网的作用下，黏聚力有明显提高，增加了148.04kPa，而内摩擦角几乎不受石笼网约束的影响。

（2）石笼网结构对变形特性的影响。

1）大型直剪试验中，在同等竖向应力条件下，石笼网加筋碎石土的剪切破坏应力要远大于未加筋碎石土的剪切破坏应力。有石笼网结构的试样，每个试样的石笼网铁丝或多或少出现了剪断现象，主要分布在直接受力面的剪切面处，同时石笼网结构发生了严重变形。

2）对比石笼网填石料和无石笼网填石料，发生应变软化和应变硬化的现象基本相同。即在较高竖向应力作用下，剪破面处的孔隙被不断压密。在竖向应力和水平推力共同作用下填石颗粒会发生破碎现象，细小的颗粒不断进入大颗粒的孔隙当中，因此剪切应力随着水平位移的增加不断增大，颗粒破碎所引起的强度的增加大于抑制剪胀发挥所导致的强度降低，填石料发生应变硬化现象；在较小的竖向应力下，荷载不足以限制剪切过程中发生的剪胀现象，接触面颗粒破碎较少且来不及填充到大的孔隙中，石料颗粒之间的接触面积减小加之颗粒的定向排列，发生应变软化现象，但其软化现象并不明显。

3）石笼网结构是由填石料与石笼网组成的复合体，它们共同受力、协调变形，当受到轴向荷载作用时，填石料发生侧向膨胀，产生侧向剪应变。由于石笼网的弹性模量远高于堆石体的弹性模量，其网孔限制了孔内石料向外扩散，形成了“环箍”作用，孔内的受限填石与其上下的自由石料间产生较大的摩阻力，形成了填石料的加强区域，增强了对试件的侧向约束作用[15-16]，从而使试样的抗剪强度得到了明显提高。

4.4 本章小结

本章利用大型水槽试验系统研究了石笼网垫护岸结构不同逊径比、隔档间距及网垫厚度等与其防冲刷性能的关系，提出了更为合理的石笼网垫设计参数。研发大型斜面仪开展石笼网垫与基面摩擦性能试验。采用大型直剪仪研究石笼单体结构应力-应变关系与强度指标，确定了有网垫约束的石笼结构直剪试验剪切破坏值，得到了石笼单体结构抗剪强度指标，为石笼网垫设计与岸坡结构稳定性分析提供了理论依据。

（1）提出了堤防迎水坡石笼网垫护坡结构关键设计指标。通过大型水槽试验和成果分析，研究水流冲刷作用下石笼网垫护坡结构破坏情况（块石移动情况），分析控制石笼网垫质量的关键因素，重点研究不同逊径比（0～30%）条件下、不同隔挡间距（1m、3m）以及不同石笼网垫厚度（15～30cm）条件下石笼网垫的抗冲性能和对应的破坏临界流速指标参数。逊径比对于石笼网垫的抗冲性能具有显著影响，石笼网垫填石的逊径比不宜超过10%～15%；在施工工艺可行的条件下，隔档间距相对较小时，填石相对稳定，雷诺护垫抗冲性相对较强；石笼网垫填石过程中应该至少保证有两层，才能使得填石相对稳定。

（2）确定了石笼网垫护坡结构与基底的摩擦系数。确定了基土含水量、填石方式和不同反滤层为影响石笼网垫护坡结构与基底摩擦性能的关键因素。采用自主研发的斜面摩擦仪研究确定石笼网垫护坡结构与基底的摩擦系数。摩擦系数随着基土界面含水量的增大而减小；小块铺底时由于增加了基面凹凸不平的程度，其摩擦系数要明显大于大块铺底的情况；级配砂做反滤层的摩擦系数要大于无纺布做反滤层的情况。

（3）确定了石笼网垫护坡结构抗剪强度指标。根据黑龙江省三江治理工程堤防迎水坡石笼网垫护坡工程情况，利用室内大型试验研究了石笼网垫单体结构应力-应变关系与强度特性。网垫的存在约束了块石的移动，大幅提高了填石料黏聚力。通过试验确定了有网垫约束的石笼网垫单体结构直剪试验剪切破坏值，得到了单体结构抗剪强度指标，为石笼网垫设计与岸坡结构稳定性分析提供了理论依据。

参考文献

[1] 张桂荣，张家胜，王远明，等．河流冲刷作用下石笼网生态护坡技术研究［J］．水利水运工程学报，2018（6）：112-119.

[2] SOGGE R L. Finite element analysis of anchored bulkhead behavior［D］. University of Arizona，1974.

[3] 柴贺军，孟云伟，贾学明．柔性石笼挡墙土压力的PFC2D数值模拟［J］．公路交通科技，2007（5）：48-51.

[4] Kandaris P M. Use of gabion for localized slope stabilization in difficult terrain［J］. VailRocks 1999，The 37th U. S. Symposium on Rock Mechanics. Rotterdam：A. A. Balkema，Colorado，USA.

[5] Hydraulic and Marine structures department of Delft geotechnics. Reno Mattresses as Bank Protection in Navigation FairwaysReport of Hartelcanal Prototype Measurements［R］Netherland：DELFT GEOTECHNICS，1989.

[6] 毛昶熙，段祥宝，毛佩郁，等．堤防渗流与防冲［M］．北京：中国水利水电出版社，2003.

[7] 毛昶熙，段祥宝，毛佩郁，等．海堤护坡块体的稳定性分析［J］．水利学报，2000（8）：32-38，45.

[8] 毛昶熙，段祥宝，毛佩郁．防波堤护坡块体的稳定性计算分析［J］．港口工程，1998（6）：3-8.

[9] 徐敏，陈立，何俊，等．选沙相似律对模型沙波相似性影响的试验研究［J/OL］．水科学进展，2017（5）：1-7.

[10] 陈立，徐敏，黄杰，等．基于起动相似选沙的模型沙波相似性的初步试验研究［J］．四川大学学报（工程科学版），2016，48（3）：35-40.

[11] 王继庄．粗粒料的变形特性和缩尺效应［J］．岩土工程学报，1994（4）：89-95.

[12] 傅华，李国英．堆石料与基岩面直剪试验［J］．水利水运工程学报，2003（4）：37-40.

[13] 汪丁建，唐明辉，张雅慧，等．粗粒土试验与力学特性研究现状［J］．冰川冻土，2016，38（4）：943-954.

[14] 蒋建清，杨果林，李昀，等．格宾网加筋红砂岩粗粒土的强度和变形特［J］．岩土工程学报，2010，32（7）：1079-1085.

[15] 张家胜．石笼网生态护坡结构抗冲刷性能与稳定性研究［D］．南京：南京水利科学研究院，2018.

[16] 付丹，郭红仙，程晓辉，等．石笼单元压缩试验研究［C］//第18届全国结构工程学术会议论文集，北京：《工程力学》编辑部，2009：248-251.

第5章　中小河流崩岸劣化石笼网结构护坡新技术

目前国内外对中小河流生态整治工程的关注度越来越高，岸坡生态防护技术的研究越来越深入和成熟，其应用范围也逐渐广泛。基于岸坡柔性生态护坡护岸机理和石笼网垫生态护坡结构研究成果，本书提出了几种中小河流新型生态岸坡构建技术，如石笼网装生态袋和废旧轮胎联合的生态护岸技术、坡面滑坡泥石流拱式生态护岸新技术、沟谷泥石流石笼拱柔性拦截坝新技术研究等，这几种生态防护技术主要采用柔性护岸结构，能够把中小河流岸坡的稳定性与生态和谐性有机结合，并充分考虑植被根系固土特性与景观效应，实现了坡面景观、水土流失和滑坡泥石流综合防治的三位一体。

5.1　石笼网装生态袋和废旧轮胎的河道生态护岸挡墙技术

石笼网装生态袋和废旧轮胎的河道生态护岸挡墙技术适用于岸坡生态整治，能够防治岸坡崩岸及湿胀干缩或冻胀融沉变形破坏。该技术设计合理、工艺简单、易于施工、操作方便、成本低、易于推广，能够很好地实现生态护岸的目标。

5.1.1　新型生态护岸挡墙技术要点

为了克服现有岸坡防护工程，特别是土质岸坡崩岸及膨胀土岸坡和季节性冻土岸坡防护技术的不足，本项护岸技术提出了一种利用废旧轮胎、石笼网与碎石土生态袋联合，垂直叠砌的生态挡墙护岸结构[1-2]，不仅可以有效解决传统硬质护岸造成的河岸带生态功能弱化问题，而且在防治土质岸坡崩岸及岸坡湿胀干缩或冻胀融沉的变形破坏方面起到积极作用。该生态航道驳岸挡墙的结构如图5.1所示。

(1) 沿着岸坡挡墙的纵向轴线铺设石笼网挡墙，根据现场情况可以做成墙状（垂直）或台阶状；用镀锌过塑钢丝缝合绳把上下相邻两层的石笼网绑定，以增强竖向整体稳定性。

(2) 在石笼网挡墙内侧（向岸一侧）按照上下错缝叠砌的方式横向铺设生态袋，袋体内可以用现场开挖土体拌和碎石填充。

(3) 在每层生态袋袋体之间水平扦插1～2cm粗的柳枝，柳枝梢端穿过石笼网孔外露朝向河道侧（外侧）；柳枝生长后在挡墙及背后填土内形成植物锚杆。

(4) 岸坡开挖，分层埋设张拉土工格栅，并用尼龙绳将土工格栅和石笼扎紧，利用土工格栅做成加筋土，加筋土用回填土碾压形成，以增强水平向整体稳定性。

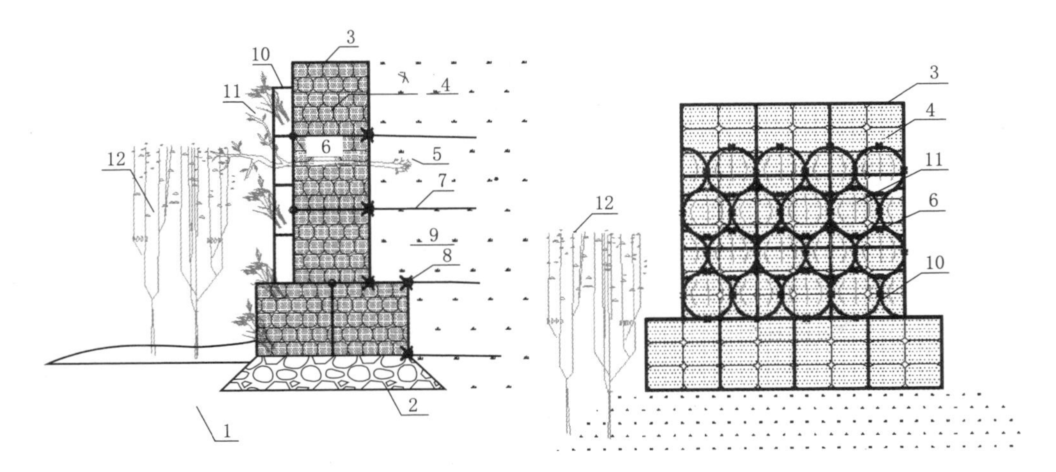

图 5.1 石笼网装生态袋和废旧轮胎的驳岸挡墙护岸新技术

1—地基；2—碎石垫层；3—石笼网；4—碎石土生态袋；
5—植物小锚杆；6—镀锌过塑钢丝缝合绳；7—土工格栅；
8—尼龙绳；9—填土；10—种植植被的废旧汽车轮胎；
11—香根草等植株；12 芦苇

(5) 在石笼网挡墙外侧，设置生态防护植被覆盖层；生态防护植被覆盖层是由废旧汽车轮胎腔体中填土并栽植草本植物，再与穿过轮胎间隙的植物锚杆一起形成生态防护植被覆盖层，其中的废旧汽车轮胎立起设置；废旧汽车轮胎腔体中填土并栽植香根草或其他水陆两栖等草本植物。

该新型护岸结构利用土工格栅、石笼网等形成的横向加筋柔性复合体抵抗岸坡的侧向变形；废旧汽车轮胎、石笼网及扦插的水陆两栖植被等植物加筋锚固体形成岸坡防护的整体面层，抵抗水流冲刷、船行波侵蚀及偶然的船舶撞击等；石笼网内的生态袋柔性结构可抵抗岸坡的崩岸及湿胀干缩或冻胀融沉变形。

5.1.2 新型生态护岸挡墙技术特点

(1) 本项护岸技术提出了在岸坡工程中应用废旧轮胎、石笼网与碎石土生态袋联合垂直叠砌成驳岸的生态河道挡墙护岸方法。在岸坡生态防护的同时，解决水流、船行波对岸坡的冲刷和侵蚀影响以及航行船只对护岸结构的撞击，实现了护岸结构耐久性与生态性的有机结合。

(2) 目前在河道护岸工程中仍主要采用硬质护岸，较少采用柔性生态护岸的结构型式，原因主要在于常规的生态护岸结构难以抵抗船行波侵蚀与偶然的船舶撞击，使用寿命短。本技术中石笼网装生态袋的挡墙结构用来护岸，是自下而上沿石笼网垂直外侧悬挂垂直绿化种植香根草或其他水陆两栖植被的结构形式，一方面废旧汽车轮胎主要用来保护石笼网装生态袋，与内装生态袋的石笼网及扦插的水陆两栖植被等植物加筋锚固体形成一个岸坡防护的整体面层；另一方面减缓了水流的冲刷作用，抵抗船行波侵蚀及偶然的船舶撞击等，有效延长了生态挡墙的工程寿命。

(3) 本技术在每层生态袋袋体之间扦插耐水淹的活枝条形成植物锚杆，主要起到两大作用：①活枝条的侧根和须根均扎入生态袋中，同时形成一定长度的锚固和加筋作用，这不同于一般光滑的小锚杆或土工格栅筋材等只依靠摩擦提供锚固的常规技术；②在生态袋外的植物锚杆的分布式枝叶可起到挑流、减缓水流对袋体冲刷的作用，另外还可以遮挡紫外线防止生态袋老化。

如图 5.2 所示，在南京市板桥河生态袋挡墙工程的生态袋取样分析中发现，大部分挡墙的中下部生态袋袋体外侧并未生长有植被或植被覆盖率较低［图 5.2 (b)］袋内土体中缺少植被根系的锚固作用，而且生态袋由于太阳光紫外线照射老化严重。如果能在施工完毕后的较短时间内就有植被覆盖，避免阳光直射，就能很好地延长生态袋的使用寿命。在上述生态袋挡墙护岸工程中，由于植被覆盖率低，太阳光紫外线直接照射在部分生态袋袋体上，随着时间的推移，袋体逐渐老化、破损，其强度衰减厉害，袋内土体可能暴露出来，受雨水侵蚀等作用导致土体流失［图 5.2 (c)］。

(a) 袋内土体充填较密实　(b) 袋内土体充填较疏松

(c) 生态袋破坏后袋内土体流失　(d) 生态袋护坡结构袋体取样

图 5.2　板桥河生态袋挡墙护岸结构

本技术中废旧汽车轮胎内腔中覆土种植香根草或其他水陆两栖植被，与生态袋袋体之间扦插的活枝条共同形成浓密的植被覆盖层，该一体化的生态护岸结构在防止坡面、坡脚及其下部土体冲刷的同时，能为生态袋、废旧轮胎及石笼网提供良好的覆盖作用，有效延长了上述护岸材料的使用寿命。

5.2 坡面滑坡泥石流拱式生态护岸新技术

山区河流与平原河流相比，除河床断面呈“V”形外，河道两岸的地形地貌也差异甚远。在平原地区，河流两岸地势平缓，地面泥沙或土体的稳定能力强。降雨后地面径流缓慢，且大量的雨水渗入地下，降雨很难起动泥沙或土体形成泥石流。然而在山区，河流常从山间或峡谷中穿过，河道两岸地形陡峻沟谷密布。降雨时由于坡面雨水流速快、动能高，冲刷、切割地表土层能力强，容易深切地表沟槽、淘蚀岸脚边坡、破坏土层的整体性。被雨水冲刷失去整体性的土块在流水动量作用下丧失稳定性，在水流冲击力与自身重力的联合作用下起动并随水流滑移，土块在沟槽内滑动过程中解体造浆形成泥石流[3]。由于受河床滩地制约，大量泥石流快速运动至坡脚后堆积在河岸形成泥石流堆积扇，示意图如图 5.3 所示。

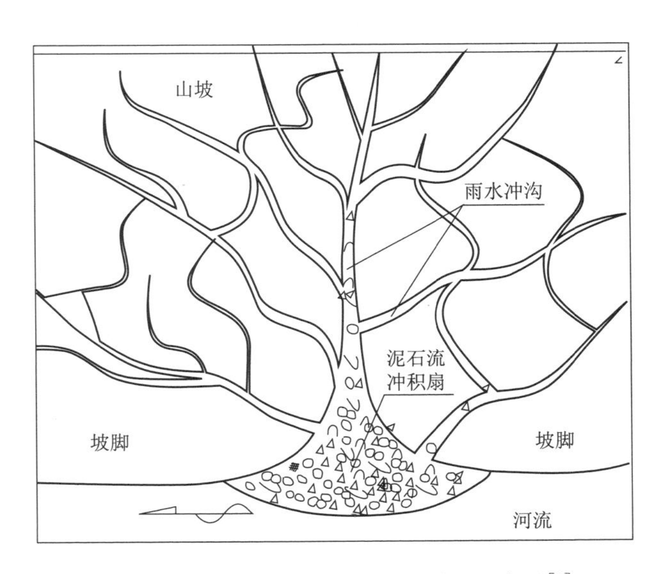

图 5.3 典型山区河流坡面雨水冲沟示意图[3]

现有稳固沟床技术主要以生态措施和工程措施为主。植被对泥石流的预防作用归结起来有两方面：在水文特性方面，植被能够改变下垫面汇流条件，削减沟谷水流峰值，降低汇流的侵蚀能力；在力学方面，植被浅层根系对土的加筋约束作用可提高土体强度，生长进入深层稳定坡体的根系可锚固土体，共同提高土体抗侵蚀能力[4-5]。防护岸坡稳固沟床的传统工程措施以谷坊、挡墙等刚性结构为主。曾子等[6]提出基于乔木根系加固的石笼挡墙护坡技术，兼顾工程措施和生态修复。阶梯-深潭是山区河流中常见的河流地貌形态，由一段陡坡和一段缓坡相间组成，在纵剖面上呈阶梯状[7]。王兆印等[8-10]提出人工阶梯-深潭系统防治泥石流稳固河床的理念，并通过野外测量和试验，从泥沙运动力学和水力学的角度论证了阶梯-深潭河床结构对水流的阻力达到最大，大量消耗水流动能，稳固河床，达到减弱或抑制泥石流的效果。

在人工阶梯-深潭的启发下，本书提出了拱式生态护岸技术[11]，旨在通过植被和工程措施稳固流域岸坡，减少松散坡积体，预防浅层滑坡造成沟床阻塞，削弱泥石流发生的物源条件。此外该措施保护沟床免受侵蚀，并削减沟谷径流的水流能量，削弱泥石流发生的水力条件，实现在物源和水源两方面对泥石流进行控制。

5.2.1　拱式生态护岸技术方案

拱式生态护岸技术结合生态和工程元素，具有对环境友好的特点，有助于建立流域健康的生态体系。图 5.4 为生态柔性护岸结构的剖面图和平面俯视图。结构由岸坡上部的乔木、坡脚石笼挡墙、抛石形成的倒拱基础、镀锌过塑钢丝束及坡角处的植被共同构筑而成。坡脚 L 形石笼护脚，冲沟底部抛填大粒径块石形成护底，在沟谷断面形成拱形受力体系。在沟谷径流方向，顺应地势间隔一段距离修筑。对具有阶梯-深潭构造雏形的地段，可进行小工程量的开挖回填来构造阶梯-深潭，增加拱式护岸的河床阻力。该技术方案可与生态结合，在岸坡生长健壮乔木且根系锚固进入稳定坡体条件下，可通过镀锌过塑钢丝束由乔木向挡墙提供一个拉力，增强系统的整体稳定性。另外，在岸坡下部靠近挡墙区域种植根系发达植被，根系可以生长延伸到挡墙内部，进一步增强结构的稳固性，提高石笼网片的耐久性。

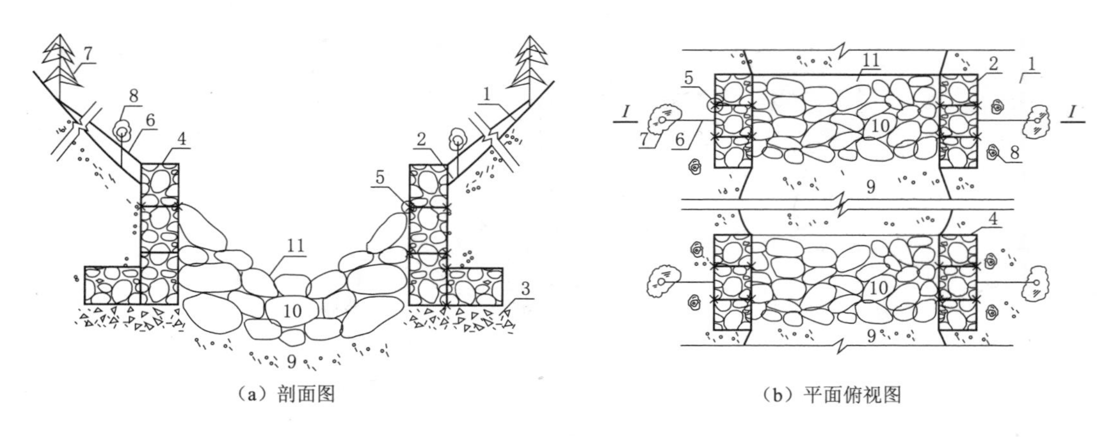

(a) 剖面图　　(b) 平面俯视图

图 5.4　拱式生态柔性护岸结构

1—岸坡；2—坡脚；3—石渣；4—石笼网；5—镀锌过塑钢丝缝合绳；6—镀锌过塑钢丝束；7—岸坡上部的乔木；8—坡脚的乔灌木；9—河床；10—块石；11—倒石拱

石笼护脚所用的石笼网片由高强抗腐强延展的低碳钢丝或者外包 PVC 的钢丝编织而成，网箱中填筑碎石土封装砌筑。土料条件允许的情况下，可以在石笼中扦插种植生长迅速根茎发达的植被，保护石笼免受紫外线直射，增大坡脚河沟的粗糙系数。护底的大粒径块石可以就地取材，选取附近质地坚硬具有良好抗冲性的石料，抛填时块石相互咬合自锁，大孔隙内抛填中小颗粒石渣，形成良好的自稳结构性。在块石强度和数量不足的情况，可以考虑使用埋石混凝土或者混凝土的方式，增加护底结构的刚度。在河谷两岸种植根系发达的乔、灌、草组合的多样植被。选取的植被宜适应当地环境，有较强的生命力。植被提高了坡积体的强度，改善了流域的水文特性，是工程措施的重要补充。

5.2.2 拱式生态护岸技术工作原理

5.2.2.1 拱式构造的受力特性

物源区岸坡防护对泥石流的预防有重要作用。沟谷岸坡在10°～30°时，容易发生滑坡；坡度在30°～70°时，大多为崩塌、滑坡和岩屑流来补给固体物源。坡面不稳定，崩滑运动剧烈，是泥石流的主要物源补给，因此，有效的稳固坡面措施能够有助于从源头防治泥石流。图5.5为拱式生态护岸结构受力示意图。石笼挡墙受到其自重W_1、坡脚处地基提供的抗力P_1、岸坡的滑坡推力T_1、坡上部的乔木通过镀锌过塑钢丝束提供的拉力T_2以及河床上的块石10组成的倒石拱提供的抗力N_1的共同作用，形成一个平衡力系。河床中部块石构筑的倒拱受其自重W_2、河床提供的抗力N_2以及坡脚石笼挡墙的反作用力N_1的共同作用，形成一个平衡力系。

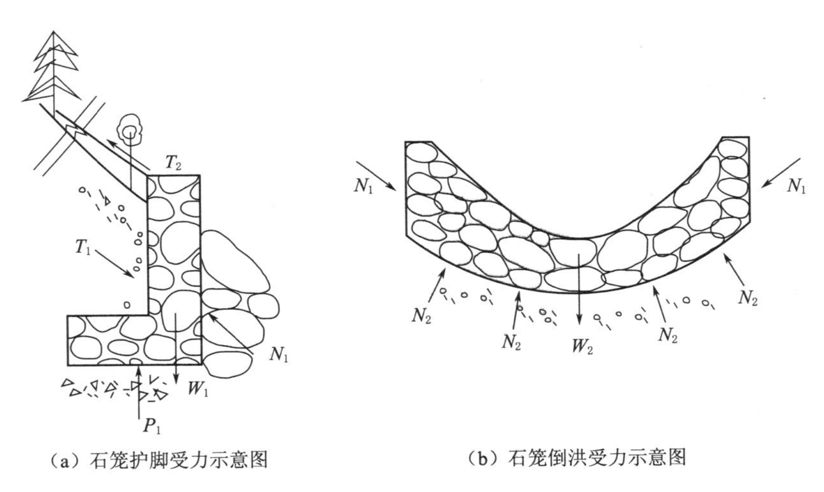

(a) 石笼护脚受力示意图　　(b) 石笼倒洪受力示意图

图5.5 拱式生态固沟护岸结构受力示意图

倒石拱和石笼挡墙结构上形成拱形结构，内部应力分布均匀，主要以压应力为主，能够充分发挥石渣的抗压性能，并且压应力作用下散体块石趋向于更加紧密地排布，有助于块石之间的相互锁紧和稳定平衡。冲沟底面能够对倒拱进行良好位移边界约束，因此在滑坡推力作用下结构的变形能趋于收敛。

随着滑坡土体和石笼挡墙的变形，挡墙所受滑坡推力T_1会不断发展变化。Maccaferri[12]进行了大尺寸石笼的压缩试验，图5.6是压缩试验结果，当侧限和无侧限下石笼的应变分别达到40%和50%时，应力水平还有上升的趋势，可见石笼具有较强的抗压性和良好的变形延展性。因此可以初步推断：石笼材质的延展性让石笼挡墙能适度变形，从而释放土压力减小滑坡推力荷载，石笼材料的抗压特性确保结构可以经受住更大的荷载作用。石笼挡墙的柔性自适应特性是一个极大的优势，能够自动调节结构的受力，同时不会有裂缝等破坏结构自身安全的不良副作用。泥石流易发区大多都面临不同程度的地震荷载和其他剧烈的地表侵蚀过程，采用变形自适应的柔性材料进行工程防护更为合理。此外石笼的强透水特性，可确保坡体渗流顺畅排出，提高坡积体和墙体的稳定性。

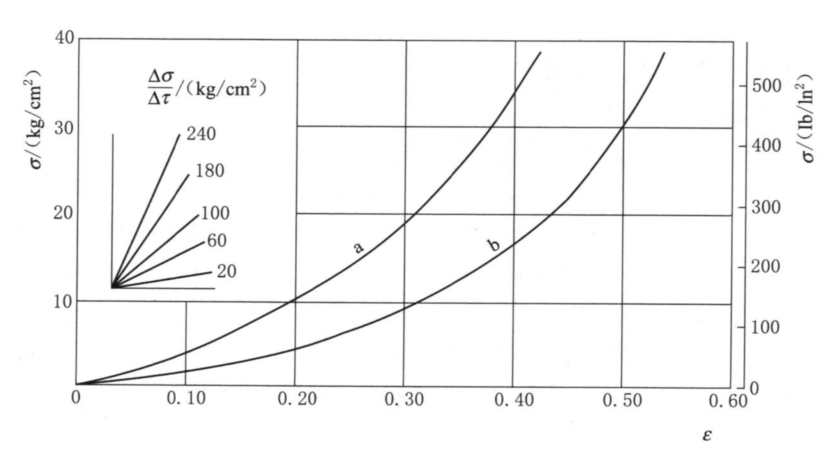

图5.6 石笼的侧限（a线）和无侧限（b线）压缩试验结果[12]

在石笼挡墙顶部设置乔木拉索，能够将植被护坡技术和柔性防护结合，将生态护坡技术的效益发挥到极致。当岸坡不稳定土体推动L形挡墙前倾时，岸坡上部较深根系乔木在不破坏的前提下充分发挥根系扎入稳固坡体的锚固力，通过拉索对挡墙提供一个拉力，从而约束石笼挡墙位移，使坡脚土体由受剪为主调整为受压为主，同时增强结构的抗倾覆性。此外拱式生态护岸技术中的丰富植被还能在弱化泥石流水源条件中起到重要作用。由于降雨是诱发山地灾害重要的水文因素，降雨汇集成径流的过程是由降雨特性与地貌特性所决定的[13]。植被作为重要的地貌因素，使土壤保持良好的渗透性并对降水有截留、遮挡作用，从而实现对地表径流的削减；植被还提高土体抗侵蚀性，稳固坡积体，有效抑制地表径流对沟谷两岸和沟床的侵蚀，极大程度地降低了泥石流和崩岸发生的可能性[14]。

5.2.2.2 阶梯构造的耗散水能特性

在水力学的角度，沟谷护底的抛石和阶梯状的布置也将能够耗散沟谷水流的能量，提高触发泥石流所需的临界水流流量和水流动能。阶梯式布置的拱式生态护岸结构的消能原理与阶梯-深潭结构相似。张康、王兆印等[8]研究发现：阶梯-深潭结构大大增加了水流阻力，对水流能量的消耗高达62%～67%。陈社鸿等[15]认为阶梯-深潭的消能区域主要是深潭区域，从阶梯上跌落的水流与潭中水发生碰撞，导致水流的旋滚、翻腾以及紊动，水流从急流转变为缓流从而耗散水流能量。深潭中的水流流态以漩涡为代表，会出现横轴漩涡或者纵轴漩涡，漩涡与水流以及漩涡之间的翻滚摩擦都有助于能量的耗散。李文哲等[16]通过实验研究了阶梯-深潭消能的机理。图5.7是阶梯-深潭的消能方式，其中水流流经阶梯会发生强烈的紊动并掺入大量的空气，会产生跌落式或者滑行式的水流流态。

5.2.3 拱式生态护岸技术方案的计算分析

以西南地区某泥石流冲沟为例，采用MIDAS GTS软件分析坡积体受降雨产生的顺坡渗流力作用时，拱式生态稳固沟床技术不含乔木拉索实施方案在岸坡防护中的功能特性。

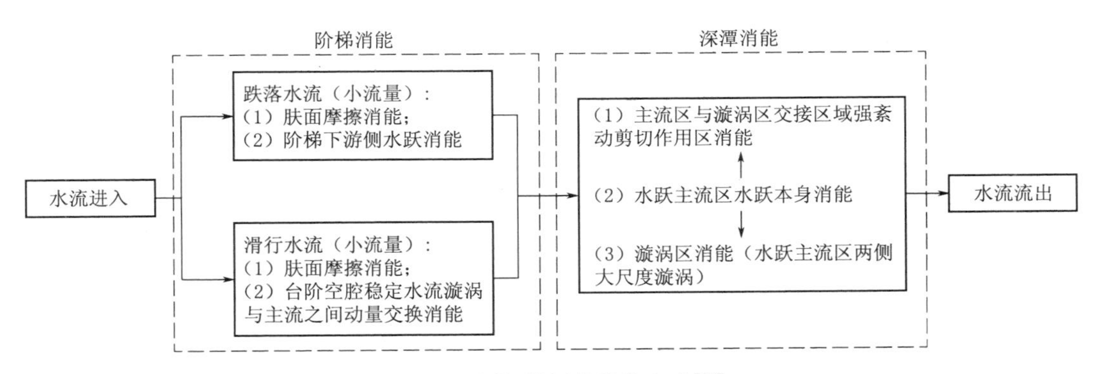

图 5.7 阶梯-深潭的消能方式[16]

5.2.3.1 模型建立及参数选取

研究区域汇流总面积 8.17km^2，泥石流形成区后缘与泥石流沟沟口的相对高差 1305m，主沟道长度约 4.08km。该区地处亚热带湿润气候区，暴雨天气多发。在“5·12”汶川地震后，崩滑堆积物、坡面侵蚀物数量骤增，发生滑坡和泥石流的风险较高。

选取该泥石流冲沟的典型断面建立平面应变分析模型（图 5.8），石笼挡墙尺寸设计如图 5.9 所示。模型中设定：沟谷底部水平宽度 24m，相应部位抛石护底厚度 3m，两侧岸坡坡度 45°，岸坡碎石土层垂直坡面方向厚度 3.18m。模型由石笼挡墙向两侧延伸 39m，由抛石护底竖直向基岩延伸 12m。乔木根系垂直生长，长度为 5.5m，生长入强风化砂岩层 1m。乔木在沟谷岸坡顺坡向、垂直该二维模型方向间距为 8m。

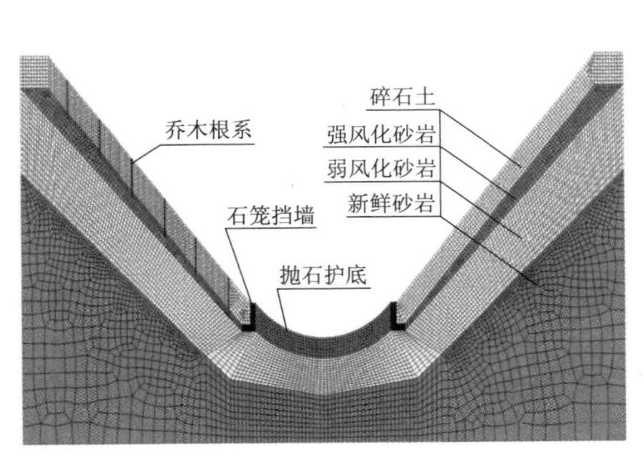

图 5.8 沟谷有限元模型图

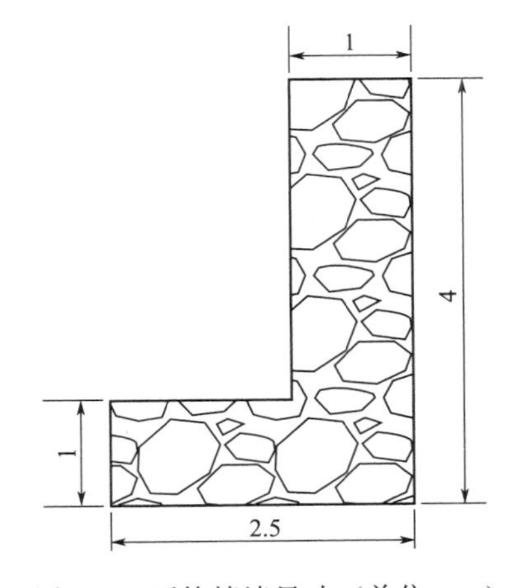

图 5.9 石笼挡墙尺寸（单位：m）

网格划分在有限元计算中占据着重要的位置。合理规范的网格划分能够确保结果的可靠性，同时能够使计算过程收敛得更快。该模型的网格划分主要采用映射网格的方法，划分出的每个单元都是较为规整的四边形，长宽比适宜，与周围单元尺寸相差不大。个别区域形状不规整，采用自适应网格划分，有极少数三角形网格的过渡，主要是四边形网格。在碎石土、石笼挡墙、抛石护底等重点区域网格尺寸相对较小，能够细致反映该部位的特性，往基岩方向网格尺寸逐步增大。表 5.1 是有限元计算模型中的岩土力学参数。

表 5.1　有限元模型材料参数

材　料	模型	容重 /(kN/m³)	弹性模量 /(kN/m²)	泊松比	内摩擦角 /(°)	黏聚力 /(kN/m²)
碎石土	M－C	17	4.0×10^4	0.25	25	22
植被加筋碎石土	M－C	17	4.1×10^4	0.25	25	32
强风化砂岩	M－C	20	4.0×10^6	0.25	25	5000
弱风化砂岩	M－C	20	6.0×10^6	0.25	30	8000
新鲜砂岩	M－C	22	9.0×10^6	0.25	35	20000
石笼挡墙	M－C	23.5	1.0×10^4	0.32	40	1000
浆砌石	弹性	22	8.0×10^6	0.23	—	—
抛石	弹性	24	5.0×10^4	0.22	—	—
乔木主根	弹性	6	2.0×10^6	0.24	—	—

植被根系具有增强坡土稳定性的作用，其中乔木主根生长进入稳定基岩层，其对土体的深层锚固作用通过模型中的锚杆近似体现。浅层根系对土体产生的加筋作用是通过提高黏聚力 c 值来体现。Mattia 等[17]通过实验和经验估算的方法获得了两种灌木及某草本植物根系在不同深度对土体抗剪强度的增量，从几千帕到 60kPa 不等（图 5.10）。Ekanayake 等[18]通过原位剪切试验获得了两种植物对于不同截面含根率对应的土体抗剪强度增量，截面含根率从 0.83%到 4.16%不等，抗剪强度增量为 10.5～22.1kPa。参考以上文献中的实验成果，假定浅层土体的黏聚力增量为 10kPa。

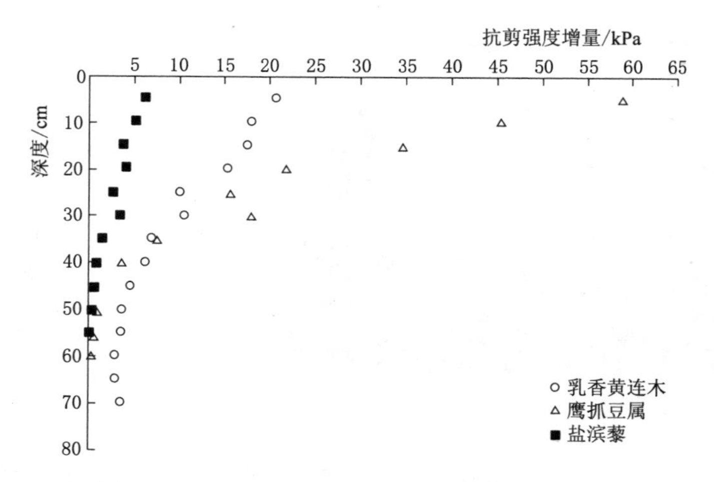

图 5.10　三种植物沿深度方向的抗剪强度增量[17]

降雨形成的雨水下渗可能在坡土体中形成渗流，水流流经土体过程会受到土骨架的阻碍作用，相应的水体会对土骨架产生推动和拖拽的作用力为

$$J=r_w\frac{\mathrm{d}h}{\mathrm{d}l}=r_w i \tag{5.1}$$

式中：J 为渗透力、方向与渗流流向一致的体积力；r_w 为水的容重；h 为水头；l 为在渗流方向水流流经的距离；i 为水力梯度。

拱式生态护岸技术的静力计算模型中，渗流力即按照式（5.25）进行估算。渗流力为体积力，涉及三维问题，平面计算中假定模型为单位厚度进行模拟。对于渗流力的方向和大小问题，建模中进行了顺坡向渗流的假定，即 $i=\frac{dh}{dl}=\sin\alpha$，其中 α 为坡角。Tomomi Terajima 等[19]进行了32°的人工砂土岸坡的模型槽降雨试验，并观测其孔隙水压力和体积含水率变化，试验表明：坡体中地下渗流的流向从降雨之初的垂直向下逐步转向平行于坡体的方向，这样的渗流方向改变是伴随着土体位移一起发生的；并且渗流力影响着滑坡起动，在岸坡稳定分析中是一个重要因素。据此可知顺坡渗流力假定的合理性和渗流力参与岸坡稳定分析的重要性。估算出非稳定坡体承受的总体渗流力值后，通过等效原理将荷载施加到非稳定坡体的各个节点。该方法克服了软件功能的不足，并且吻合了有限元的离散和等效的原理。

5.2.3.2 数值计算工况设计

数值计算将分为两种工况进行（图5.11），目的在于验证拱式生态护岸技术合理的承载体系、岸坡植被对坡体的加筋锚固作用和石笼挡墙的变形自适应释放土压力特质。

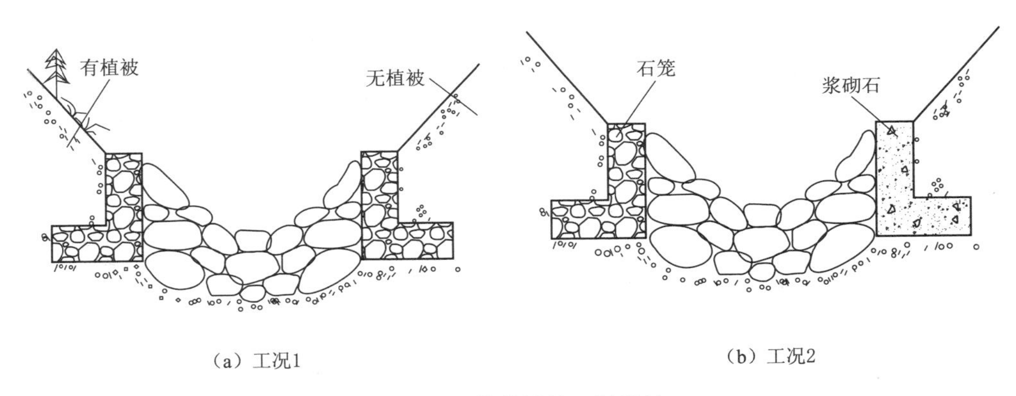

图5.11 数值计算工况设计

工况1：为探究植被固坡作用对护脚工程有何影响，在沟谷左侧岸坡种植植被；沟谷右侧无植被是完全的碎石土材料。植被的固坡作用主要考虑其深层锚固和浅层加筋功效，护脚挡墙皆采用柔性石笼材质，荷载条件相同。

工况2：为论证柔性石笼变形自适应减小挡墙承受的滑坡推力的特性，护脚的左侧采用石笼挡墙，右侧采用浆砌石挡墙，两侧均不考虑植被护坡作用，荷载条件相同。

5.2.3.3 数值计算及结果分析

由于该模型的计算范围较大，材料岩土力学特性也有一定的差别，所以模型应力-应变变化范围较大。为了清楚地呈现重点考察单元体的应力或变形情况，下文提取的云图都只选取了模型的部分区域。图5.12是工况1的坡土变形量和岸坡应力分布计算结果。从图5.12(a)、(b) 可见，坡体位移最大值主要集中在岸坡中下部区域，其中植被覆盖碎石土坡的最大位移为8mm，无植被坡体最大位移达到80mm。由此可见植被的加筋和锚固作用有效限制了坡体的变形位移。图中（c）、（d）给出了沟谷两侧石笼挡墙和抛石倒拱的第三主应力分布图，正值为压应力。图示区域主要以压应力为主，仅在抛石护底有局部拉应力的存在，压应力沿着拱轴线方向应力均匀传递，整体上未出现严重的应力突变。由应力云图可见结构受力合理，受压为主的应力分布能充分发挥抛石的抗压特性。对比图（c）中挡墙处压应力值小于图（d）中相应位置的压应力，这是由于植被固坡侧坡体位移受约束对挡墙施加的滑坡推力更小，从而表现为挡墙内部压应力值偏小的现象。因此岸坡植被除了具有减小坡面侵蚀的作用，还能通过稳固坡土限制坡体滑移位移，从而缓解岸坡对拦挡结构的滑坡推力荷载。

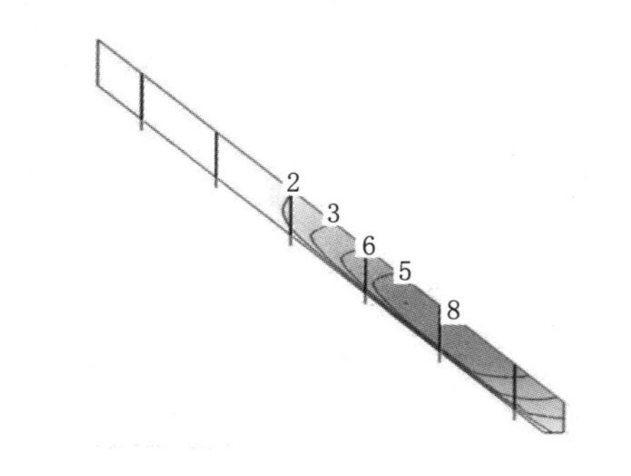

（a）植被覆盖碎石土岸坡变形（单位：mm）

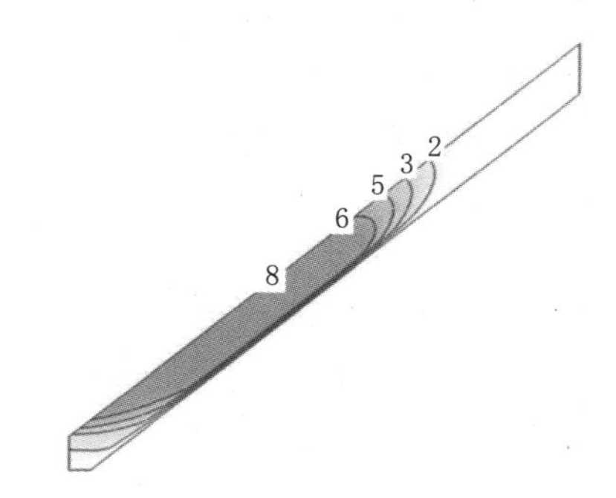

（b）无植被覆盖碎石土岸坡变形（单位：mm）

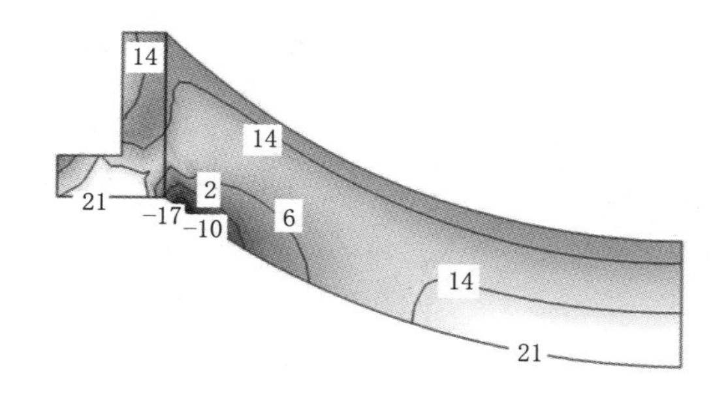

（c）植被覆盖侧第三主应力（单位：kPa）

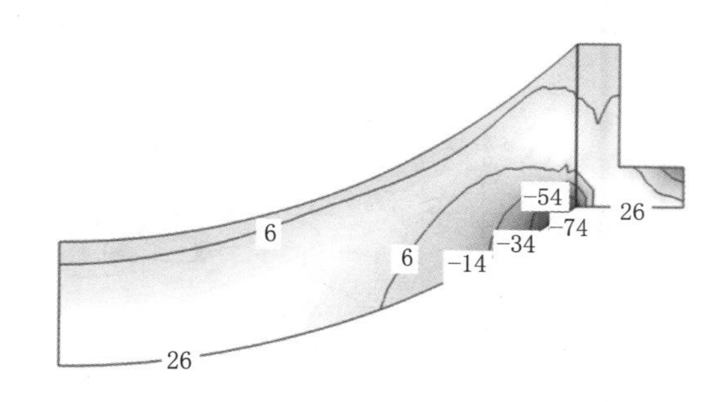

（d）无植被侧第三主应力（单位：kPa）

图 5.12　工况 1 数值计算结果

图 5.13 为工况 2 的变形及应力计算结果，对比图（a）、（b）可见：采用石笼材质的护脚挡墙，较浆砌石护脚挡墙变形更大。这是由于石笼和浆砌石材料刚度差异较大引起的。图（c）、（d）是挡墙的第三主应力分布情况，0 值所在的等值线是拉应力和压应力的分界线。石笼挡墙主要以压应力为主，仅在局部区域出现了较小的拉应力；而浆砌石挡墙则出现了大面积的拉应力，并且拉应力值较大，这可能引起挡墙的拉裂破坏。图（e）、（f）是挡墙的第一主应力分布云图，石笼挡墙全区域为压应力，挡墙顶部应力值较大，墙身应力分布均匀，在 97kPa 上下浮动。而浆砌石挡墙则出现了局部小区域的拉应力，其余大部分区域的压应力值整体偏大，且沿着墙身逐步增加，在墙脚处达到极值。

综合工况 2 的数值计算结果可知，石笼挡墙发生了较大的形变，合理地释放了滑坡推力，减小了结构负荷；石笼挡墙具备变形自适应的特性，自动调整自身应力分布，确保墙体内部应力变幅小、拉应力区域小，更利于结构的安全稳定。由此可知，在结构受力方面，石笼挡墙相对浆砌石具有一定的优越性。

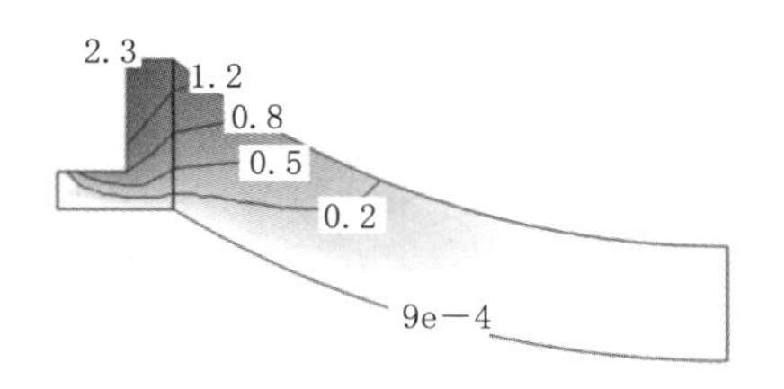

(a) 石笼挡墙侧结构变形（单位：mm）

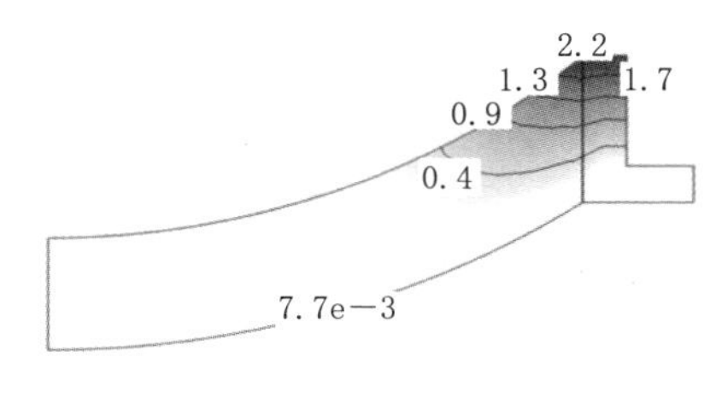

(b) 浆砌石挡墙侧结构变形（单位：mm）

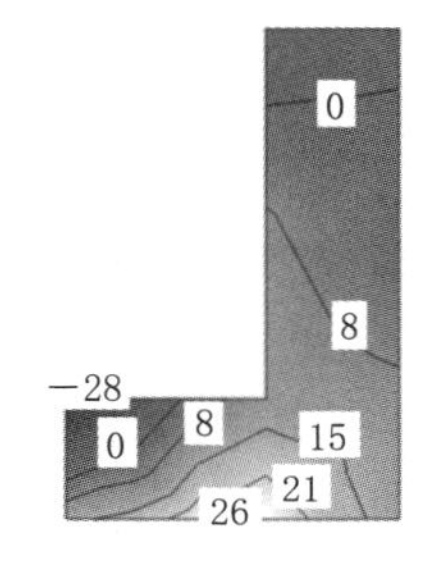

(c) 石笼挡墙第三主应力（单位：kPa）

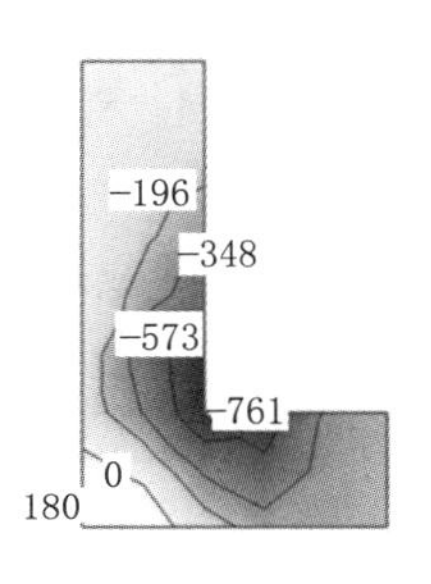

(d) 浆砌石挡墙第三主应力（单位：kPa）

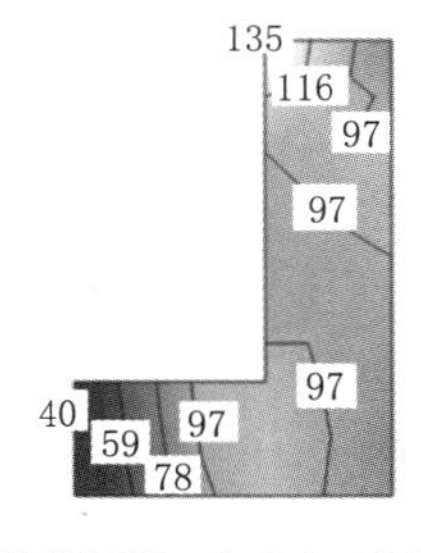

(e) 石笼挡墙第一主应力（单位：kPa）

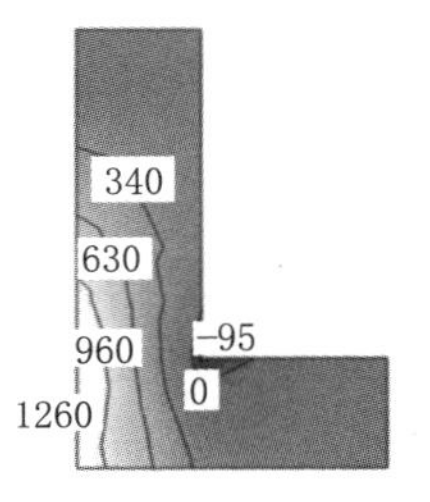

(f) 浆砌石挡墙第一主应力（单位：kPa）

图 5.13 工况 2 数值计算结果

5.2.4 拱式生态护岸新技术特点

拱式生态护岸新技术是一个兼具坡面处理和沟谷措施的泥石流防护措施，它将生态植被措施和工程削弱泥石流方法合理结合，并有实现山区生态相结合的潜力。该防护措施主要汇集了以下三个理念：①柔性石笼和植被拉索的构造特点使得结构呈现出变形自适应特性，从而减小了结构内部应力；②倒拱形的构造迫使河床提供反力和位移约束，从而强化了结构自稳性；③巨石护底和石笼护脚共同作用，既减弱了沟床侵蚀又耗散了水流能量。拱式生态护岸技术的不同技术方案数值计算成果对比表明：植被锚固加筋对岸坡位移的约束和抗滑力具有增强作用；石笼挡墙的柔韧变形特性释放了滑坡推力，优化了挡墙自身应力分布，压应力为主均匀向抛石护底传递，因此生态护岸技术是治理泥石流的生态、环保、经济、可行的措施。

5.3　沟谷泥石流石笼拱柔性拦截坝新技术研究

西南地区泥石流防治工程措施中，以浆砌石、混凝土为材料的刚性拦挡结构是应用最为广泛的方法。刚性拦挡结构易被泥石流巨大的冲击力冲毁，从泥石流特性讲，拦挡结构遭受破坏的主要原因是泥石流巨大的浆体压力和大块石的强大冲击力[20]，并且刚性拦挡结构在冲击作用下缓冲荷载耗散冲击能量的能力差，且有限的排水孔难以快速释放泥浆压力，因而易被破坏。

为改良常规拦挡结构易遭受冲击破坏的问题，国内外学者提出了众多新型泥石流拦挡结构。本章借鉴新型拦挡结构的优点，针对拦挡结构遭受冲击破坏的缘由，设计提出了生态柔性石笼拱拦截坝新技术。柔性石笼拱以石笼为主要材料，砌筑成拱形，上游面铺设废旧轮胎防冲垫层，拦截泥石流。该结构设计在泥石流小型支沟和毛沟等物源区或潜在物源区分级修筑，形成石笼拱群。该结构具有良好的变形自适应和强透水特性，充分利用了材料抗压强度，提高了抵抗超载的能力，可拦蓄一定方量的泥石流，逐级削减泥石流能量，抑制泥石流的发展壮大。采用ANSYS软件中的LS-DYNA显示动力分析模块，计算分析了柔性石笼拱结构对泥石流冲击的动力响应，并与刚性浆砌石结构进行对比。通过MIDAS GTS软件计算，分析了石笼拱拦蓄泥石流后倾泻泥浆压力的静力特性。

5.3.1　柔性石笼拱拦挡坝技术方案

5.3.1.1　构造设计

如图5.14所示为柔性石笼拱拦截坝的示意图，它以石笼网和块石为材料，砌筑成拱形拦挡泥石流。石笼网是将高抗腐蚀、高强度、具有延展性的低碳钢丝或包裹PVC的钢丝，使用机械编织而成。将石料填入网中进行封装，按照结构尺寸要求层叠堆砌，石笼单元之间用钢丝进行有效的绑扎连接，并辅以拉筋加强结构整体性。为了增强石笼单元的

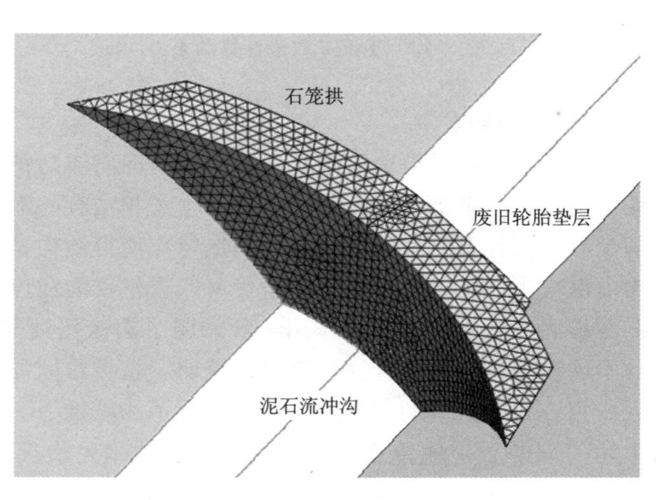

图5.14　柔性石笼拱拦截坝示意图

内约束力，在填充块石过程中在石笼网单元内部增设拉筋，从而适度减小石笼结构的柔性，增大其弹性模量。减小单个石笼单元的尺寸也有利于增加石笼拱结构的整体刚度。填充的块石粒径相当，满足一定的孔隙率，保证较强的渗透能力。石笼网片延展性强，块石之间也能滑动调整位置，因此结构具有较强的变形适应性。石笼拱上游面设置废旧轮胎作为缓冲层。在石笼拱结构上下游抛填大粒径的块石，保护基础免受淘蚀，增加对结构的约束。

柔性石笼拱是设计在泥石流的物源区、潜在物源区分级修筑，形成石笼拱群的拦挡结构。Remaitre 等[21]从拦挡结构位置对泥石流的强度影响研究中发现：相对少量的拦挡坝，修筑在泥石流潜在物源区能够有效地降低泥石流的能量。泥石流起动和发展壮大是一个能量骤然增大、破坏力激增的过程。在物源区修筑石笼拱群，可以避开泥石流的锋芒，阻止泥石流的发展壮大。

为提高柔性石笼拱拦挡坝技术的抗冲击性和耐久性，对上述方案进行了完善和优化。图 5.15 是柔性石笼拱拦挡坝优化方案图，优化方案进行的主要改进措施有：在拦截坝上游侧布置消能墩柱，加强拦挡效果；在上下游面引入生态护面，可有效保护结构免受紫外线照射，增强筑坝材料耐久性。

优化方案中装填坡积土的废旧轮胎是沿着胎冠中线剖为两部分，轮胎水平放置，然后填碎石土逐层施工。把镀锌过塑钢丝缝合绳穿过废旧轮胎侧壁，并把它们拴绑在一起，再与石笼网绑定。优化方案中的生态袋是以聚丙烯（PP）或者聚酯纤维（PET）作原材料制成的双面烧结针刺无纺布加工而成的袋子，具有抗老化、无毒、透水及对植物友好的特性。生态袋装填碎石土束扎后，水平铺设逐层错缝叠砌，并贴紧石笼网。在废旧轮胎的堆填土中扦插柳枝，在每层生态袋袋体之间铺设柳枝或香根草，梢端穿过石笼网孔外露，柳枝生长后在填土内形成植物锚杆。

5.3.1.2 施工方法

柔性石笼拱拦挡坝按照以下主要步骤进行施工：

(1) 完成基坑开挖后，在拱弧形基础平面上铺设石笼网片，填充质地坚硬的大粒径块石，然后进行石笼网片的封装。

(2) 在基础上铺设第二层石笼网片，网片按照拱形构造进行排布，用镀锌过塑钢丝缝合绳把上下、左右相邻的石笼网单元栓紧。

(3) 在石笼网片内侧下游面堆砌一层生态袋，该生态袋充填的土料可以是基础开挖的料渣。

(4) 在石笼网片内侧上游面水平铺设一层废旧轮胎，把镀锌过塑钢丝缝合绳穿过废旧轮胎并把它们栓绑在一起，贴紧并与石笼网片之间固定起来。

(5) 在废旧轮胎与生态袋之间的区域填充石渣，废旧轮胎填充土料粒径相对较小，中间区域填充土料为不含黏粒的质地坚硬的大粒径材料，填筑完毕进行振捣压密。

(6) 重复步骤 (3)～(6) 的工序，直至该层石笼网箱体填充完毕，然后进行封装密封，进行下一层石笼网的错缝叠砌，至修筑到设计高程为止。

(7) 在石笼拱上下游附近区域抛填巨粒块石料，增加基础约束，保护其免受冲刷淘蚀。

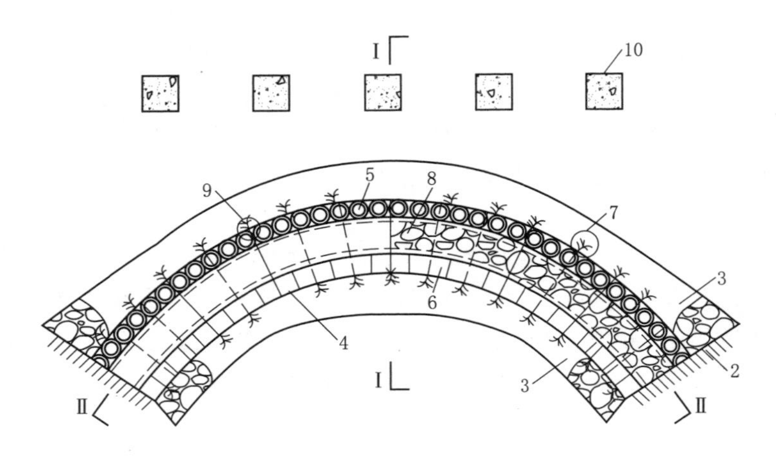

（a）柔性石笼拱拦挡坝优化方案的平面俯视图

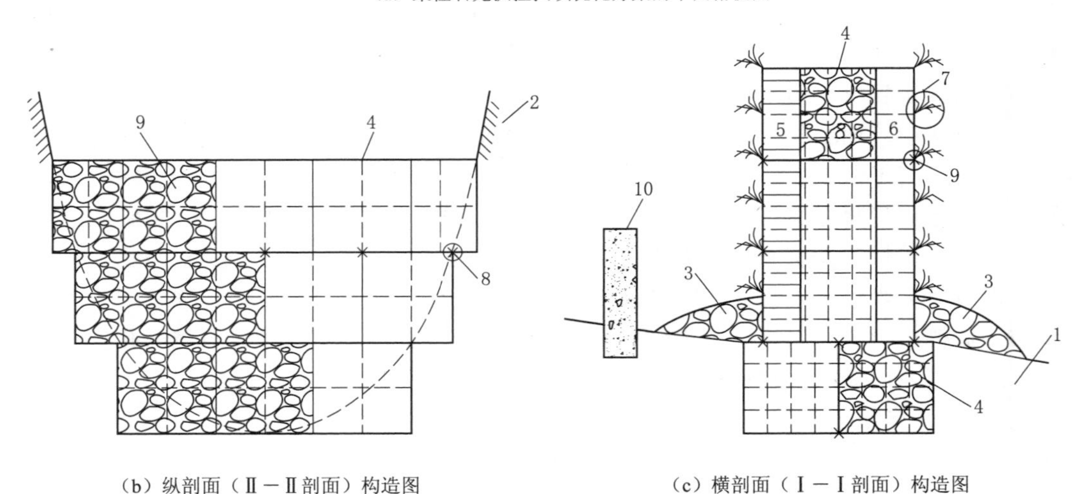

（b）纵剖面（Ⅱ－Ⅱ剖面）构造图

（c）横剖面（Ⅰ－Ⅰ剖面）构造图

图5.15　柔性石笼拱拦挡坝优化方案

1—地基；2—岸坡；3—堆石护脚；4—石笼网；5—充填坡积土的废旧轮胎；6—充填坡积土的生态袋；7—植物小锚杆和香根草等植株；8—石渣；9—镀锌过塑钢丝缝合绳；10—消能墩柱

（8）植物锚杆（生态植被）的种植，可以在施工过程中将柳枝或者香根草预植在生态袋的缝隙之间、废旧轮胎腔体的填充土中，也可在施工完毕后进行扦插栽植。

（9）在石笼拱生态柔性泥石流拦挡坝的上游侧布置消能墩柱。

5.3.2　柔性石笼拱拦挡坝工作原理

5.3.2.1　拱梁分载优化结构受力

与重力式拦挡结构相比，拱形结构可以分为梁系和拱系，结构所受荷载由两个系统共同承担，属于高次超静定结构，承受超载能力强，安全度高，荷载增加时，结构能自行调整应力[22]。拱形构造设计使得坝前的荷载均匀地向岸坡传递，结构整体应力均匀，能充分发挥石笼的抗压能力。

为对比梁结构和拱结构的受力特性，选取如图 5.16 所示的拱和梁结构作数值计算分析。拱和梁结构厚度相同，水平向跨度相同，采用相同的材料，结构两端固定，在梁和拱上边缘中点施加相同的集中力 F，作平面应力分析。图 5.17 是结构的第三主应力云图（以拉应力为正值，压应力为负值），深色区域拉应力大于 50kPa。相同荷载类似构造条件下，拱结构仅在拱下侧较小区域存在拉应力且应力值较小，梁结构拉应力在轴线方向大面积分布，且应力值存在数个梯级，高于拱结构的拉应力水平。图 5.18 是广义米塞斯应力分布图，在支座附近的拱段等值线与拱轴线近于平行，说明沿着拱轴线方向传递均匀，垂直于拱轴线方向的应力有一定的梯度，整体受力合理，可充分发挥石笼拱结构的抗压能力。

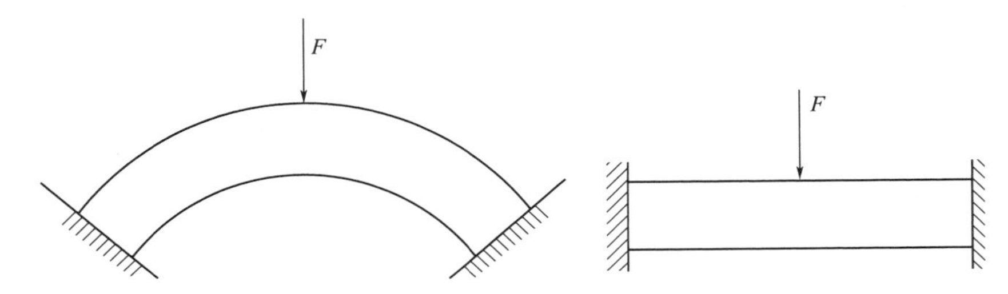

图 5.16　拱和梁结构数值计算示意图

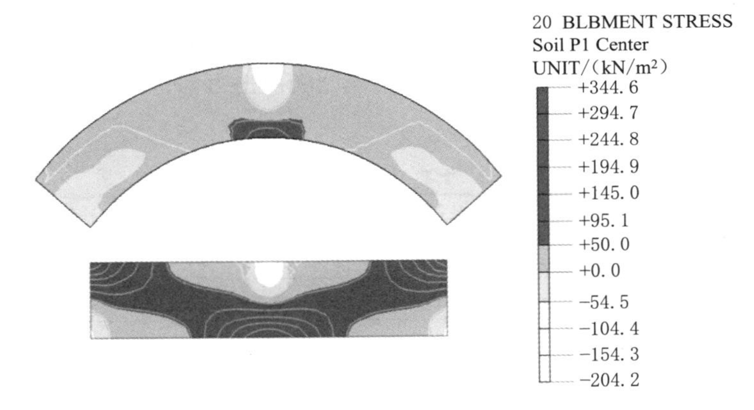

图 5.17　拱和梁结构第三主应力分布图

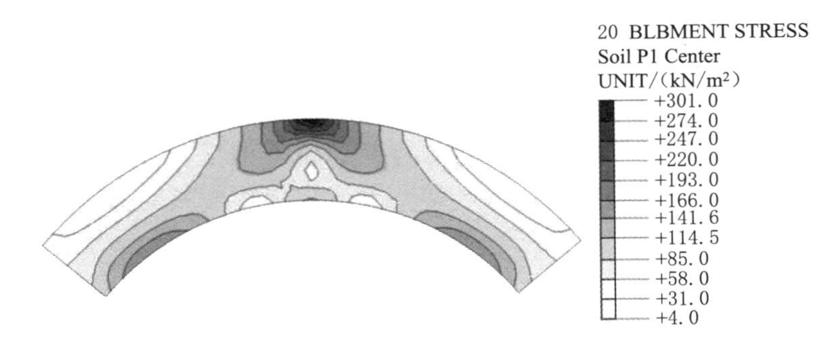

图 5.18　拱结构广义米塞斯应力分布图

从以上数值计算可得：拱形结构相对于重力式拦挡结构受力更合理。在相同的承载要求下，拱形结构可以做得更为轻薄，有效地降低工程量和工程造价。泥石流易发地区的沟床通常为破碎的松散堆积物。重力式拦挡坝主要依赖稳固的基础来抵抗滑动和倾覆，拱形结构更多的是通过两边岸坡的反推力来抵抗冲击荷载。因此拱形结构更能适应泥石流易发区特殊的地质条件。

5.3.2.2 石笼材质过水减压耗散水能

通常在泥石流初期，拦挡坝主要承受泥石流“龙头”的冲击力。泥石流物料在坝前停滞下来后，坝体主要承受泥石流浆体的静压力作用[23]。泥石流按照物理力学特性分为黏性和稀性泥石流。黏性泥石流具有大量的细粒物质，水和泥沙石块凝聚成黏稠的整体，物料中的水难以渗出。若坝体材料不透水且仅设有少量排水孔，泥石流水石分离将更加困难。极大的泥浆压力不利于结构的稳定性，坝基也有渗透破坏的风险。石笼拱有良好的透水能力，可有效减小泥浆压力，这将通过泥石流冲击后结构静力数值计算论证。

此外沟道水流是泥石流起动及运动的重要能量来源，水流在逐个通过各级石笼拱结构，与结构的碰撞掺气也能够耗散一定的水流能量，对水流能量降低至低于引起沟谷侵蚀和泥石流爆发的临界值起到一定的作用。

5.3.2.3 变形自适应减缓冲击力

泥石流龙头具有强大的冲击力，表5.2给出了刚性拦挡坝设计采用的泥石流冲击力P值，以及针对某种等规模泥石流测得的钢索网格坝中部最大冲击力约为9t。从这些数据可知，无论对于刚性结构还是柔性结构，泥石流龙头冲击力都是巨大的，是对拦挡措施的极大考验。

表5.2 泥石流冲击力P值[24]

泥石流规模	石块最大粒径d_{max}/m	冲击力P/(t/m²)
小规模	<0.5	5～6
中等规模	0.5～0.7	7～8
大规模	0.7～1.5	9～10
更大规模	1.5～3.0	11～15
特大规模	>3.0	15～30

文献[25]指出，在块石冲击结构过程中，如果不考虑结构的弯曲变形，则冲击能量主要转化为接触面上的弹塑性应变能，以应力波等形式耗散的能量只占总输入能量的1%～2%，可以忽略。目前计算泥石流中块石冲击结构的方法主要有悬臂梁冲击力计算法和简支梁冲击力计算法。两种方法都要考虑结构弯曲变形，则冲击能量一部分转换成接触面上的弹塑性应变能，另一部分转变为结构的弯曲变形，从而减小块石对弹性结构的冲击力。

据此可知，浆砌石混凝土一类的刚性拦挡坝材料和结构整体的刚度大，通过接触面弹塑性应变和结构的弯曲耗散的能量有限。因此结构承受极大的冲击力，结构内部应力激增迅速达到破坏应力值，应变也容易超过允许值，从而导致结构破坏。石笼结构具有一定的柔性并且容许应变较大，与上游面废旧轮胎共同作用能通过弹塑性变形和弯曲变形耗散部分冲击能量，从而在一定程度上降低迎水面的冲击力，保护坝体免受冲击破坏。通过块石冲击石笼拱动力数值计算验证上述结论。

5.3.3 柔性石笼拱的静力计算分析

泥石流冲击拦挡结构后停滞堆积在坝前，结构承受泥石流堆积物的静态土水压力。为了进一步论证石笼拱结构多孔透水减小坝前压力的特性，以四川北川姜家沟泥石流为例，通过 MIDAS GTS 进行石笼拱结构的静力数值计算。

5.3.3.1 模型建立及参数选取

姜家沟位于擂鼓镇柳林村三社，呈近南北向展布，由北向南流入苏宝河，总长约为 1.60km，汇水面积 0.42km^2，河谷最高点及最高点海拔分别为 1248m、731m，沟谷相对高差为 517m，主沟沟床平均比降 373.67‰。沟谷形态多呈 V 形，原冲沟宽 4～8m，沟床两侧斜坡较陡，地形坡度 25°～55°，少数可达 60°以上。蒋家沟地形陡峻利于降雨的迅速汇集，并且有足够的固体物质补给物源，为泥石流的发育提供了有利的条件。姜家沟所在区域为亚热带湿润季风气候，并且为四川著名的鹿头山暴雨区，降雨充沛，年均降雨达到 1399.1mm，1967 年年降雨最大为 2340mm，日最大降雨量 101mm，小时最大降雨 32mm。2008 年 9 月 23 日开始到 24 日凌晨发生了有记载以来的最大降雨过程，总降雨量 275mm，其中 24 日凌晨 4：00—6：00 累计降雨为 195mm。高强度降雨形成山洪强烈冲蚀地表并侵蚀沟谷[26]。

根据姜家沟的地形地貌建立了简化的计算模型（图 5.19），假定地形为：冲沟底宽 6m，沟床比降 370‰，两侧斜坡对称，坡度为 45°。根据文献资料细化了拦挡结构的具体尺寸规格和布置。周必凡[27]总结了坝后回淤的设计值范围在原沟床比降的 70%～90%。报告中选取沟床比降 370‰的 80%即 296‰。因此对于泥石流堆积体的尺寸，考虑淤积高度达到拦挡坝顶部的最不利情况，假定坝前堆积体回淤坡降 296‰。

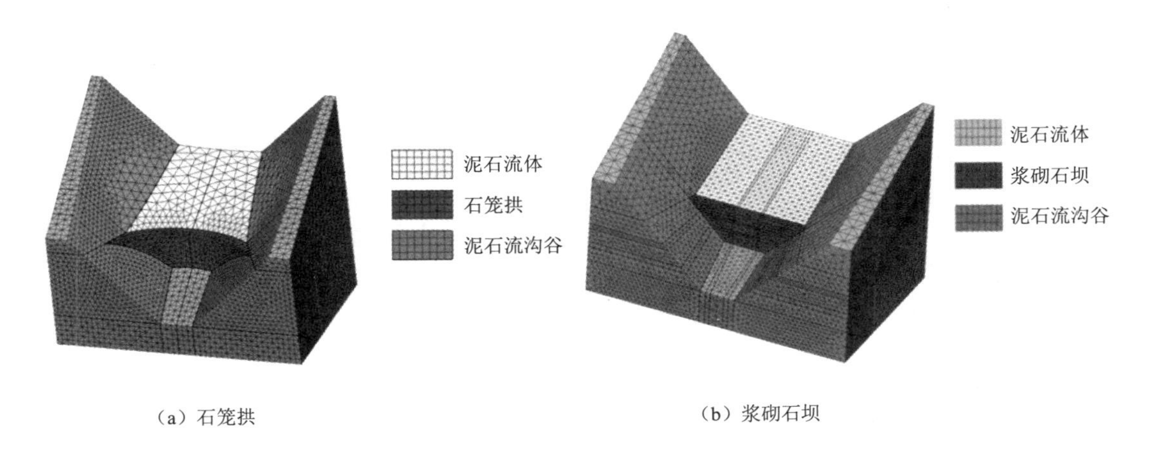

图 5.19 石笼拱拦蓄泥石流静力数值计算模型

石笼拱结构的设置参照谷坊、拱坝的结构特性确定。石笼拱高度为 3m，厚高比取 0.23，石笼拱厚 0.7m。水平拱圈中心角为 100°。为比较材料差异而导致的结构孔压和受力特性的差异，浆砌石坝的边界条件与石笼拱相同，体形不按照常规的设计方案建模，厚度和高度与石笼拱一致，平面式构造，嵌于沟谷中。浆砌石拦挡坝的排水孔设计，参照吴积善关于浆砌石拦挡结构排水孔的布置方式，尺寸20cm×30cm，总计4个排水孔按照方形布置。为了便于计算将排水孔所在位置单元设置为容重小，渗透系数大（k=1m/s）的单元来近似模拟排水孔的排水功能。

材料参数取值见表5.3，基岩渗透系数参照胡卸文等[28]拟定，泥石流渗透系数参考碎石土渗透系数进行假定，石笼拱的渗透系数参照堆石料假定[29]。

表5.3 静力计算材料参数

材 料	模 型	渗透系数/(m/s)	容重/(kN/m³)	黏聚力/kPa	内摩擦角/(°)	弹性模量/MPa	泊松比
基岩	弹性	1×10^{-7}	24	—	—	45000	0.25
石笼拱	莫尔·库仑	1×10^{-4}	15	1000	40	6	0.3
浆砌石	弹性	5×10^{-7}	22	—	—	8000	0.23
泥石流	莫尔·库仑	5×10^{-5}	18	5	10	1	0.32

目前对泥石流体力学特性的研究主要集中在将其视作非牛顿流体，但有限元软件中的模型主要是基于圣维南刚塑性体理论，所以无可参考的饱和泥石流力学参数。部分黏性泥石流为饱和流塑状态的泥浆夹杂粒径跨度较大的粗粒料。流塑状态的泥浆特性与淤泥性质类似，粗颗粒的加入会导致其力学特性有所改变。因此饱和泥石流堆积体的力学参数参照文献［30］中假定。

5.3.3.2 工况设计及结果分析

静力计算工况分为：工况1，石笼拱、浆砌石拦蓄泥石流初期，堆积体还未排水，处于饱和状态；工况2，堆积体中水体部分排出。计算方法：分别对2种工况进行稳定渗流分析，获得相应的孔隙水压力分布（图5.20），再进行静力计算。

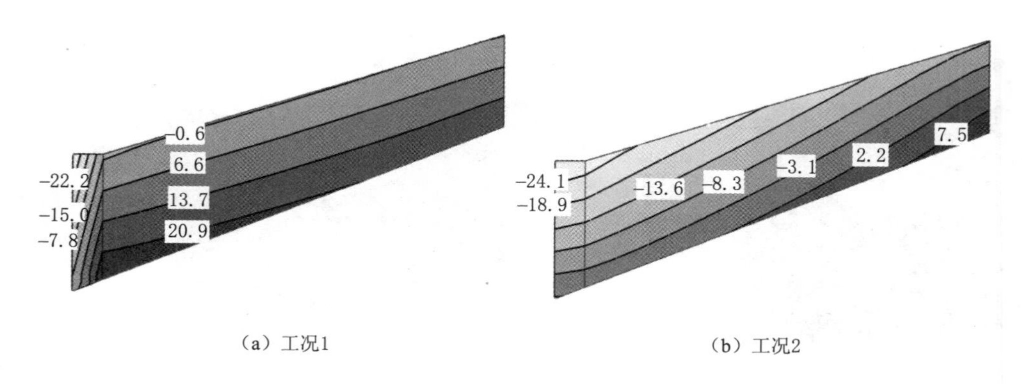

(a) 工况1　　(b) 工况2

图5.20 石笼拱及泥石流堆积体的孔压分布（单位：kPa）

图5.21是将模型沿着河谷中轴面剖开，拦挡坝与泥石流堆积体相应剖面的孔压分布。工况1假定泥石流堆积体中的水尚未排除，堆积体大部分区域处于饱和状态，如图5.20（a）和图5.21（a）所示。工况2假定泥石流堆积体上游边界总水头下降0.8m，进行稳定渗流分

析。对比图 5.20（b）和图 5.21（b）可见，前者由于水体大量排除，孔压急剧减小；后者孔压减少有限，大部分堆积体仍然处于饱和状态。可见，浆砌石透水性差而排水孔泄水能力有限，致使坝前长期承受较高水压力。

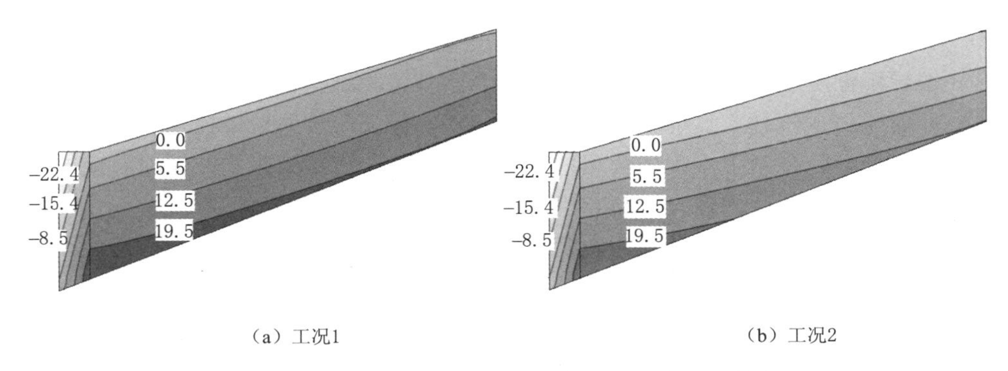

图 5.21　浆砌石拦挡坝及泥石流堆积体的孔压分布（单位：kPa）

图 5.22 为石笼拱和浆砌石坝上游中央位置水平应力沿高度分布图，压应力为正值。工况 1 石笼拱水平应力最大值为 15.0kPa，工况 2 减小到 7.2kPa。最大值大约在 1/3 高度处，这与拱坝在 1/3～1/2 高度处为最大应力值[31]相符。浆砌石坝工况 1、2 水平应力变化很小，最大值分别为 25.3kPa、24.6kPa，远大于石笼拱的水平应力状态。这是由于浆砌石刚度大、透水能力差共同导致的结果。结果表明石笼透水性强可倾泻堆积体中的水，有效减小石笼拱坝前压力，验证了石笼拱坝透水减压、变形自适应的特质。

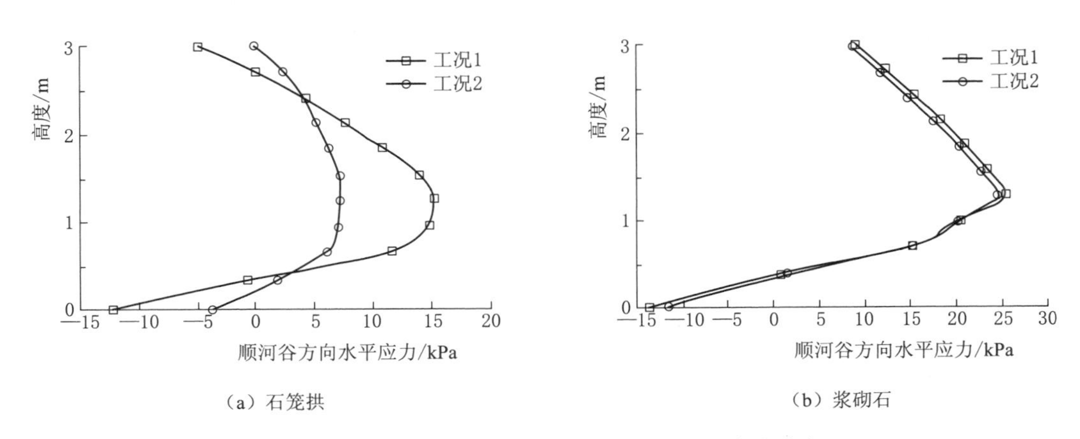

图 5.22　拦挡坝上游面中央位置水平应力沿高度分布

5.3.4　柔性石笼拱的抗冲击动力计算分析

泥石流灾害通常以淘蚀、淤埋和冲击的方式造成危害，其中冲击导致的破坏是最为剧烈的，往往可能对拦挡措施、桥梁以及房屋等产生毁灭性的破坏。通常认为泥石流的冲击力是由块石冲击力和泥浆体的动压力组成[32]。冲击力是泥石流风险程度评价和建筑物抗泥石流强度评判的重要指标，同时也是设计泥石流工程措施的必要参考。众多学者对泥石流冲击力的观测、计算和模拟都作了大量的研究。胡凯衡等[33]在东川泥石流观测站对3个不同深度的泥石流冲击力进行了原位高频采样，获得了完整可靠的冲击力过程线，且整个冲击力数据历时长波形完整。唐邦兴等基于能量守恒理论和一些基本假定给出了泥石流动压力计算公式以及不同粒径和速度大块石撞击混凝土拦沙坝的冲击力值。王强、何思明等[34]基于 Thornton 理想弹塑性接触模型，根据能量守恒原理，考虑桥体防撞墩的弯矩变形，推导了泥石流中大块石冲击力的计算公式。考虑结构弹塑性特性冲击力值小于基于弹性变形的值，更符合实际情况。王秀丽等[35]采用 CFX 流体软件模拟获得黏性泥石流的速度和应力分布，再基于流固耦合理论，通过 ANSYS 软件模拟了黏性泥石流对拦挡坝的冲击过程，获得了相应的应力-应变时程结果。

本研究以四川北川姜家沟泥石流为例，采用 LS－DYNA 显式动力分析模块，以块石冲击拦挡坝的过程近似模拟泥石流对拦挡结构产生的冲击破坏。计算过程考虑拦挡坝的弹塑性变形，设置相应的接触参数，对比分析石笼拱和浆砌石坝受泥石流冲击后的动力响应。

5.3.4.1 模型建立

动力计算同样以姜家沟泥石流为例，沟谷地形条件假设与静力计算相同。为减少单元数量提高计算速度，取地形条件的部分作为拦挡结构的边界约束，河床基岩不参与计算。

与静力计算相同，石笼拱高度为 3m，厚高比取 0.23，石笼拱厚 0.7m，水平拱圈中心角为 100°。模拟中采用最简单方案，考虑废旧轮胎缓冲层的存在，忽略上游面防冲桩、乔木拉索、堆石护脚和下游面生态袋护面。上游废旧轮胎缓冲层简化为薄壳单元参与计算。

泥石流运动特性和物理力学性质复杂，边界不断变化，难以用有限元模拟。泥石流对构筑物的冲击破坏，常常是由泥石流中的大块石冲击所致，巨石的冲击荷载也是引起拦挡坝溃决的重要原因[36]。石块的本构模型便于确定，运动状态明确，所以用巨石撞击石笼拱结构模拟泥石流冲击引起的结构动力响应。调查发现[36]，泥石流搬运到姜家沟下游的大石块较多，最大体积达到 $16m^3$，最大直径 3m，兼顾考虑拦挡坝的高度 3m，将模型中块石直径假定为 1m。据文献[37]中泥石流大块石的速度，假定块石以 4m/s 的水平速度，冲击石笼拱中央约 1.3m 高度处。计算过程持续 0.6s。

为比较材料和构造区别而导致的结构动力响应差异，浆砌石拦挡坝的边界条件荷载与石笼拱相同，体形同样不按照常规的设计方案建模，厚度和高度与石笼拱一致，平面式构造，嵌于沟谷中。计算模型如图 5.23 所示。

5.3.4.2 材料参数取值

表 5.4 为动力有限元计算的材料参数。石笼参考付丹等[38]对石笼单体进行的压缩试验研究结果拟定。废旧轮胎参照罗祥等的数模参数拟定：采用 Mooney－Rivlin 模型，其修正的应变能密度函数方程[39]为

$$W=A(J_1-3)+B(J_2-3)+0.5K(J_3-1)^2 \tag{5.2}$$

其中 $J_1=I_1I_3^{-1/3}$，$J_2=I_2I_3^{-2/3}$，$J_3=I_3^{1/2}$

式中：K 为体积模量；I_1、I_2、I_3 为柯西格林应变张量的 3 个不变量；A、B 为材料参数，模型中 A 取 551kPa，B 取 137kPa。

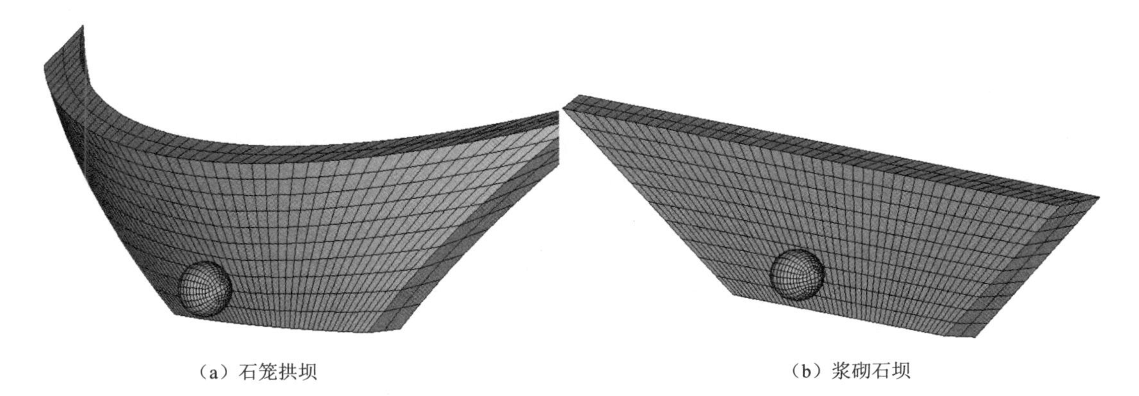

(a) 石笼拱坝　　(b) 浆砌石坝

图 5.23　块石冲击拦挡结构计算模型

参照《浆砌石坝设计规范》(SL 25—2006) 确定浆砌石的参数。浆砌石骨料为标号600的块石，胶结材料选标号50的砂浆，将其视作理想弹塑性模型，用双线性模型近似。块石参照文献 [41] 中给定的常见岩石物理力学指标范围进行选取。由于块石相对石笼和浆砌石有较高的刚度，因此按照理想弹性材料处理。

表 5.4　动力计算材料参数

结　构	材料模型	密度/(kg/m³)	弹性模量/MPa	泊松比
石笼拱	双线性	1500	6	0.3
浆砌石	双线性	2300	8000	0.23
块石	弹性	2500	40000	0.25
废旧轮胎	Mooney - Rivlin	1500	—	0.499

5.3.4.3　接触分析

ANSYS 软件中的 LS - DYNA 程序对不同运动物体的接触不是通过接触单元模拟的，而是采取定义可能产生接触的接触表面，设定接触类型以及和接触相关的参数，从而确保在计算过程中接触面之间不发生穿透，并考虑接触面相对运动时的摩擦力作用。

LS - DYNA 程序的接触-碰撞主要采用三种不同的算法，分别是节点约束法、对称罚函数法和分配参数法。其中对称罚函数最为常用，主要原理是：每一时步先检查各节点是否穿透主表面，没有穿透则对该节点不作任何处理；如果穿透，则该从节点与被穿透主表面之间引入一个较大的界面接触力，接触力大小与穿透深度、主片刚度成正比，称为罚函数值。罚函数的物理意义相当于在从节点与被穿透主表面之间设置一法向弹簧，限制从节点对主表面的穿透。对称罚函数同时再对主节点作相同的处理，算法和从节点一样[42]。

5.3.4.4　数值计算及结果分析

图 5.24 和图 5.25 为石笼拱拦挡坝被块石冲击后在两个不同时刻的位移分布情况，图 5.26和图 5.27 是浆砌石拦挡坝在不同时刻的位移分布情况。可见，石笼拱受碰撞初期，撞击点的位移值最大，然后最大位移逐步向坝顶推移扩散；浆砌石重力拦挡坝在被块

石撞击的初期，碰撞点和坝顶中部的位移都比较大，并逐步发展成为坝顶区域较大范围坝段产生整体向下游的位移。块石撞击作用虽然只对石笼拱产生局部的影响，却能影响浆砌石拦挡坝的整体稳定性。由于动力计算是一个时程过程，云图只能反映某一时刻结构各部分的应力变形等特征的分布情况，但不能给出特征点的应力变形值随时间的变化过程，因此下文对特征数值随时间变化过程进行分析。

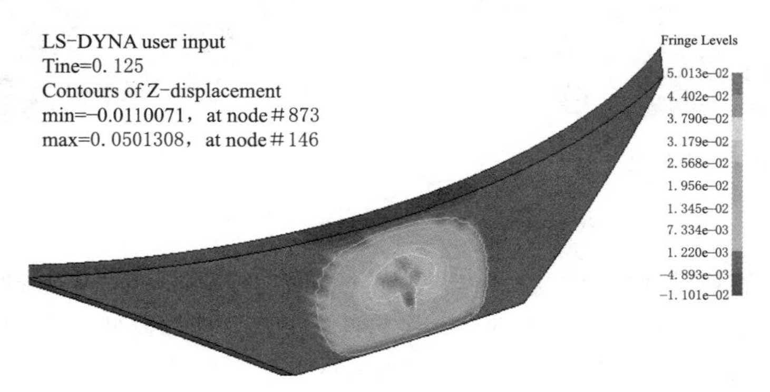

图 5. 24　t＝0. 125s 石笼拱位移云图（单位：m）

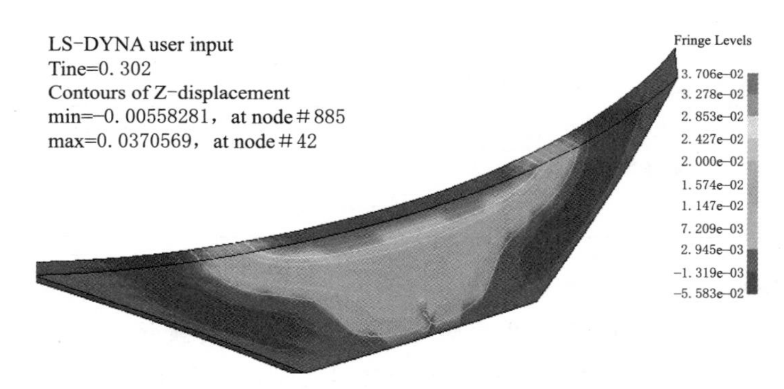

图 5. 25　t＝0. 302 石笼拱位移云图（单位：m）

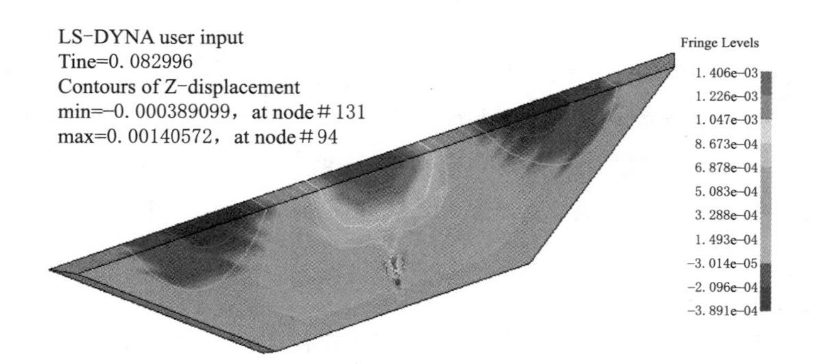

图 5. 26　t＝0. 083s 浆砌石拦挡坝位移云图（单位：m）

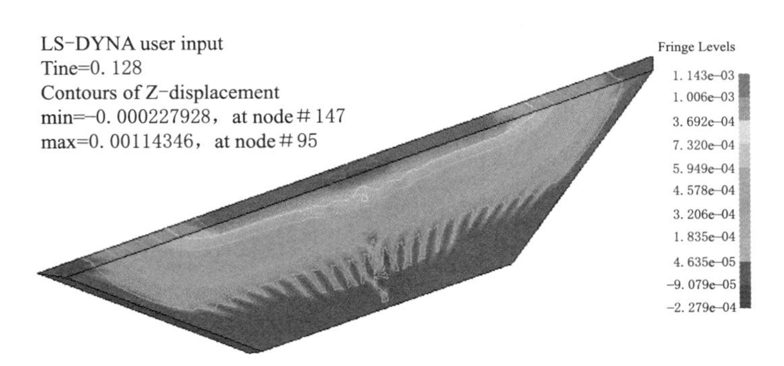

图 5.27 t=0.128s 浆砌石拦挡坝位移云图（单位：m）

图 5.28 和图 5.29 分别为石笼拱和浆砌石结构位移与时间的关系曲线。位移变化选取两个点作为考察：坝顶中央位置上游侧节点、块石冲击点。石笼拱两参考点的最大位移分别是 5.6cm、8.8cm。冲击点位置位移略大，坝顶位移有一定的滞后性。冲击点与坝顶处位移波峰交替出现。浆砌石坝最大位移分别是 0.21cm、0.28cm，位移曲线振荡性明显且频率较高，两处位移的波峰叠加。由于结构整体刚性大，致使两处的位移差异不大。石笼拱位移更大，利于能量吸收，位移峰谷叠加，利于结构整体稳定；浆砌石结构位移震荡性明显、频率高、峰谷叠加。

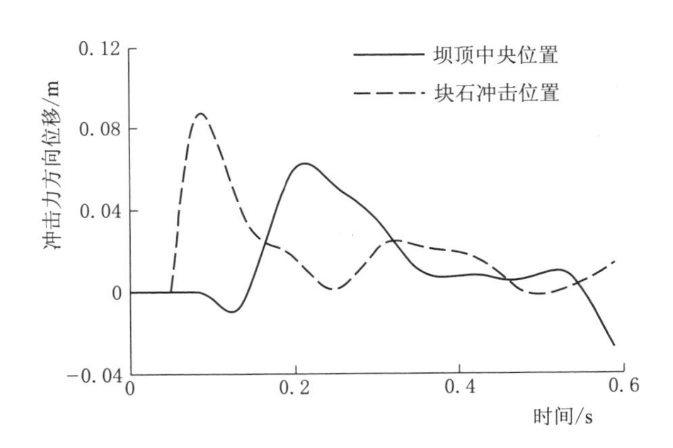

图 5.28 石笼拱结构位移与时间关系曲线

图 5.30 和图 5.31 分别为石笼拱和浆砌石结构冲击力与时间的关系曲线。石笼拱冲击荷载峰值 337kN，历时约 0.07s。块石接触拱结构初期冲击力震荡剧烈，然后逐步趋于平稳缓慢降低。浆砌石坝冲击力峰值 1740kN，远大于石笼拱承受的冲击力，冲击荷载历时极短约为 0.01s。

由于石笼具有变形自适应特性，附加柔性轮胎材料，有效降低了冲击力峰值，延长了冲击作用结构时间历程，从而耗散了石块作用在结构上的部分冲击能量。刚性拦挡坝刚度高、所能允许的变形很小，难以有效吸收冲击能量，降低冲击荷载。冲击作用后刚性结构内部应力激增，容易达到破坏应力而破坏。

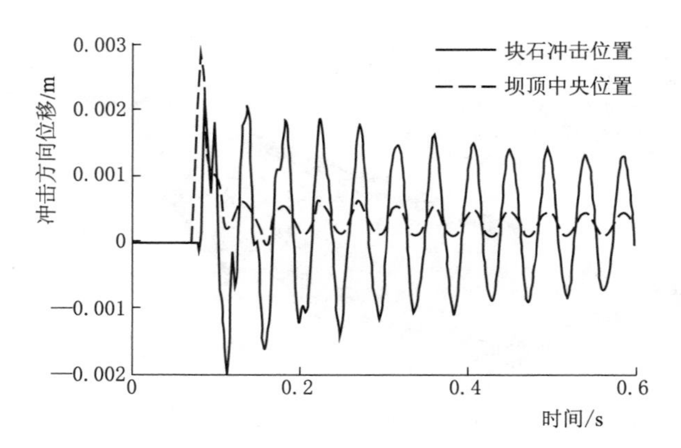

图5.29　浆砌石结构位移与时间关系曲线

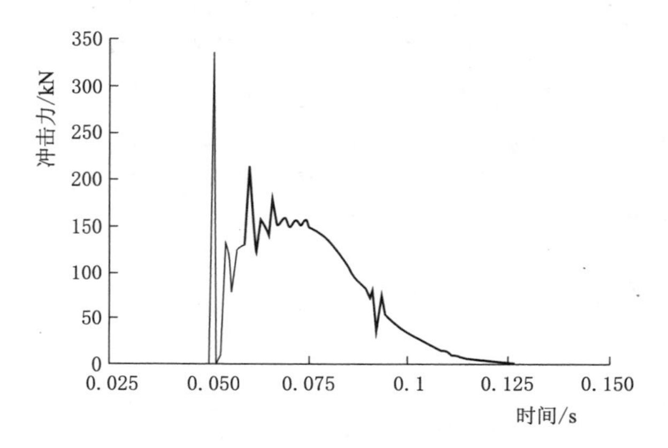

图5.30　石笼拱结构冲击力与时间关系曲线

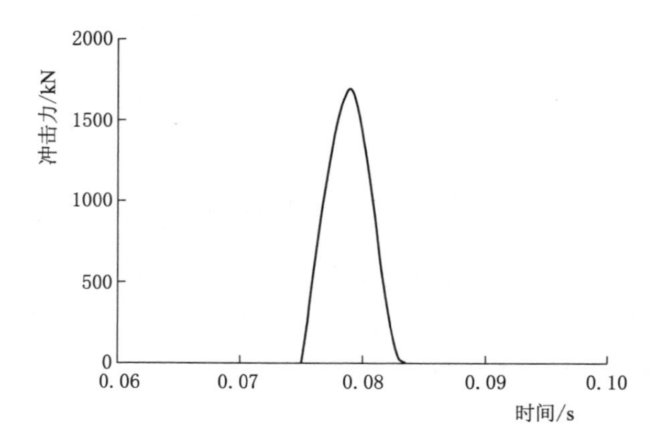

图5.31　浆砌石结构冲击力与时间关系曲线

5.3.5　柔性石笼拱拦挡坝新技术特点

柔性石笼拱拦挡坝技术将生态植被措施和工程措施相结合，并有实现山区生态有机结合的潜力。柔性石笼拦截坝的显著优点在于：拱形构造充分利用材料强度能抵御一定强度的超载；石笼材料和废旧轮胎的柔性变形特点可吸收冲击能量，减小荷载峰值；乔木拉索的柔性约束作用能提高结构的承载能力，避免坝顶产生过大变形；防冲撞耗散泥石流能量，减小了拦挡坝的压力。

石笼拱结构的静力计算表明：石笼拱相比浆砌石拦挡坝可通过渗透作用有效减小拦蓄体的孔压，从而降低了坝前水平应力，避免拦挡结构长期承受较高泥浆压力。石笼拱结构的动力计算结果表明：坝体位移变化情况，石笼拱比浆砌石坝的震荡性小，且坝顶和冲击点峰谷叠加有利于结构的稳定性；冲击荷载的变化情况，石笼拱冲击荷载峰值较小，呈缓慢增加后再逐步减弱的变化态势。总体而言，石笼拱结构抗冲击性能优于浆砌石结构。

5.4 本章小结

本章集成生态袋护岸、废旧轮胎护岸、石笼网护岸等常规的生态护岸技术，形成石笼网装生态袋和废旧轮胎的生态挡墙护岸技术、岸坡水土流失石笼拱生态柔性拦挡护岸等岸坡生态防护新技术。详细分析了上述几种新型生态护岸技术的构造设计、施工方法及技术特色与创新性，为其广泛应用于中小河流域劣化岸坡的防护提供了良好的技术支撑。

参 考 文 献

[1] 关春曼，张桂荣，赵波，等．城市河流生态修复研究进展与护岸新技术［J］．人民黄河，2014.36（10）：77－80.

[2] 何宁，周成，张桂荣，等，石笼网装生态袋和废旧轮胎的生态航道驳岸挡墙及其方法：201310182797.7［P］：2016－05－25.

[3] 陈野鹰，王俊杰．山区河流两岸泥石流形成的机理和力学条件［J］．中国地质灾害与防治学报，2010，21（3）：57－72.

[4] 胡凯衡，葛永刚，崔鹏，等．对甘肃舟曲特大泥石流灾害的初步认识［J］．山地学报，2010，28（5）：628－634.

[5] D. H. Barker. Vegetation and slopes：stabilisation，protection and ecology［M］. Proceedings of a Conference，Oxford，September 1994. London：Thomas Telford，1995.

[6] 王可钧，李焯芬．植被固坡的力学简析［J］．岩石力学与工程学报，1998，17（6）：687－691.

[7] 曾子，周成，王雷光，等．基于乔灌木根系加固及柔性石笼网挡墙变形自适应的生态护坡［J］．四川大学学报（工程科学版），2013，45（s1）：63－66.

[8] 张康，王兆印，贾艳红，等．应用人工阶梯-深潭系统治理泥石流沟的尝试［J］．长江流域资源与环境，2012，21（4）：501－505.

[9] 王兆印，漆力健，王旭昭．消能结构防治泥石流研究——以文家沟为例［J］．水利学报，2012，43（3）：253－263.

[10] 徐江，王兆印．阶梯-深潭的形成及作用机理［J］．水利学报，2004（10）：48－56.

[11] 苏洁．泥石流的生态柔性拱防治方法初步研究［D］．成都：四川大学，2015.

[12] Maccaferri. Maccaferri Retaining Structures［R］. Maccaferri INC，1995.

[13] Ekanayake J C，Phillips C J. Slope stability thresholds for vegetated hillslopes：a composite model

[J]. Canadian Geotechnical Journal，2002，39 (4)：849 - 862.
[14] 中国科学院成都山地灾害与环境研究所．泥石流研究与防治 [M]. 成都：四川科学技术出版社．1989.
[15] 陈社鸿，漆力健，黄华东，等．阶梯-深潭结构旋涡辅助消能机理初探 [J]. 人民黄河，2014，36 (12)：110 - 113.
[16] 李文哲，王兆印，李志威，等．阶梯-深潭系统消能机理的实验研究 [J]. 水利学报，2014，45 (5)：537 - 546.
[17] Mattia Chiara，Gian Battista Bischetti，Francesco Gentile. Biotechnical Characteristics of Root Systems of Typical Mediterranean Species [J]. Plant and Soil，2005，278 (1 - 2)：23 - 32.
[18] Ekanayake J C，Phillips C J. Slope stability thresholds for vegetated hillslopes：a composite model [J]. Canadian geotechnical journal，2002，39 (4)：849 - 862.
[19] Tomomi Terajima，Ei - ichiro Miyahira，Hiroyuki Miyajima，et. al. How hydrological factors initiate instability in model sandy slope [J]. Hydrological Processes，2014，28 (23)：5711 - 5724.
[20] 陈晓清，游勇，崔鹏，等．汶川地震区特大泥石流工程防治新技术探索 [J]. 四川大学学报（工程科学版），2013，45 (1)：14 - 22.
[21] Remaitre A.，Th. W. J. Van Asch，J. P. Malet，et al. Influence of Check Dams on Debris - flow Run - out Intensity [J]. Natural Hazards and Earth System Sciences，2008，8 (6)：1403 - 1416.
[22] 林继镛．水工建筑物 [M]. 5版．北京：中国水利水电出版社，2009.
[23] 中国科学院甘肃省冰川冻土沙漠研究所．泥石流 [M]. 北京：科学出版社，1973.
[24] 兰肇声，曹光尧，姚德基．国外泥石流拦挡坝工程 [C] //泥石流 (2)，中国科学院成都地理研究所，1983：76 - 84.
[25] 何思明，吴永，沈均．泥石流大块石冲击力的简化计算 [J]. 自然灾害学报，2009，18 (5)：51 - 56.
[26] 虞跃，魏良帅，陈廷方．四川北川姜家沟泥石流特征及其防治对策 [J]. 地质灾害与环境保护，2012，23 (4)：5 - 9.
[27] 周必凡，李德基，罗德富，等．泥石流防治指南 [M]. 北京：科学出版社，1991.
[28] 胡卸文，罗刚，王军桥，等．唐家山堰塞体渗流稳定及溃决模式分析 [J]. 岩石力学与工程学报，2010，29 (7)：1409 - 1417.
[29] 许建聪，尚岳全．碎石土渗透特性对滑坡稳定性的影响 [J]. 岩石力学与工程学报，2006，25 (11)：2264 - 2271.
[30] 朱智勇，曹玉苹．温州地区淤泥的工程地质特性 [J]. 西部探矿工程，2006，18 (4)：24 - 25.
[31] 陈慕杰．汕头市区软土的工程地质特性 [J]. 桂林工学院学报，1998，18 (3)：261 - 265.
[32] 刘雷激，魏华．泥石流冲击力研究 [J]. 四川联合大学学报（工程科学版），1997，1 (2)：99 - 102.
[33] 胡凯衡，韦方强，洪勇，等．泥石流冲击力的野外测量 [J]. 岩石力学与工程学报，2006，25 (S1)：2813 - 2819.
[34] 王强，何思明，张俊云．泥石流防撞墩冲击力理论计算方法 [J]. 防灾减灾工程学报，2009，29 (4)：243 - 247.
[35] 王秀丽，黄兆升．冲击荷载下泥石流拦挡坝动力响应分析 [J]. 中国地质灾害与防治学报，2013，24 (4)：61 - 65.
[36] 余斌，杨永红，苏永超，等．甘肃省舟曲8·7特大泥石流调查研究 [J]. 工程地质学报，2010，18 (4)：437 - 444.
[37] 何思明，李新坡，吴永．考虑弹塑性变形的泥石流大块石冲击力计算 [J]. 岩石力学与工程学报，2007，26 (8)：1664 - 1669.

[38] 付丹，郭红仙，等．石笼单元压缩试验研究［C］//第18届全国结构工程学术会议论文集第Ⅱ册，广州：中国力学学会工程力学编辑部，2009：240-243.
[39] 罗祥，石少卿，严庆平，等．利用废旧轮胎防治滚石的数值模拟分析［J］．中国地质灾害与防治学报，2011，22（4）：36-40.
[40] 贵州省水利厅．浆砌石坝设计规范：SL 25—91［S］．北京：中国水利水电出版社，1991.
[41] 徐志英．岩石力学［M］．3版．北京：中国水利水电出版社，2007.
[42] 李裕春，时党勇，赵远．ANSYS 11.0/LS-DYNA基础理论与工程实践［M］．北京：中国水利水电出版社，2008.

第6章　河流岸坡生态防护技术应用与实例

本章围绕河流岸坡生态防护技术这一中心，通过对黑龙江同抚堤防生态护坡工程、南京地区板桥河和新疆地区岸坡生态护岸工程护岸设计、施工及运行的全过程跟踪，重点研究三维土工网垫、石笼网垫、生态袋、废旧轮胎及土工格室及这5种生态护岸结构的抗冲刷性能及对恶劣环境下（寒冷、干旱半干旱区）的适应性能，分析了这五大类生态护岸结构的设计与施工技术要求。三维土工网垫、废旧轮胎与石笼网垫这三类生态护坡结构在施工技术、植被生长、抗冲刷性能、耐久性能及后期维护等方面均具有较为明显的优势。

6.1　砂土岸坡三维加筋生态护坡结构示范工程

植被护坡技术作为一种利用植被涵水固土防冲并同时美化生态环境的一种新技术，在水利工程岸坡防护中得到了广泛应用。但是，随着植草护坡技术的逐渐推广，其固土能力的局限性也体现得越来越明显。经过不断的尝试与研究，土工材料与植草护坡技术相结合的加筋生态护坡结构能够解决生态要求和强度要求的矛盾[1]。现有的加筋生态结构普遍采用的是在坡面铺设土工网垫与种植草皮相结合的加筋方式，通过植物生长达到根系加筋、茎叶防冲蚀的目的，在坡面形成茂密的植被覆盖，在表土层形成盘根错节的根系，有效抑制暴雨径流对边坡的侵蚀，增加土体的抗剪强度，从而大幅度提高边坡稳定性和抗冲刷能力。

6.1.1　砂土岸坡生态防护示范工程

同抚堤防位于黑龙江省抚远县境内，研究区内背水坡岸坡土体为粉土或粉砂，抗冲刷能力较差。在边坡植被未成熟时期，裸露的土壤、植被的种子甚至植物幼苗抵抗雨水冲刷的能力都很弱。护坡示范工程采用3种生态护坡形式，即直接撒播草籽种植、与三维土工网垫联合种植（加筋草皮护坡）、直接撒播草籽后在地表覆盖遮阳网（表面覆盖）。在充分考虑示范区域的气候、土壤、当地植被等特殊情况后，选择高羊茅、小冠花、紫花苜蓿等冷季型草种作为护坡植被。

在护坡工程竣工5个月后，植被生长旺盛；3种岸坡防护措施中，遮阳网覆盖表层土体的措施只在植被生长早期起到了对土体的防护作用，当植被逐渐长高，遮阳网逐渐被植被顶起而整体浮在植被表层，对土体的防护效果大大减小，其后期防护效果类似单纯植被护坡；三维土工网垫和植被联合护坡方案中，植被与网垫之间结合紧密，植物的茎叶穿过网垫网孔生长出来，而根系如同无数铆钉将三维网垫牢牢固定在岸坡上，整体结构抗降雨侵蚀效果良好。

6.1.2 粉砂土加筋岸坡护坡效果原位测试

2017年9月中下旬采用钻孔剪切试验仪对示范工程生态防护效果进行了现场测试，通过与室内直剪试验对比分析，为后续生态防护技术的推广应用提供了翔实的数据支撑。

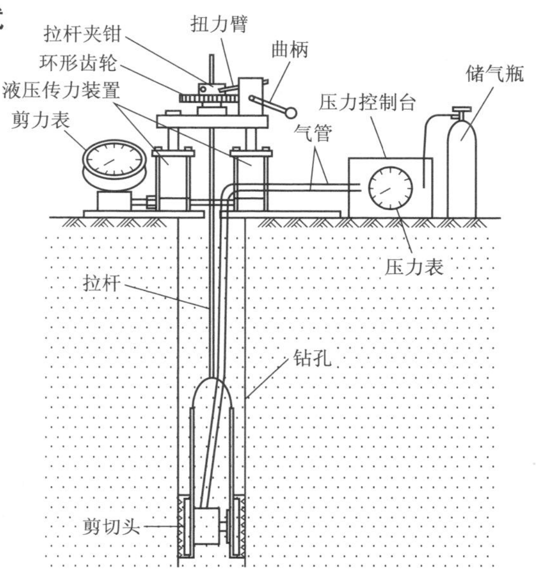

图 6.1 钻孔剪切仪及其试验原理

钻孔剪切试验仪是一种在钻孔侧壁上进行直接剪切试验的仪器。常用的钻孔剪切试验设备主要有美国 Iowa 钻孔剪切试验仪和法国 Phicometer 钻孔剪切试验仪。本次试验采用 Iowa 钻孔剪切试验仪，仪器结构如图 6.1 所示。仪器主要包括剪切头、测量与控制系统两大部分。剪切板面积为 50.8mm×63.5mm。法向压力采用手动加压泵（压力范围为0～300kPa）加压；采用人工转动曲柄提供上拔力对土体施加剪切应力（剪切应力范围为 0～350kPa）。法向压力和剪切应力通过测力仪表读取。

本次现场试验分别在上述 3 种护坡表层、10cm 深度、20cm 深度和 30cm 深度开展土体强度原位试验（图 6.2），并与同期当地植物以及当地裸土强度作对比，分析研究上述 3 种生态护坡形式对土体力学性能的影响。

图 6.2 加筋土护坡效果现场剪切测试

现场探坑结果表明高羊茅根系深度超过 50cm，但大部分根系集中在地表以下 20cm 左右，根系基本上为细密的网状根系，根茎较小，为抗剪型根系[9]，这种根系结构往往与土颗粒结合较多，对浅层岸坡土体稳定性发挥着明显的加筋效果。

现场采用美国Iowa钻孔剪切试验仪对生态护坡进行土体强度试验。采用大型取土器取表层至深度50cm以上的土体，待取土器将试验位置土体取出后，将剪切试验仪安装在洞口，并将剪切头下探至试验高度，加载初始固结压力，并维持15 min，其余各级压力的维持时间为5min，待达到固结时间后以2r/s的速度匀速转动曲柄施加剪切力，测定每级法向压力作用下土体的抗剪强度，根据各级强度绘制曲线，获得不同深度下各护坡结构岸坡土体平均黏聚力和内摩擦角（图6.3）。

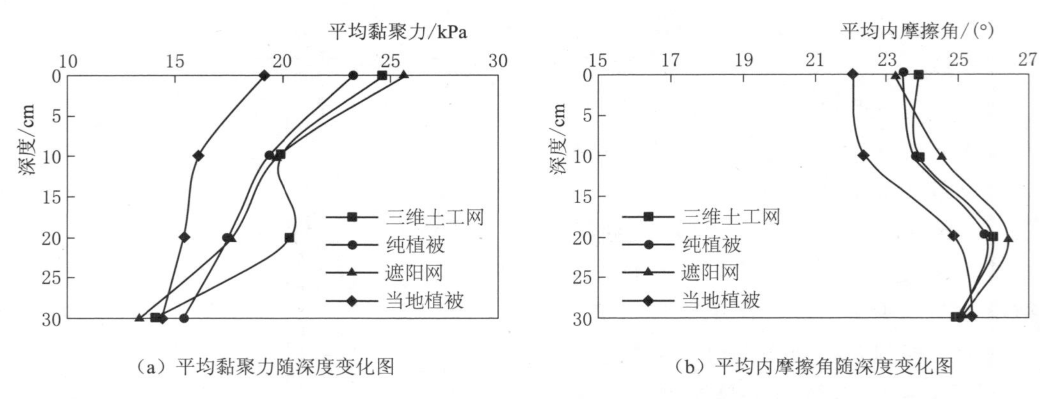

（a）平均黏聚力随深度变化图　　（b）平均内摩擦角随深度变化图

图6.3　不同护坡方式下根系土体力学性质随深度变化曲线

由图6.3（a）可知，在表层土体范围内，采用三维土工网和遮阳网区域内土体黏聚力基本一致，而裸土区域的土体黏聚力稍稍偏小；在深度10～20cm范围内三维土工网区域的土体黏聚力减少幅度最小，其次为遮阳网。结果表明在同一生长周期内采用以上方式处理的护岸坡面植被根系比未作任何处理的植被根系发达；三维土工网和遮阳网对植被的生长有促进作用，其中尤以三维土工网的效果最为明显。植被对土体性质的影响区域主要集中在地面以下20cm左右的深度，随着深度增加，植被根系对土体力学性质的影响逐渐降低。图6.3（b）表明护坡方式与土体深度对内摩擦角的影响无明显规律，根系作用主要表现为增加了土体的黏聚力。

6.1.3　砂土加筋岸坡土体力学性质室内试验

6.1.3.1　根-土复合体抗剪强度室内试验

为深入分析试验段岸坡土体力学性质，在现场采用环刀分别采集了不同防护方式下含植被根系的土样、当地本土植被土样与裸土土样，对比分析根-土复合体抗剪强度变化规律。

采用室内直剪试验获得土体抗剪强度，试验前后的土样情况如图6.4所示。从直剪试验前后土样状态对比，可以直观地看出植被根系对土体的加筋作用。当地裸土由于无植被根系，其自身黏聚力较小，在试验结束后土样完全离散成粉粒状。本地植被表层土样由于有根系加筋的作用，拆解后整体状态保持得比较完整，没有明显的破裂面，沿根系有摩擦痕迹；三维土工网＋植被的表层土样在试验结束后依然能保持完整状态。上述结果表明在外荷载作用下，根土复合体共同受力、协调变形，由于土体与根系在变形模量方面存在着差异，因此土体和根系之间产生相互错动或有相互错动的趋势，这种错动被根系与土体之间存在的摩阻力所抵抗，使根系承受拉力，阻止了土层的侧向变形发展，所以根土复合体有效提高了岸坡土体的抗剪强度。

(a) 试验后三维土工网表层地样

(b) 试验后当地裸土土样

图 6.4 剪切试验前后土体试样状态

三维土工网+植被的区段取样较为完整，取样深度为表层至地下 50cm 范围。将其土体力学特性值按照深度范围绘制图 6.5，可以看出土体黏聚力沿深度方向逐渐降低，这与现场原位试验结果吻合，随着深度增加，植被根系对土体的加筋作用逐渐减小。在一个生长周期内其有效加固深度范围为 20cm，能有效抵抗浅表层土体的径流冲刷破坏。土工网垫与植被根系联合加筋之后存在相互缠绕、互为表里的协作关系，其共同作用效果比单独加筋具有更大的优势。随着植被生长，地下根系网络将会更加发达，加固浅表层土体的能力也将逐渐增强，其与三维土工网垫联合作用将在坡面形成完整的生态防护体系。

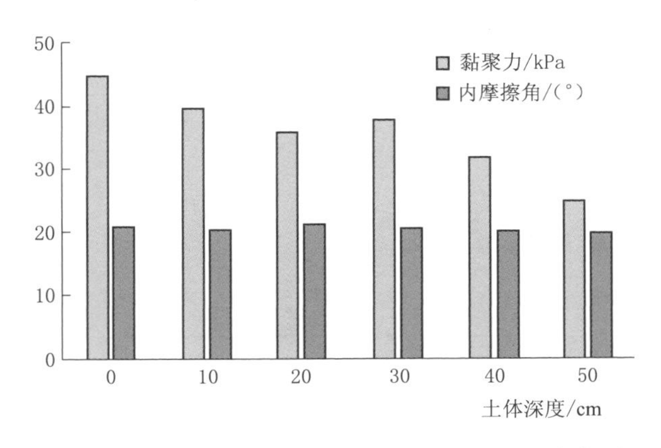

图 6.5 三维土工网区域土体抗剪强度随深度变化图

6.1.3.2 土体含水率对根-土复合体抗剪特性的影响

通过室内直剪试验分析了 5 种含水率状态下根-土复合体（含根量 0.50%）抗剪强度变化规律（图 6.6）。随着土体含水率的增加，根-土复合体的抗剪强度呈现出先增大后减小的趋势，黏聚力对土体含水率变化相当敏感，而含水率的变化对内摩擦角的影响并不明显。究其原因，当含水率较低时，土粒之间、土粒与根系之间接触较为松散，黏聚力小。含水率在适宜范围内增加时，可以增加根-土复合体之间的黏聚力，从而增强其抗剪强度。然而，当含水率增大至超过适宜范围时，土颗粒之间的结合水膜变厚，水膜黏聚力减小，使摩擦强度降低，导致根-土复合体的黏聚力下降，抗剪强度减小，这也解释了示范工程段堤防岸坡在降水冲刷作用下容易发生浅表层破坏的原因。

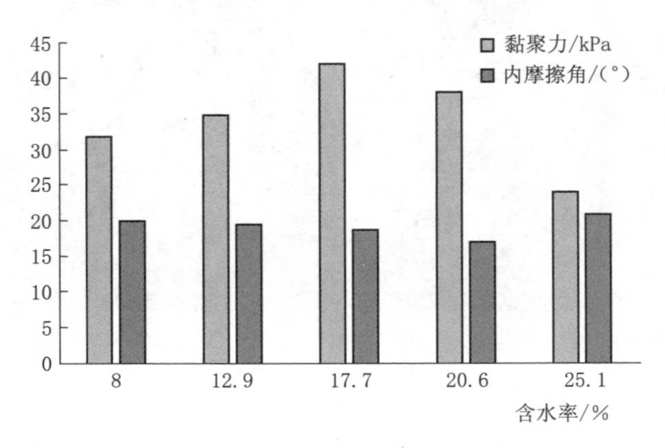

图 6.6　含水率对根土复合体抗剪强度的影响

6.1.3.3　土体含根量对根-土复合体抗剪特性的影响

对于植被根系的固坡机理，学者们普遍从加筋土角度开展试验研究，其中含根量就是一个重要影响因素[2]。为了更准确地研究根系对土体特性的影响，采用现场取样重塑土人工配置植物根系进行重塑土加筋直剪试验（图 6.7）。试样内所添加根系采用现场取回的高羊茅根系，模拟了土层深度 30cm 以内根系含量，并设置素土对照组（表 6.1）。

表 6.1　　重塑含根加筋土直剪试验方案

试样编号	含根量/%	试样含水/%	环刀内土体重量/g
表层	0.92	13	100
地下 10cm	0.52		
地下 15cm	0.35		
地下 20cm	0.22		
地下 30cm	0.12		
素土	0		

注： 含根量为质量百分比与根系质量与干土质量的比值。

图 6.8 为重塑含根加筋土黏聚力和内摩擦角随含根量变化的试验结果。根-土复合体黏聚力随含根量的增大而增大，含根量对内摩擦角的影响并不明显。这是因为当土中含根量较少时，根-土充分接触，含根量增大，根土之间接触面积也随之增大，从而根土之间产生的摩擦阻力作用增强了根-土复合体的抗剪强度。随着含根量增大，土体黏聚力持续增大。当含根量达到或超过 0.5%后，土体黏聚力随着含根量的增加基本不变或略有降低。究其原因，当根系含量超过最优含根量后，因为根系数量过多，根系之间相互交织，致使根系不能与土充分接触，部分根系不能充分发挥其加筋作用，反而

（a）土样烘干

（b）根系处理

（c）根土拌和

（d）制样

图 6.7 含根系重塑土直剪试样制作

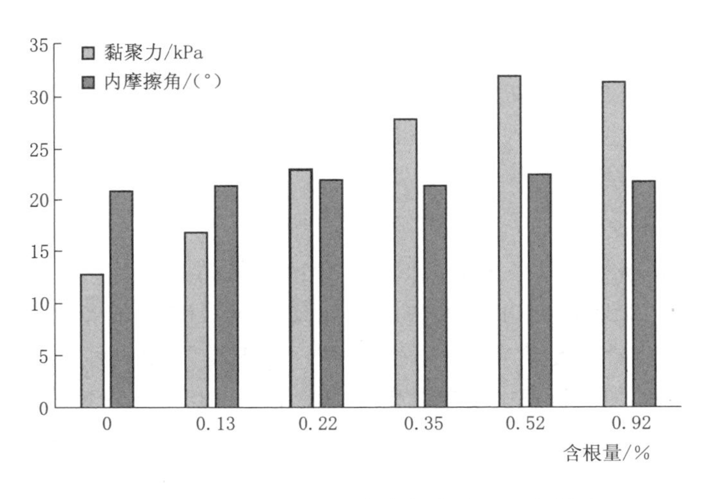

图 6.8 含根量对根-土复合体抗剪强度的影响

因根系间的相对错动导致土体抗剪强度有所降低，即对于重塑草根加筋土，存在最优含根量使其强度最高。

6.1.4 三维加筋生态护坡结构护坡效果

本节针对砂土岸坡单纯植被护坡存在的问题，基于现场试验和室内直剪试验，提出了适合于黑龙江干流堤防砂土岸坡的三维土工网垫与植草相结合的生态加筋护坡技术，在保证工程生态性的同时大大提高了砂性土岸坡的强度。具体结论如下：

（1）分析了不同坡面防护方式的含植被根系土样、当地本土植被土样与裸土土样的抗剪强度变化规律，结果表明植被根系与土工网垫联合加筋时，两者相互缠绕共同作用，因而三维土工网＋植被的护坡方式对土体加筋作用最为明显有效。

（2）三维土工网垫-植被根系加筋效果主要表现为增加了土体的黏聚力，对内摩擦角影响不大；针对寒区高羊茅等冷季型草种，一个生长周期内其根系影响区域主要集中在地面以下20cm左右的深度；随着深度增加，加筋作用对土体力学性质影响逐渐降低。

（3）研究了土体含水率对根-土复合体抗剪强度的影响；随着土体中含水率的增加，根-土复合体抗剪强度呈先增加后减少的趋势，即抗剪强度在一定范围内明显增加，超过一定范围后抗剪强度增加不明显，即存在最佳含水率，最佳含水率范围为17%～18%。

（4）利用重塑含根土研究了含根量对加筋体抗剪强度的影响，随着含根量的增加，土体黏聚力增加，但内摩擦角变化不明显，存在最优含根量使其抗剪强度最高。

6.2 南京市板桥河生态护坡示范工程

板桥河是南京市一条重要的通江河道，全长20.21km，流经南京市江宁区、雨花区，经板桥河闸汇入长江。板桥河雨花台区境内河道长8.38km，是该区的重要泄洪通道。为保护沿河两岸人民群众的防洪安全，适应该区域经济发展的需要，本次对板桥河区界至汤巷沟1.71km河段（桩号K0＋000～K1＋710）进行治理。本工程通过河道拓浚、新建堤防、岸坡防护等，使堤防防洪能力提高到50年一遇。工程主要内容为：拓浚河道1.21km；防渗处理1.308km，新建堤防1.878km，岸坡防护3.386km。岸坡防护工程中分别采用了草皮护坡、生态袋护坡、草皮护坡结合生态袋挡墙、生态袋护坡结合石笼网挡墙等多种生态护岸结构型式。

6.2.1 生态袋护岸技术简介

生态袋于2000年由韩裔加拿大人金博士、中国张逸阳博士共同发明研制，2004年引进中国，2005年在中国大规模推广。生态袋是由聚丙烯（PP）或者聚酯纤维（PET）为原材料制成的双面熨烫针刺无纺布加工而成的袋子，具有抗紫外线（UV）、抗老化、无毒、不助燃、裂口不延伸的特点。主要运用于建造柔性生态岸坡，是荒山、矿山修复、高速公路岸坡绿化、河岸护坡、内河整治中重要的施工方法之一，真正实现了零污染。生态袋护坡工程集柔性结构、生态、环保、节能四位于一体，实现了结构安全和生态绿化的同步，为护坡工程领域的生态环保建设提供了技术保证。

生态袋护岸技术是在生态袋中装入客土，再将生态袋通过联结扣、加筋格栅等组件相互连接，形成力学稳定的软体岸坡。生态袋具有透水不透土的过滤功能，既能防止填充物（土体和营养成分混合物）流失，又能实现水分在土体中的正常交流，植物生长所需的水分得到了有效的保持和及时的补充。植物能在袋体中自由生长，根系穿过袋体进入下覆岸坡土体中，如无数根锚杆完成袋体与土体间的再次稳固作用，时间越长越牢固，更进一步实现了建造稳定性永久边坡的目的，大大降低了维护费用[3]。

6.2.1.1 生态袋护坡组件

三维生态绿色护坡组件主要包括：生态袋、扎口带及满足多向排水功能与强度要求的联结扣等。联结扣的功能是将生态袋单体联结成一个整体，使护坡结构达到安全稳定的构件。生态袋袋体本身是整个生态护坡体系最重要的组成部分，袋体本身的物理力学性能决定了整个生态岸坡的工程质量。

（1）生态袋。生态袋材料为聚丙烯纤维或聚酯纤维；袋体规格一般长 80～150cm，宽 30～40cm，常见规格为 81.5cm×44.0cm、97.0cm×47.0cm、110.0cm×50.0cm；厚度 0.8mm；单位面积质量 140～200g/m^2。其力学参数和等效孔径指标满足国标要求（纵向≥4.5kN/m、横向≥4.5kN/m、CBR 顶破强度≥800N、等效孔径为 0.07～0.2mm）；生态袋装土成型后的体积计算公式为：长度＝生态袋的长度－(12～15)cm，宽度＝生态袋的宽度×0.7，高度＝生态袋的高度×0.4，允许最大偏差为 8%。

（2）三维排水联结扣是三角内摩擦紧锁结构，将单个生态袋联结成整体结构，整体受力，具有科学的稳定性。生态袋的扎口带具有抗紫外线和单向自锁结构功能。

（3）生态袋填充物应根据不同工程、岸坡岩土状况和植被品种的具体要求进行选配，由专业技术单位提供必要的技术和施工方案；根据工程实践，袋体充填饱和度宜控制在 72%～78%。

（4）双向土工格栅要求经向和纬向断裂强力≥50 kN/m，采用面层间设置加筋格栅来连接生态袋和墙后土体。格栅采用反包工艺，以加强面层与墙后填土的稳定性。

6.2.1.2 生态袋表皮植被及土体保护要求

（1）植被覆盖率要求。生态袋表皮植被可通过混播（将草籽预先放在生态袋内的方法）、插播、铺草皮及喷播等方法实现，但无论使用哪种方法，在生态袋施工后 3 个月内均要求植被覆盖率符合以下要求：①常水位以上：≥99%；②常水位以下 300mm 及挺水植被种植区：≥50%。

（2）生态袋中植被生长验证标准。袋内植被（籽）需从生态袋中长出；袋表面铺设植被需扎根进入生态袋。生态袋表皮植物宜充分考虑物种多样性，合理搭配草皮、花卉、藤本、矮灌木、乔木等不同类型的植物。生态袋在整个生态护坡系统中发挥着植生的作用，袋体必须具备透水不透土的过滤功能，既要能防止袋内的填充物流失，又不能完全密封成为封闭结构，要能够实现水分在袋体与袋体、袋体与土体等多层面的高效流动，使得植被生长所需的水分得到有效保持和及时补充。选择生态袋等效孔径和透水性能两个关键指标来反映生态袋植生性能。

等效孔径是指土工织物的最大表观孔径，其合适与否是检验生态袋绿化效果的核心指标。等效孔径同生态袋单位面积质量成正相关。良好的透水性能是衡量生态袋质量优劣的重要指标，袋体填充率及其填充重量是生态袋护岸结构设计时的重要指标。若袋体材料过薄，孔径太大，受雨水侵蚀等作用袋内填充物会大量流失，造成整个袋体单位重量迅速减小，护岸结构力学性能发生巨大变化并导致其逐渐坍塌破坏；如果袋体材料过厚，孔径太小，一方面袋体透水能力降低，当水分逐渐渗入袋体时，其单位重量将大大升高，岸坡中静水压力增加，导致岸坡变形或垮塌。另外，孔径过小会阻碍植被生长以及根系延伸。

基于以上原因，在生态袋护坡设计中需综合确定袋体等效孔径的范围。目前，国内大部分厂家生产的生态袋袋体等效孔径检测结果均为0.07～0.2mm，国家建筑材料测试中心对国内主要生态袋生产厂家进行袋体采样检测及分析，并结合生态袋护岸工程实践，得出以下结论：当0.15mm$\leqslant Q_{95}\leqslant$0.20mm时，垂直渗透系数$k_v\geqslant$0.12cm/s时，基本可以保证生态袋内的填充物不会流失；同时，上述指标确保了袋体良好的透水性能，基本能实现袋体内外水分自由流通的功能，又便于边坡内积水的及时排出，保障了护岸结构的稳定。因此，建议在实际生态袋护岸工程设计中，尽量使用等效孔径在该范围内的生态袋。

针对以上机能，参照《土工合成材料应用技术规范》(GB 50290—1998)，对袋布的保土性、透水性、防堵性提出要求。

6.2.1.3 生态袋护岸工程质量与生态袋物理力学性能

良好的力学性能是生态袋必须具备的最基本性能。考虑到生态袋在护岸功能中所起的力学作用及其要承担的荷载，根据调研多个成功应用生态袋的河道案例，结合厂家提供的资料，选取以下指标作为生态袋的主要控制指标：①纵横向断裂强度不小于8kN/m；②纵横向撕破强度不小于220N/m。

当岸坡比较陡峭，生态袋所构筑的挡墙结构需通过生态袋布起加筋作用才能稳定时，应根据力学计算，对生态袋布的标称断裂强度作出要求，且应对小变形时（如10%延长率）的抗拉强度作出规定，具体需根据实际结构进行分析计算，生态袋的其余力学指标根据工程实际情况进行选配。建议采用袋体拉伸性能、撕裂强度、抗冲击性能作为生态袋的主要控制指标[4]。

(1) 拉伸性能。生态袋袋体拉伸性能一般用宽条拉伸强度和袋体握持强度来表征。

1) 宽条拉伸强度：反映袋体在纵横向单位宽度范围内能承受的外部拉力，以及相应方向的最大延展性。与传统加筋挡土墙使用的钢筋、混凝土和石块等刚性材料相比，生态袋的抗拉强度明显优于其他材料。

2) 握持强度：表示袋体抵抗外来集中荷载的能力，可以选择测试相应的横、纵向握持强度。生态袋等土工织物对集中荷载的扩散范围越大，则强度越高，在工程实际使用时就能承受更大的外部集中荷载[5]。

(2) 撕裂强度。该强度是衡量生态袋加筋挡墙抗倾覆性、抗滑性等的重要指标，其测值为沿袋体某一裂口将裂口逐步扩大过程中需要的最大拉力，能真实反映袋体在遭受破损时抵抗破坏的能力。

(3) 袋体抗冲击性能。袋体抗冲击性能主要测试生态袋等土工织物抵抗外部冲击荷载的能力。工程实践中，根据实际工程的外部环境特点甄选胀破强度、CBR顶破强度、圆球顶破强度来反映该性能。

6.2.1.4 生态袋老化性能

在覆盖度较好的情况下，生态袋可以抵抗紫外线的侵蚀，不会发生质变或腐烂，具有不可降解并可以抵抗虫害的侵蚀、抗老化、无毒、抗酸碱盐侵蚀及微生物分解等特性。

生态袋护坡通常应用于河道护坡、高速公路边坡绿化、山体修复等，一般不会频繁翻修。因此，在生态护岸设计中要求生态袋护坡工程寿命最少应达到 30 年，这对袋体的抗老化性能提出了较高要求。考虑到在实际工作环境中生态袋老化最主要的原因是太阳光紫外线照射，如能在施工完毕后的较短时间内就有植被覆盖，避免阳光直射，就能很好地延长生态袋袋布的使用寿命。

6.2.2 生态袋护坡结构及防护效果

6.2.2.1 护坡结构设计与施工

板桥河岸坡防护全线采用了生态袋护坡及挡墙结构，具体结构型式如图 6.9 和图 6.10所示。生态袋护坡技术主体结构包括生态袋、排水联结扣、加筋格栅及植被等。相比作为辅材的三维排水联结扣和加筋格栅，生态袋袋体本身是整个生态护坡体系最重要的组成部分，袋体本身的物理力学性能决定了整个生态岸坡的工程质量。本次试

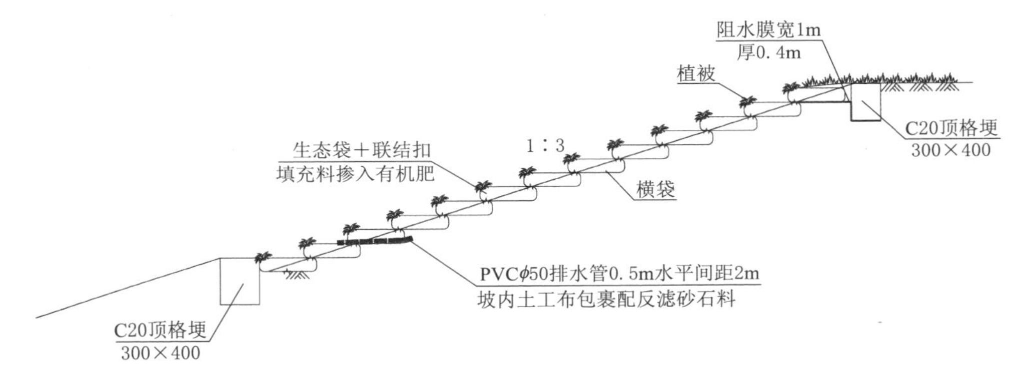

典型断面图（1∶50）

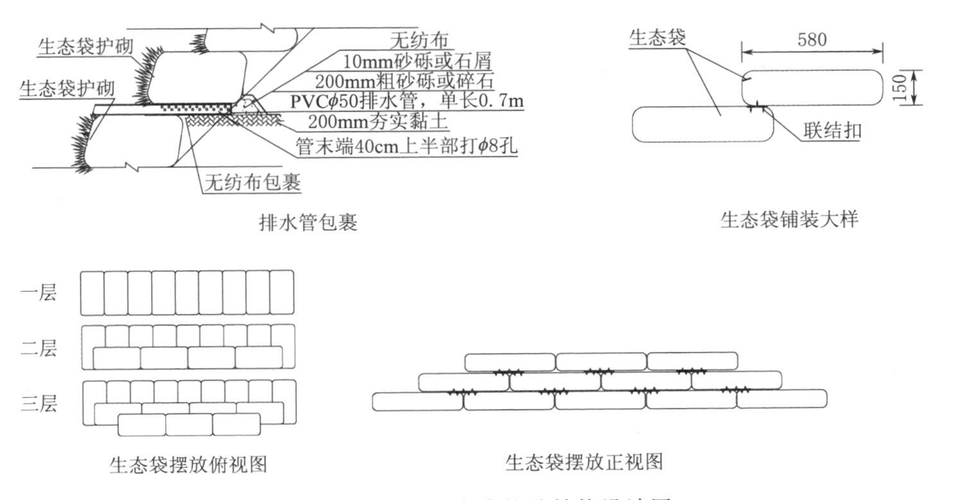

图 6.9 生态袋护坡结构设计图

验段中使用的生态袋有两种：①袋体质量 152g/m²，尺寸 110.0cm×50.0cm，纵向拉伸强度 9.5kN/m、横向拉伸强度 9kN/m、CBR 顶破强度 1900N、等效孔径为 0.12mm；②袋体质量 110 g/m²，尺寸 110.0cm×50.0cm，纵向拉伸强度 4.3kN/m、横向拉伸强度 5.4kN/m、CBR 顶破强度 1500N、等效孔径为 0.18mm。挡墙中布设了排水管，排水管采用 PVC50 型，管端用 200g/m² 反滤土工布包裹，管端向外坡度 5%，呈梅花状布置，间距 2m；阻水膜向外坡度为 5%。

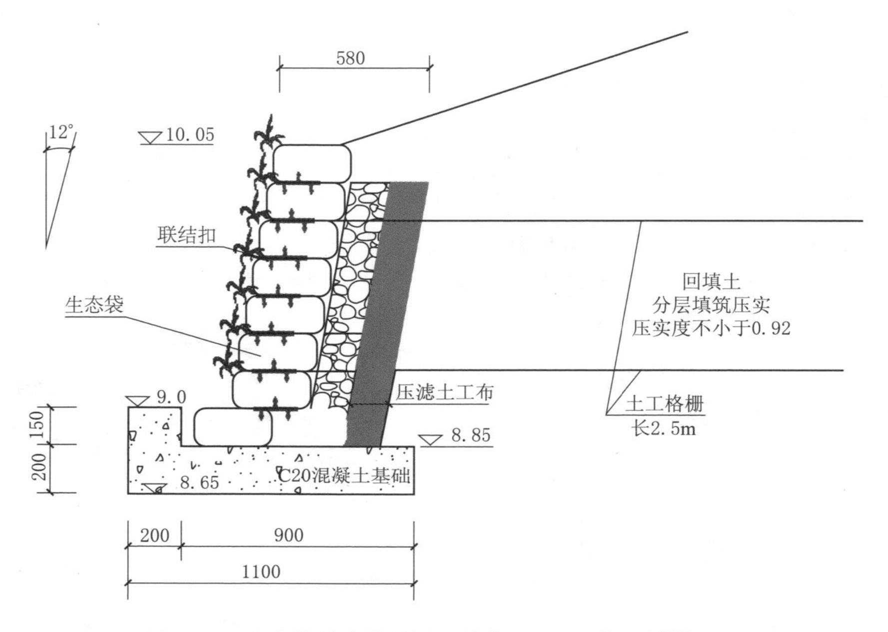

图 6.10 生态袋挡墙设计图（单位：mm，高程单位：m）

生态袋挡墙设计与施工要点（图 6.11）：①生态袋挡墙垒砌时由低到高，层层错缝摆砌；②生态袋垒砌时水平面向坡外倾斜 5%，便于平台排水和快速滤水；③生态袋埋在基底的数量典型比例是 1∶8，即在地面以上每 8 层需在地下埋设 1 层；④墙后回填土：建议每放置一层生态袋即压实墙后填土，这样可保持墙体笔直并能控制回填土压实状况；⑤混凝土基座并非必需，因为生态袋加筋柔性挡墙能适应基准面的缺陷和较大变形，设计人员可根据实际工程确定是否需设置混凝土基座或其他型式的基座。

6.2.2.2 植被种植技术与效果

(1) 活枝插播种植技术［图 6.12 (a)、图 6.13 (c)、图 6.13 (d)］。在生态袋中顺坡向和沿坡向每隔 0.5m 插入活柳条、迎春花、常春藤等，顶端稍微出露，并与坡面保持垂直。该种技术适用于乔、灌、花类植物，使植物层次丰富，也可构筑各色图案。

(2) 袋内夹层种植技术［图 6.12 (b)］。该种技术是选用特殊的生态植被袋，将选定的植物种子通过两层木浆纸附着在生态袋内侧，加工缝制或是胶结而成。施工时在袋体内装入现场配置的可供植物生长的营养土或经处理后的疏浚土，封口后按照施工要求堆砌，结合后期的洒水、养护即可实现植被恢复和生态防护。

图 6.11 板桥河生态袋护岸结构施工中

(a) 插播种植技术

(b) 内附营养土夹层种植技术

(c) 生态袋表面抹草籽种植技术

图 6.12 板桥河试验段 (生态袋护坡) (完工后 5 个月)

（a）板桥河生态治理工程全貌

（b）生态袋挡墙护坡

（c）生态袋挡墙处生长茂盛的扦插植被

（d）袋体上扦插的植被根系

（e）生态袋挡墙处生长茂盛的狗牙根

（f）生态袋挡墙处生长茂盛的狗牙根（涂抹草籽）

图 6.13　板桥河试验段（生态袋护坡）（完工后 1 年）

（3）表面抹草籽种植技术［图 6.12（c）、图 6.13（e）、图 6.13（f）］。该种植技术是将黏合剂、细粒填土与草籽、花籽混合，均匀涂抹在生态袋表面，并覆盖无纺布等覆盖物并根据天气情况洒水保持湿润。该种植技术草籽发芽率高，覆盖效果好。

从生态岸坡工程运行2年多的情况来看，活枝插播种植技术和喷播种植技术效果较好，成活率高，根系入土深；两种技术相结合在生态袋挡墙上从上至下营造了较为丰富的植物层次。南京地区生态护岸活枝插播最适合的植物为常春藤，用于生态袋挡墙的垂直绿化效果非常好，枝叶稠密，对生态袋具有较好的保护作用。喷播种植技术最适合的植被为狗牙根，狗牙根为南京本土植被，繁殖能力和侵占能力强，耐践踏，易在短时间内形成占绝对优势的植物群落。狗牙根地下茎分布在15～20cm土层中，对岸坡浅层土体具有良好的加固效果。表6.2列出了生态护岸中植被种植常用方式的优缺点。

表6.2 生态护岸植被种植方式优缺点

种植方式	具体种植技术	优点	缺点	造价/(元/m^2)
插播	常青藤、爬山虎、凌霄，按墙顶一层、墙面三层间隔插播	成活率较高，根系入土深，植物层次丰富	损坏袋体	20～25
夹层种植	带可降解的隔层袋	造价低	出苗效果不好	5
喷播种植	将黏合剂（或泥浆）、细粒土与草籽、花籽混合，均匀涂抹在生态袋表面，并覆盖无纺布等	施工简单	出苗不均匀	10
穴播种植	在生态袋上扎孔，播种种植	种子用量省，出苗均匀	施工进度慢，损坏袋体	15

6.2.2.3 植被养护问题

（1）出苗前的养护。当播种完成后及时覆盖无纺布、草帘子等遮盖物。覆盖目的：一是防止雨水冲刷；二是防止水分蒸发过快；三是保温利于种子发芽。根据天气情况向坡面喷洒水，确保无纺布湿润（晴天每天至少喷洒2～3遍，阴天2遍），进一步保证种子萌发。

（2）出苗后养护。当种子正常发芽后，生长到3～4cm（约20d）时可撤掉遮盖物。根据当地的气候情况进行喷洒水，每3天1次，喷洒水时要保证足量、喷洒均匀、全面，喷洒时喷头不能直接冲刷局部或者整个坡面。直到植物覆盖整个坡面（约60d后），根系深入生态袋内土层，进入正常生长期养护阶段。

（3）正常生长期养护。当植物覆盖整个坡面（种植后约60d）时，进入正常养护阶段，正常的养护管理主要包括施肥、浇水、病虫害防治等几个方面。

6.2.2.4 生态袋护岸结构设计与施工难点问题

通过在本试验段的应用，结合生态袋护坡结构应用于其他地区的中小河流治理工程案例，归纳总结出生态袋护岸工程质量主要受以下几个因素影响：①生态袋的品种、规格、技术指标与袋体内充填的土质及附属件的质量、指标等；②加筋材料的品种、规格和技术参数；③生态袋挡墙上植被根系入土深度，植被覆盖度情况等；④墙后回填料的土质、回填的密实度、饱满度及重量或体积的均匀性控制；⑤砌筑工艺，分层、错缝联结扣的安放等。

另外，总结了生态袋护岸技术设计砌筑工艺中的几个难点问题及其解决方案。

（1）袋内填土重量和充填度问题。袋体填土重量与充填度直接影响护岸结构的稳定性，解决方案是对填袋土进行筛选与处理，尽量保证土料颗粒级配良好；各袋装土料基本一致；封口扣的位置基本相同。

（2）袋体密实度与平整度问题：砌筑过程中采用木槌分层夯实，以保证每层的平整度；联结扣交错嵌扣；采用局部调整生态袋的堆放位置、方向及装填土量避开护坡结构的通缝。

生态袋护坡结构目前在岸坡生态防护工程中应用较为广泛，但是其存在经过长时间雨淋、冻融后会塌陷，并随时间变化生态袋本身的强度会逐渐降低等问题，目前国内外在该结构耐久性与稳定性方面缺乏系统研究。影响生态护岸材料耐久性能的指标较多，在工程实践中，需重点分析哪些指标与岸坡工程质量联系较为密切，并进一步分析其在复杂外界环境（降雨、紫外线照射、冻融等）下的变化规律。在后续研究中将通过积累更多的现场监测数据和室内测试数据，直接利用生态袋的物理力学性能指标作为评价生态护岸工程质量的重要依据，为护岸效果评价提供直观可信的基础数据。

6.2.3　石笼网垫护坡结构及防护效果

6.2.3.1　护坡结构设计与施工

石笼网垫是一种柔性护坡结构，适用于坡面防冲刷领域，比较常见的有河道边坡防护、河底防护、消浪防冲工程等，并能适应一定程度的不均匀沉降。该护坡结构是由机编双绞合六边形金属网面构成，装入块石等填充物，厚度远小于长度和宽度的扁平状柔性垫形工程构件（图6.14），厚度一般为0.17～0.3m，具有抗冲刷能力强、自透水性、整体性强、地基适应性强、抗风浪性强、施工简便、造价低廉等特点，其多孔隙结构易于生物栖息。在强度与耐久性能方面，石笼网垫采用特有的高品质钢丝及镀层处理方式使其具有良好的耐久性能，采用厚镀高尔凡（5%铝锌合金＋稀土元素）或厚镀高尔凡覆塑的防腐处理能使其设计寿命达到50～100年。板桥河岸坡坡脚处采用了石笼网垫的防护结构，其施工过程如图6.15所示。

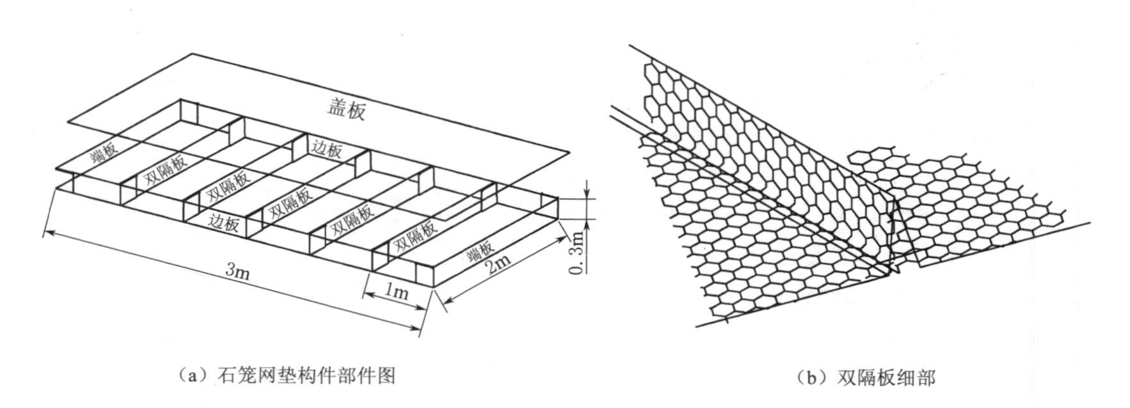

（a）石笼网垫构件部件图　　（b）双隔板细部

图6.14　镀10%铝锌合金石笼网垫（双隔板）细部示意图

6.2.3.2　石笼网垫护坡结构生态效果

从图6.16可以看出，施工结束1年后岸坡坡脚石笼网垫上植被生长仍然稀疏，低水位时裸露出的石笼网垫对河道景观影响明显。图6.17是江心洲试验段生态护岸工程，石笼网垫下土层基本为岸坡原状土，含有大量的芦苇根系及其他植被根系和种子。岸坡坡脚铺设石笼网垫 5 个月后植被从网垫块石缝隙中长出，长势良好，营造出优美的岸坡生态环境。建议后面类似工程施工时可在下覆土体中埋入芦苇等水陆两栖植被的根系或种子，施工结束后植被能在网垫石块缝隙中生长，以实现固土、绿化与净化水质的多重效应。

（a）高品质钢丝网

（b）施工过程

图 6.15 石笼网垫护坡结构施工过程

（a）完工5个月后

（b）完工1年后

图 6.16 板桥河试验段（石笼网垫）完工效果图

图 6.17 江心洲试验段（石笼网垫）完工 5 个月后效果图

6.2.4　石笼网挡墙护岸结构及防护效果

6.2.4.1　护岸结构设计与施工

石笼网挡墙适用于有生态景观要求的护岸挡墙、河道衬砌、堰体等支挡及防冲刷工程。挡墙理想高度不超过 6m，因为重力式结构墙高越高，其断面也越大，耗材越多，那么经济性的优势就逐渐削弱。在基础方面，石笼网挡墙对地基的承载力要求比传统刚性挡墙低。对于软弱地基，由于石笼网挡墙能够适应一定程度的不均匀沉降，因此通常只需要进行简单的处理提高承载力即可。对于地形没有严格的限制，各种宽度的河道均可采用此护岸形式。根据不同的水质环境选择最合理的镀层形式，一般水质条件下采用镀高尔凡格宾，对于有污染或者水流中夹带大量泥沙即对金属丝有破坏的工程建议采用镀高尔凡覆塑金属丝。

图 6.18　石笼网挡墙护岸施工现场

在雨花区和江宁区交界处的板桥河左岸采用了石笼网挡墙护岸结构，总长 0.26km（图 6.18）。具体型式为：坡面设有格宾网箱挡墙，墙顶高 9m，墙前填土高 7.3m，墙底设 C20 素混凝土底板，墙后设 2m 宽带栏杆平台，平台地面高 9m，平台以上、挡墙以下坡比均为 1∶3，平台以上至坡顶设生态袋护坡。

6.2.4.2　石笼网挡墙结构生态护岸效果

图 6.19 为石笼网挡墙完工后的远景图片，该种生态护岸结构型式对保持岸坡土体与河流的水体交换、抵御水流对岸坡的冲刷等具有重要意义。但是，从现场情况来看，低水位时挡墙一直裸露，与周边绿色岸坡不协调。建议可在挡墙顶部覆土（30cm 左右）扦插爬山虎、迎春花、常春藤等藤灌植被，遮挡低水位时裸露出的挡墙，美化环

图 6.19　石笼网挡墙远景（完工 1 年后）

境。另外，建议在施工条件允许的情况下，将挡墙型式设计为外退式或宝塔式，这样可在台阶上覆土种植植被，亲水效果更好。

6.2.4.3　石笼网挡墙护岸技术设计与施工难点问题

通过在本试验段的应用，结合石笼网护坡结构应用于其他地区的中小河流治理工程案例，总结了石笼网护岸技术设计、施工和验收中的几个难点问题。

（1）部分检测指标检测困难，例如填充率，设计时参考类似工程经验及厂家提供的资料，确定石笼网挡墙的填充率为70%，换算成容重1.7t/m^3，和块石的自然容重基本一致，经现场实测填充率能达到75%以上。此指标只能在施工过程中现场实测，测量费工，复检时必须进行破坏性试验，检测难度较大。

（2）石笼网挡墙填筑时，为追求表面的平整度和美观，表面块石采用大面朝外的立砌，易在加载后造成块石的滑动，石笼网网外鼓沉降等问题。

（3）网片与网片间、网箱与网箱间的铰接采用隔10～15cm单圈-双圈交替手工绞合，由于受到设备的限制，国内通常采用手工绞合，施工质量较难控制，是网箱的薄弱环节。

（4）铰接缝应错缝链接，由于铰接缝是薄弱环节，错缝链接可以避免薄弱面集中，由于本次试验段未错缝的要求，施工中铰接缝上下贯通。

（5）石笼网挡墙应分层填筑，由于在施工过程中石笼网挡墙会在重力的作用下产生侧向变形，分层填筑可以使挡墙在纵向两侧有约束的情况下减少施工中的变形，分段分单元填筑时会使挡墙向无约束一面倾斜，造成墙顶不平。

（6）石笼网挡墙墙体本身一般会产生不超过墙高2%的沉降变形，变形的大小受施工质量及填充率的影响较大，在网箱订货及施工过程中应预留沉降量。

6.3　新疆北部地区大比尺冲刷模型试验段生态护岸

6.3.1　大比尺模型试验段岸坡护岸结构设计

北疆地区生态护岸模型与第2章中的裸土岸坡冲刷模型基本一致，将35m长的左侧岸坡分4个填筑区域，填筑料均为砂砾石，左岸坡比为1∶1.5，渠高1.5m，由硬质混凝土、废旧轮胎、生态袋、裸露黏土4种护岸形式组成，其中硬质混凝土岸坡12m、废旧轮胎8m、生态袋岸坡6m、裸露黏土岸坡8m。渠底宽20cm，右侧岸坡坡比也为1∶1.5，渠高0.6m，均由水泥砂浆抹面构建。4种护岸形式布置如图6.20所示。

（1）硬质混凝土护岸结构。为了与生态护岸结构对比分析，在砂砾石土岸坡基础上回填黏土，并在岸坡上浇筑1.5m×12m×0.6m的整体混凝土面板，以保证岸坡发生冻胀融沉时面板随之呈现隆起、开裂等变形。

（2）废旧轮胎护岸结构。该护坡技术适用于防治季节性冻土岸坡冻胀融沉引起的变形破坏，并有效进行废旧轮胎资源化处理。轮胎生态护坡选用废旧汽车轮胎，基本型号为185/65R15，其外直径60cm左右。废旧轮胎护坡施工过程主要包括以下步骤：

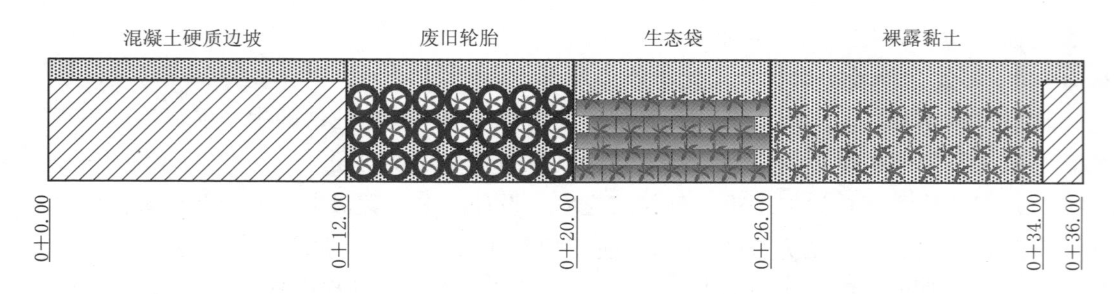

图 6.20 大比尺模型试验段生态护岸结构布置图

1）轮胎铺设。从岸坡坡脚向上依次铺设废旧汽车轮胎。轮胎铺设前，在轮胎的轮花中部钻取4个孔洞，孔洞在轮圈上呈90°均匀分布。轮胎在坡面垒砌摆放时，挂水平线施工，由低到高安装，轮胎间通过孔洞用$\phi10$不锈钢螺丝连接固定，并在每个轮胎侧边开口，以保证轮胎内能填满回填土。

2）轮胎内填充材料。轮胎内填充材料时，采用现场取土填充轮胎内腔，需清除碎片、根系、树枝及直径超过50mm的石子和其他有毒物质。

3）植被种植。根据新疆试验段现场实际情况，直接取用斜坡上的野生植被种植。现场带土挖取生长茂盛的植被，根系预留长度为5cm左右。垒砌轮胎时，直接将植被种植于轮胎缝隙和空腔处，并覆土至轮胎上沿，洒水养护。

（3）生态袋护岸结构。

1）袋体填充材料。采用现场取土，需清除碎片、根系、树枝及直径超过50mm的石子和其他有毒物质。袋中土体成分可按以下比例（体积百分比）：有机物质，10%～15%；2～50mm的颗粒，60%～70%；2mm以下的土体，20%左右。袋较长时，每装1/3左右，要将袋内填料抖紧，填充材料装至生态袋口袋容量的2/3左右将袋口扎紧。先装好一个标准的袋子，用磅秤称量并记录重量作为其后装袋的样本。

2）施工要求。生态袋在岸坡垒砌摆放时，挂水平线施工，上下层竖缝错开，三维排水联结扣骑缝放置，人工压板踩踏压实，保证互锁结构的稳定性，扎口带和线缝结合处靠内摆放或尽量隐蔽，以达到整齐美观的效果。具体要求和步骤如下：

a. 由低到高，层层错缝摆砌。

b. 各层生态袋均顺坡铺设，为减小水流对坡脚的淘蚀，最底层生态袋宽度方向1/2嵌入岸坡土层中，其他两层铺在岸坡面上。施工时应注意上面两层宜夯至比最底层的生态袋略微扁平，以使生态袋外表面尽量齐平。

c. 基础和上层形成的结构。将三维排水联结扣水平放置于两个袋体之间在靠近袋体边缘的地方，以便每一个三维排水联结扣骑跨两个袋体，摇晃扎实袋体以便每一个三维排水联结扣刺穿袋体的中腹正下面。每层袋体铺设完成后用木槌夯实（或在上面放置木板并由人踩踏压实），这一操作用来确保联结扣和袋体之间良好的联结。

d. 铺设上一层。后续铺层要在前一铺层的基础上进行，以便每个上层袋体用一个联结扣固定在2个下层袋体上；继续铺设生态袋，进行压实，上层的重量会牢牢地把三维排水联结扣压入袋体中，形成袋与袋之间的坚实联结。在袋体上踩踏或在顶层夯实有助于确保袋体之间的互锁结构紧密联结。

e. 生态袋摆放水平面向坡外倾斜5%，便于平台排水和快速滤水，减少静水压力。生态袋和三维排水联结扣摆放步骤示意图如6.21所示。

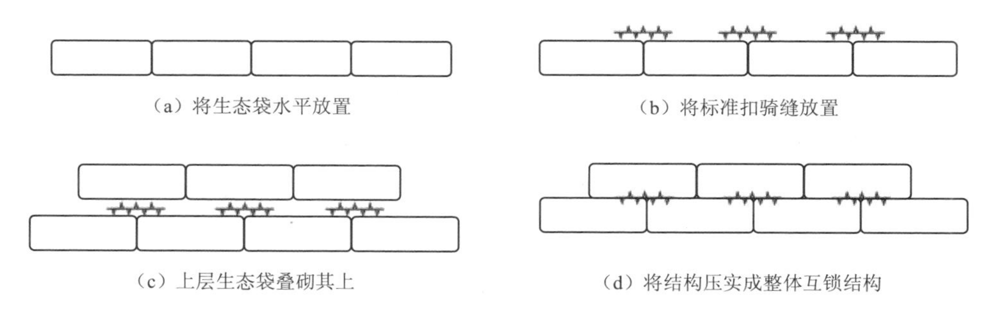

图6.21 生态袋和三维排水联结扣摆放步骤示意图

(4) 裸土生态护岸结构。

裸土生态护岸的植草土基黏土，并在黏土上培植草禾。

6.3.2 护岸植被选择

在选择护岸植被时，优先选择本地乡土植物，植被应具有根系发达、萌芽力强、生长快、适应能力强、自我繁殖与更新能力强的特点。在充分考虑新疆的气候、水文、土壤、当地植被等特殊情况后，试验提出以高羊茅、早熟禾、紫羊茅、黑麦草作为生态岸坡植被(图6.22)。这几种植被的特点如下。

(1) 高羊茅：广泛分布于我国广西、四川、贵州、东北和新疆等地区，欧亚大陆也有分布。性喜寒冷潮湿、温暖的气候，在肥沃、潮湿、富含有机质、pH值为4.6～8.5的细壤土中生长良好。具有广泛的适应性，耐寒能力强，耐热性好，耐践踏性强，耐瘠薄，抗病性强。

(2) 早熟禾：一年生或冬性禾草。生于平原和丘陵的路旁草地、田野水沟或阴蔽荒坡湿地，可在海拔100～4800m范围内存活。喜光耐阴，耐贫瘠，又具很强的耐寒耐旱能力，夏季炎热时生长停滞，春秋生长繁茂；在排水良好、土壤肥沃的湿地生长良好；根茎繁殖能力，再生性好，较耐践踏。早熟禾在西北地区3—4月返青，11月上旬枯黄。在－30℃的寒冷地区也能安全越冬。

(3) 紫羊茅：多年生草本植物，冷季型草坪草，具有短的根茎及发达的须根，容易建成稠密的放牧地和人工草地。耐寒性较强，喜凉爽湿润条件，不耐炎热，当气温达30℃时，出现轻度蔫萎；在38～40℃时，植株枯萎；在－30°C的寒冷地区能安全越冬，在pH值为4.7～8.5的细壤土中生长良好，最适合在中国北方寒温带高山、黄土高原及南方高海拔山地种植。

(4) 黑麦草：须根发达，但入土不深，丛生，分蘖很多，种子千粒重2g左右，喜温暖湿润土壤，适宜pH值为6～7的土壤。该草在昼夜温度12～27℃时再生能力强，光照

（a）高羊茅草株图　（b）早熟禾草株图

（c）紫羊茅草株图　（d）黑麦草草株图

图 6.22　试验段护岸植被

强，日照短，温度较低对分蘖有利，遮阳对黑麦草生长不利。

6.3.3　新疆北部地区大比尺模型试验段生态岸坡冲刷试验

6.3.3.1　试验方法和步骤

（1）生态植被的培植。

2014 年 4 月底开始在生态护岸段进行植物培植工作，至冲刷试验前对植被进行养护、浇灌、补种等工作（图 6.23）。

（2）生态岸坡冲刷方法和步骤。

生态岸坡冲刷方法和步骤同第 2 章中裸土岸坡冲刷步骤一致。冲刷阶段按照 A_4 组水流条件实施，由于给水泵降效去除 10cm 开度。考虑到实际渠道中水位对渠坡土体强度造成的影响，冲刷试验开始之前向渠道内注水至一定深度（20cm）并浸泡 1d 时间，使土体充分浸润。在 2014 年 9 月至 2015 年 6 月开展了 4 次生态岸坡冲刷试验，每次冲刷试验持续时间为 1h。

（a）生态岸坡养护图

（b）废旧轮胎生态护岸草株生长情况

（c）生态袋生态护岸补种前

（d）生态袋生态护岸补种后

（e）裸土生态护岸补种前

（f）裸土生态护岸补种后

图 6.23 生态护坡植被种植情况

6.3.3.2 岸坡冲蚀形态及冲蚀量的分析

（1）废旧轮胎植草护岸。

试验模型的 0＋12.00～0＋20.00 桩号为废旧轮胎生态护岸，是由 2 行 14 列共 28 个轿车 185/65R15 型号的废旧轮胎拼接组成，之后填土并植草，其中轮胎护岸的底部混凝土勾缝保护，如图 6.24 所示。从图 6.24（c）和（d）的对比可直观地看出，模型渠道经冲刷后，废旧轮胎护岸岸坡结构完整，除图中最右侧两个轮胎因施工未达标出现水土流失问题，其余轮胎均未出现安全问题，且植被生长态势良好，表明采用废旧轮胎护岸防护效果良好，抗冲刷能力较强，在寒冷地区也可较好的适用。

(a) 废旧轮胎护岸渠道的植草培育　(b) 废旧轮胎护岸渠道冲刷前

(c) 废旧轮胎护岸渠道　(d) 裸土岸坡渠道

图 6.24　废旧轮胎生态护岸

在试验过程中对每一阶段岸坡冲刷前后的状态进行三维激光扫描，并通过各阶段岸坡点云数据进行处理，获得废旧轮胎护岸各阶段岸坡逆向模型，如图 6.25 所示。从模型中的冲蚀程度色谱可以看出：

1) 第 1 次冲刷（平均流速为 0.75m/s）淘蚀区域主要集中在轮胎与轮胎及轮胎与混凝土接触缝处，其中 0+15.50 桩号处冲蚀现象较明显，最大的冲蚀深度为 211mm；轮胎中的填土及植被水力侵蚀情况普遍较轻，轮毂内部冲蚀量最大发生在底行最后一个轮胎的右上部，最大值为 112mm。

2) 第 2 次冲刷（平均流速为 1.14m/s）淘蚀深度较重的区域扩展到轮毂的内部，部分植被的根茎被水流拔除携走，0+16.80～0+18.00 桩号底部的两个轮毂内部及接触部位的淘蚀深度最大，其中两个轮毂的最大淘蚀深度为 72mm、267mm；轮胎接触缝处的淘蚀程度也不同程度地有所扩大。

3) 第 3 次冲刷（平均流速 1.67m/s）淘蚀区域上阶段的类似，0+16.80～0+18.00

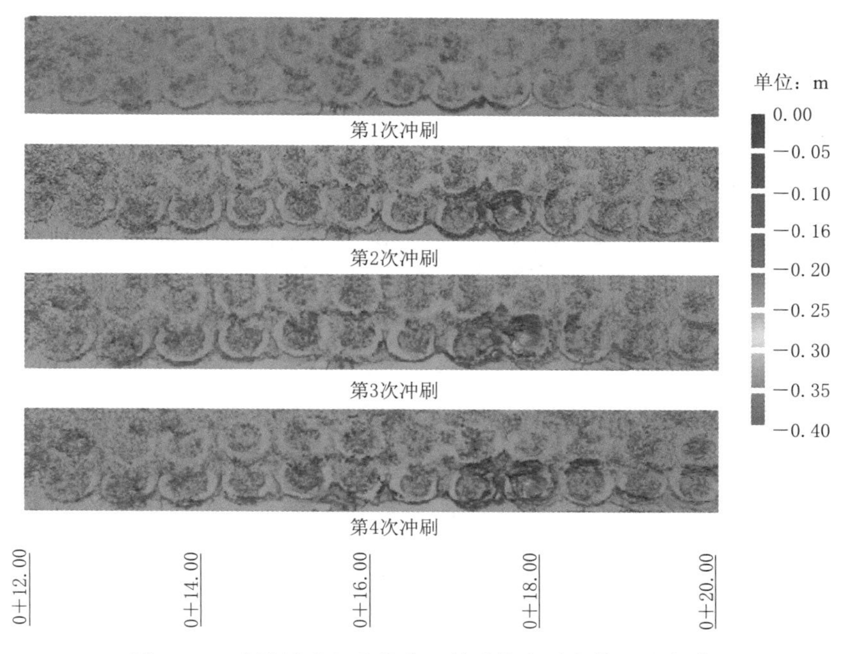

图 6.25　冲刷试验各阶段废旧轮胎护岸逆向模型及色谱

桩号底部的两个轮毂内部的淘蚀深度分别为 141mm、355mm。

4）第 4 次冲刷（平均流速 1.73 m/s）淘蚀区域面积进一步扩大，其中0＋16.80～0＋18.00 桩号底部的两个轮毂内部的淘蚀深度分别为 230mm、367mm。各阶段冲蚀面积及冲蚀量见各阶段废旧轮胎护岸试验数据统计表（表 6.3）。

表 6.3　废旧轮胎护岸各冲刷阶段试验数据统计表

阶段	第 1 次冲刷	第 2 次冲刷	第 3 次冲刷	第 4 次冲刷
出口流量 Q/(L/s)	86	171	254	336
闸门开合度 e/cm	2.0	4.0	6.0	8.0
平均水深 h/cm	24	37.5	37.6	39.5
平均流速 v/(m/s)	0.75	1.14	1.67	1.73
最大淘蚀深度 h 及部位/mm	211(0＋15.80)	267(0＋17.73)	355(0＋17.73)	356(0＋17.73)
冲蚀面积 A_e/m^2	0.33	0.45	0.65	0.71
冲蚀量 V/m^3	0.0006	0.0017	0.0023	0.0053

（2）生态袋植草护岸。

生态袋植草护岸在 0＋20.00～0＋26.00 桩号之间，护岸所用生态袋大小为 50cm×30cm，袋中装填混合土（混合土为腐殖土和一般黏土 1∶1 拌和土），装填量为生态袋容积的 2/3。为保证岸坡上堆砌生态袋的稳固性，在原砂砾石坡面上布设有防锈塑胶钢网，用钢丝将生态袋固定在钢网下之后植草，其培植效果如图 6.23（d）所示。

冲刷试验生态袋护岸各冲刷阶段相对废旧轮胎护岸区域的流速有所减缓，各阶段流速在0.48～0.94m/s范围以内，通过岸坡逆向模型（图6.26）可以看出：发生较大冲蚀现象的区域集中在坡脚及生态袋搭接处，其中侵蚀量值主要为坡脚冲蚀造成的，第4次冲刷最大法向冲蚀深度为54mm。生态袋自身变形较小，植被稳固，生态袋变形主要是流水侵胀及水流冲积造成的变形。各阶段冲蚀面积及冲蚀量见各阶段生态袋护岸试验数据统计表（表6.4）。

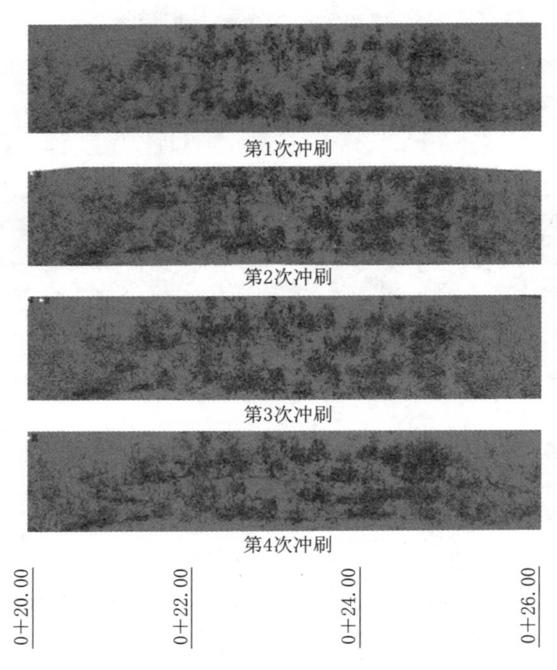

图6.26　冲刷试验各阶段生态袋护岸逆向模型

表6.4　生态袋护岸各冲刷阶段试验数据统计表

阶段	第1次冲刷	第2次冲刷	第3次冲刷	第4次冲刷
出口流量 Q/(L/s)	86	171	254	336
闸门开合度 e/m	2	4	6	8
平均水深 h/cm	27.3	41.3	44.7	45.7
平均流速 v/(m/s)	0.48	0.59	0.89	0.94
冲蚀面积 A_e/m^2	0.21	0.25	0.36	0.47
冲蚀量 V/m^3	0.0002	0.0004	0.0009	0.0015

（3）裸土植草护岸。

裸土植草护岸在0+26.00～0+34.00桩号之间，岸坡基础为砂砾石填筑料，护岸土质为黏土，因土质相对贫瘠，单位面积植株数量略小于废旧轮胎和生态袋，其护岸效果如图6.23（f）所示。

裸土植草护岸各冲刷阶段流速较低，其第4次冲刷最大流量为336L/s时的平均流速为0.89m/s，通过岸坡逆向模型（图6.27）可以看出：发生较大冲蚀现象的区域集中在坡脚植株密度较小的区域，第 4 次冲刷最大法向冲蚀深度为 16mm。各阶段冲蚀面积及冲蚀量见各阶段裸土植草护岸试验数据统计表（表 6.5）。

表 6.5 裸土植草护岸各冲刷阶段试验数据统计表

阶段	第 1 次冲刷	第 2 次冲刷	第 3 次冲刷	第 4 次冲刷
出口流量 $Q/(L/s)$	86	171	254	336
闸门开合度 e/cm	2	4	6	8
平均水深 h/cm	36.2	46.8	51.4	51.5
平均流速 $v/(m/s)$	0.25	0.3	0.51	0.89
冲蚀面积 A_e/m^2	0.57	0.65	0.79	1.97
冲蚀量 V/m^3	0.0062	0.0084	0.0109	0.0132

图 6.27 冲刷试验各阶段裸土植草护岸逆向模型

6.3.4 冲刷试验结果分析

（1）通过裸土和生态护岸两个系列的冲刷试验可知：废旧轮胎和生态袋护岸能较好地起到护岸地安全防护功能。在相同外界条件下，废旧轮胎和生态护岸的最大冲蚀仅为 0.0017m^3和 0.0015m^3，小于裸土岸坡最大冲蚀量三个数量级。可以看出：生态岸坡起到了增大糙率、减缓流速，消减波浪、控制土壤颗粒流失的作用，并实现了降低坡体孔隙水压力，减弱地表径流等功能。

(2) 试验数据表明，植被生态护岸、废旧轮胎生态护岸和生态袋生态护岸对基土的防护作用显著。与裸土岸坡相比，试验中在流速为 1.0m/s 的水流条件下，三种护岸形式的冲蚀模数分别占裸土岸坡的 8%、5%和 2%，生态岸坡对径流的抗冲能力大幅度增强。从表 6.6 也可以看出生态袋生态护岸抗冲能力最强，其次是废旧轮胎生态护岸、裸土生态护岸。图 6.28 为三种生态护坡形式及裸土岸坡的冲蚀模数对比图。

表 6.6　　三种生态护坡形式的冲蚀模数与裸土岸坡对比

岸坡形式	流量 /(L/s)	冲蚀模数 /[g/(m^2·h)]	与裸土岸坡的模数比值/%	与植被护岸的模数比值/%	与废旧轮胎护岸的模数比值/%
裸土岸坡	88	2.19×10^5			
	154	1.55×10^5			
	241	9.18×10^4			
	312	1.10×10^5			
植被生态护岸	86	2.90×10^4	13		
	171	1.73×10^4	11		
	254	1.23×10^4	13		
	336	8.67×10^3	8		
废旧轮胎生态护岸	86	4.86×10^3	2	17	
	171	5.04×10^3	3	29	
	254	3.15×10^3	3	26	
	336	4.98×10^3	5	57	
生态袋生态护岸	86	2.54×10^3	1	9	52
	171	2.14×10^3	1	12	42
	254	2.23×10^3	2	18	71
	336	2.13×10^3	2	25	43

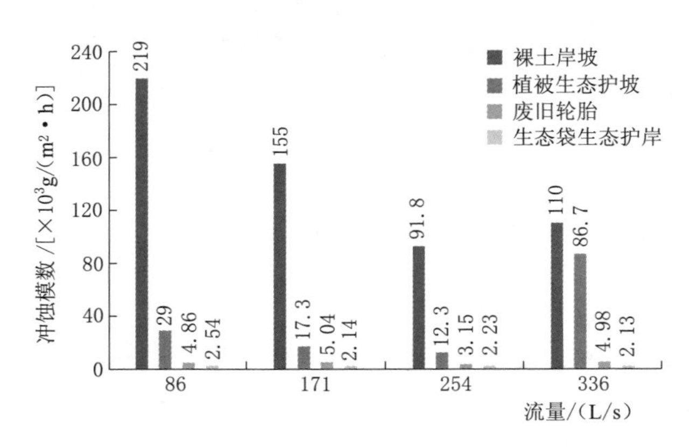

图 6.28　三种生态护坡形式的冲蚀模数及裸土岸坡对比

(3) 经过生态岸坡植被的培植，试验推荐使用适应强且耐盐碱的紫羊茅、高羊茅这两种植物作为生态岸坡的植被。

(4) 存在的问题：野外大比尺模型试验虽然检验了生态护岸的抗冲能力，但缺少了沿程水头损失系数、植被表面水力糙率、植被区床面切应力随水流条件和时间变化的规律等方面的研究。

6.4 克孜尔水库岸坡生态防治与效果分析

6.4.1 克孜尔水库岸坡工程地质特点概述

克孜尔水库位于新疆阿克苏地区拜城县境内，是渭干河流域上的以灌溉、防洪为主，兼有水力发电、水产养殖和旅游等综合效益的大型控制性水利枢纽工程。水库建造在F2活动断层上，属于中强地震区，地质条件极为复杂。水库库容为6.4亿m^3，总投资3.85亿元，主坝最大坝高44m、长920m。主坝最大坝高34m、长1300m，为黏土心墙砂砾坝。水库投入运行后，至2010年灌溉面积已达350万亩，防洪保护耕地面积280万亩、人口总数达67万人。2010年经过除险加固后，有效库容达到7.29亿m^3。目前水库存在两个最大问题，一是淤积严重，二是调蓄能力不足。渭干河属塔里木河水系，由5条支流汇合而成，依次为木扎提河、卡普斯浪河、台勒维丘克河、卡拉苏河和黑孜河，流域面积为16.337km^2。其中干流木扎提河和卡普斯浪河洪水主要由冰川融水和融雪水组成；卡拉苏河洪水以融雪水和暴雨为主；距坝最近的黑孜河以暴雨为主。除黑孜河在库区汇入外，其他支流均在水库末端以上汇入。黑孜河因属山区暴雨型河流，天然河床比降大，中浅山区红壤土暴露，泥沙土壤细而松散，两岸风化岩、沙土和黄土易被冲刷而带入渭干河。因而，克孜尔水库库区泥沙淤积严重，截至2013年，水库总淤积量达2.5亿m^3，每年淤积量约2000万m^3，对水库的正常运营和防洪安全造成了较为严重的影响。为有效减少水库上游来沙量，结合水库淤积治理工程，针对水库上下游岸坡采用生态恢复技术，建设岸坡生态恢复示范工程，以改善流域内生态环境，减少两岸边坡水土流失，逐渐恢复库区有效库容。

6.4.2 克孜尔水库岸坡生态防治技术示范工程

课题组在新疆克孜尔水库下游选定总长500m的河流岸坡开展生态防治技术示范工程研究。针对现场岸坡情况，提出了河流高岸坡网格梁生态防治技术、河流中、低岸坡的生态袋护坡、石笼网生态挡墙、土工格室生态护坡和废旧轮胎生态护坡防治技术研究，确定了设计方案并开始实施示范段工程，在2014年秋季完成示范工程建设。

6.4.2.1 高岸坡网格梁生态防治技术

现浇网格生态护坡技术运用植被与工程相结合的措施，能在水库下游河道边坡上以较少的硬化面积获得较大的绿化面积。纵横交错的钢筋混凝土框架结构在坡面形成三维立体护坡结构，结合草本和灌木立体种植模式的植被根系固土作用，有效提高土体抗剪强度，使坡面更加稳固，并同时达到水土保持、涵养水源、改良土壤、生态恢复的目的。在生态岸坡防护工程中，植物始终是稳固岸坡的积极因素，枝叶具有降雨截留、径流延滞、土体增渗、蒸腾等水文效应，根系具有固结土体和支撑坡体的力学效应。本次研究对网格梁内的护岸植物生长特性进行了测定。

克孜尔水库高岸坡网格梁护坡种植植被前后效果与植被生长过程如图6.29所示。自2014年10月网格梁内种植植被后，植被长势越来越好，植株平均高度逐年增加；2015年高羊茅等草本植被地上部分的生长速率为每月2～3cm，2015年10月平均高度达到15cm，11～12月生长速率趋缓；到2016年10月网格梁内已形成了稳定的植物群落，乔木（红柳）、灌木、草本（高羊茅等）等总覆盖度达到了95%，以低矮型的多年生草本占绝对优势。

（a）2014年10月22日　（b）2015年6月23日

（c）2015年8月6日　（d）2015年11月12日

（e）2016年10月8日　（f）2016年10月21日

图6.29　高岸坡网格梁植被生长过程

2016年10月随机选取两块大小为0.5m×0.5m的高羊茅样方，进行挖掘取得完整的植物样品，在实验室内测定高羊茅地下部分和地上部分的干重平均值均为0.8kg/m^2，根系平均长度为8cm，对岸坡浅表层土体起到了良好的加筋作用。2016年10月采用现场挖掘的方法，对种植红柳生长状况进行详细测定，结果为单株红柳的根系平均生长深度超过

0.5m，对岸坡土体形成了良好的锚固作用；植株平均高度达到1.0m以上，最高接近2.0m，盖度超过90%，植被与土体已逐渐形成一个整体，植物的护坡效应逐渐得到增强。

生态护坡结构稳定性主要体现在岸坡植被的固土作用和土体的抗侵蚀性。连续观测结果表明，高网格梁内植物生长良好，新生的枝叶和根系具有良好的护坡特性。在第1个生长季节内（2015年），新生枝条的高度、盖度、生长密度都达到了较高水平，发挥着降雨截留、径流延滞等水文效应；新生根系形成庞大的地下根系网络，具有固结土体和支撑坡体的机械效应。生态护坡作为新生的生态系统，处于不断自我组织、自我完善的过程中。护坡工程完成后的3年内，岸坡植物群落结构不断变化，本地草本植物的覆盖度不断增加，草本群落由一年生草本占优势向多年生草本占绝对优势转变。随着岸坡植被系统与环境的相互作用，群落结构将逐渐趋于稳定，生态稳定性提高。

图6.30是大桥上游和下游高岸坡的网格梁护坡现状。图6.30（a）处采用了现浇网格梁生态护坡方式，而图6.30（b）处网格梁内仅填充了砾石土，未种植植被，由于雨水冲刷作用，网格梁内土体流失和坍塌较为严重。示范工程运行结果表明护坡中工程措施结合植被措施能有效防降雨冲刷，稳固坡面。

（a）种植植被区

（b）未种植植被区

图6.30　高岸坡网格梁种植植被与未种植植被对比

6.4.2.2　生态袋护岸

本次试验段中使用的生态袋有两种：①袋体质量180g/m²，尺寸97.0cm×47.0cm，纵向拉伸强度8.5kN/m、横向拉伸强度8.0kN/m、CBR顶破强度1900N、等效孔径为0.12mm；②袋体质量150g/m²，尺寸115.0cm×52.0cm，纵向拉伸强度7.0kN/m、横向拉伸强度5.4kN/m、CBR顶破强度1500N、等效孔径为0.18mm。

（1）克孜尔水库岸坡生态袋护坡现场施工。

生态袋护岸施工单元工程分为坡面修整、生态袋填充作业、生态袋垒砌、植被种植等4个工序，其中生态袋填充作业、生态袋垒砌2个工序为主要工序。

图6.31所示为生态袋护坡结构，图6.32所示为克孜尔水库生态袋护岸施工图。

（2）示范段生态袋护坡植被种植技术。

生态护岸技术的核心是实现植被防护与工程结构的有机结合。因而，植被种植及其生长情况是影响生态护岸工程效果的重要因素。示范段工程中采用了以下几种植被种植

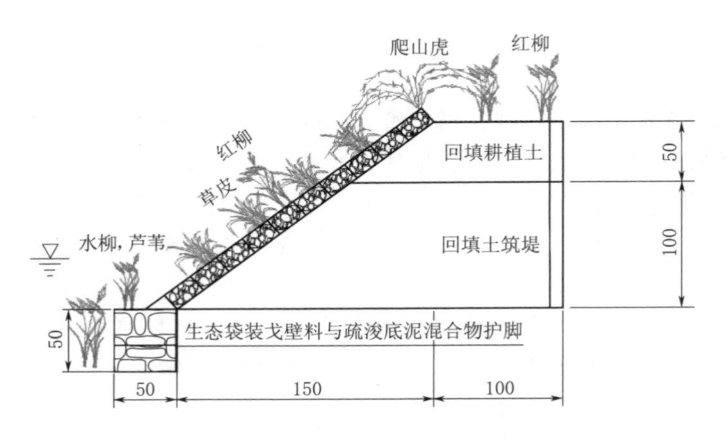

图 6.31　生态袋护坡结构（单位：cm）

图 6.32　克孜尔水库生态袋护岸施工图

技术。

1）活枝插播种植技术。在生态袋中顺坡向和沿坡向每隔 0.5m 插入活柳条、爬山虎等，顶端稍微出露，并与坡面保持垂直。

2）表面抹草籽种植技术。该种植技术是将黏合剂、细粒填土与草籽、花籽混合，均匀涂抹在生态袋表面，并覆盖无纺布等覆盖物，并根据天气情况洒水保持湿润。该种植技术草籽发芽率高，覆盖效果好。

3）穴播。在生态袋的基础施工完成后，在完工后的袋面上扎上一小孔，并将种子放入其中。优点：种子用量最节省，浪费也最少，而且操作方法较简单。缺点：整体施工进程较慢，不适合河道等水流工程的施工。

从图 6.33 可以看出，在 2014 年 10 月至 2016 年 10 月期间，生态袋护坡结构稳定。2014 年 9 月中旬完成护坡与植被种植工作，1 个月之后草籽发芽，进入冬季后植被枯黄，停止生长；2015 年 5—10 月植被生长速率为每月 1～2cm，2015 年 10 月平均高度达到 5cm，袋体上的植被逐渐变得茂盛；2016 年夏季，即植被种植的第三个年度，高羊茅生长态势良好，植株高度增加。2016 年 8 月洪水期间，生态袋和植被形成的复合防护体系稳定，有效减少了坡面的水土流失。

（a）2014年10月22日　（b）2015年6月23日

（c）2015年8月5日　（d）2015年9月8日

（e）2016年7月22日　（f）2016年10月7日

图 6.33　克孜尔水库生态袋护坡运行现状

6.4.2.3　石笼网生态护岸

石笼网箱属于柔性结构，能适应基础不均匀沉陷而保护内部结构免遭破坏，基础处理简单，施工方便，其本身透水性良好，不需要设置排水层，厚层镀锌及外加 PVC 涂层可以使之用于腐蚀环境中并保有较长的寿命。对于用作水位以上的部分，可以配合插枝种草的措施，实现岸坡绿化，展现其生态功能。同时，石笼网箱也可用于水下护脚工程，适应河床变形，排水性好，在水位快速下降期能及时排除坡内水体，不致引起过大的超静水压力。

图 6.34 和图 6.35 是克孜尔水库现场石笼网挡墙护坡现场施工过程与挡墙现状，石笼网中充填的主要是卵石，为增大栖息地的多样性，格网箱内部的石块尽量选择不规则的卵石。从 2014 年 9 月施工结束到 2016 年 12 月，石笼网挡墙一直保持着良好的运行状态。

图 6.34　石笼网挡墙护岸结构现场施工

图 6.35　石笼网挡墙护岸结构运行现状

6.4.2.4　土工格室生态护岸

土工格室是由聚乙烯片材经高强度焊接而制成的一种三维网状格室结构。土工格室可置于岸坡土体中，并在形成的格室里面放置腐殖土，本土植物物种、碎石等材料组成的混合物，同时还可扦插不同植物类型的活枝条。

土工格室利用其三维侧限原理，通过改变其深度和孔型组合，可获得刚性或半弹性的板块，可以大幅度提高松散填充材料的抗剪强度，抗冲蚀能力较强。由于土工格室具有围拢及抗拉作用，因此其内填料在承受水流作用时可免于冲刷，植被生长充分后，可使坡面充分自然化，形成的植被有助于减缓流速，为生物提供栖息地；同时，植被根系可以增强边坡整体稳定性。植被生长充分后，可使坡面充分自然化，形成的植被有助于减缓流速，为生物提供栖息地；同时，植被根系可以增强岸坡整体稳定性。

图 6.36 为土工格室生态护坡结构示意图。试验段中采用的土工格室的网孔、格室高、格室厚度分别为 16.5cm、15cm 和 1mm。孔室内的戈壁料粒径可近似取为 15～30mm。克孜尔水库护坡现场施工步骤如下：

（1）岸坡平整。工程施工中，首先要将岸坡整平，避免出现局部突起或凹陷。

（2）土工格室铺设。土工格室施工时将原本闭合的材料充分展开，铺设于坡面上，应充分拉伸张开至规定的展开面积，保证荷载施加后处于良好受力状态。张开后的每个格室大致为正菱形［图 6.36（a)］。

(a) 摊铺土工格室

(b) 活木桩固定土工格室

(c) 活木桩固定土工格室

(d) 土工格室内回填岸坡土体

图 6.36 克孜尔水库土工格室护坡施工过程 (2014 年 9 月)

(3) 土工格室固定。大面积土工格室护坡施工中，铺设后的土工格室一般采用 U 形钉锚固。U 形钉可用直径为 6～10mm 的钢筋弯曲而成，高度一般同土工格室的高度。本次生态护坡示范工程中采用活木桩与 U 形钉相结合的方式固定土工格室 [图 6.36 (b)、(c)]。活木桩的直径为 10～15cm，高度为 20～25cm。

(4) 土工格室填充。在格室内部自下而上填充戈壁料和水库疏浚底泥混合物，填充材料应将土工格室完全覆盖，并轻微夯实 [图 6.36 (d)]。

(5) 植被种植。在覆土后的土工格室内种植高羊茅、黑麦草、紫羊茅等植被，并扦插红柳等灌木，通过埋设的滴灌设施进行养护。

从图 6.37 可以看出，在 2014 年 10 月至 2016 年 10 月期间，土工格室护坡结构稳定。2015 年 10 月平均高度达到 5cm；袋体上的植被逐渐变得茂盛；2016 年夏季，即植被种植的第三个年度，高羊茅生长态势良好，植株高度增加。2016 年 8 月洪水期间，生态袋和植被形成的复合防护体系稳定，坡面稳定，仅坡脚有轻微淘蚀现象，有效减少了岸坡的水土流失。

6.4.2.5 废旧轮胎生态护岸技术

图 6.38 为废旧轮胎生态挡墙护岸试验段中采用的废旧轮胎基本型号为 185/65R15，其外直径 60cm 左右。示范工程废旧轮胎生态护岸施工步骤如下：

(1) 轮胎铺设。从岸坡坡脚向上依次铺设废旧汽车轮胎，沿着坡面基部依次排列或交错排列。轮胎在坡面垒砌摆放时，挂水平线施工，从坡脚到坡顶由低到高安装，轮胎之间

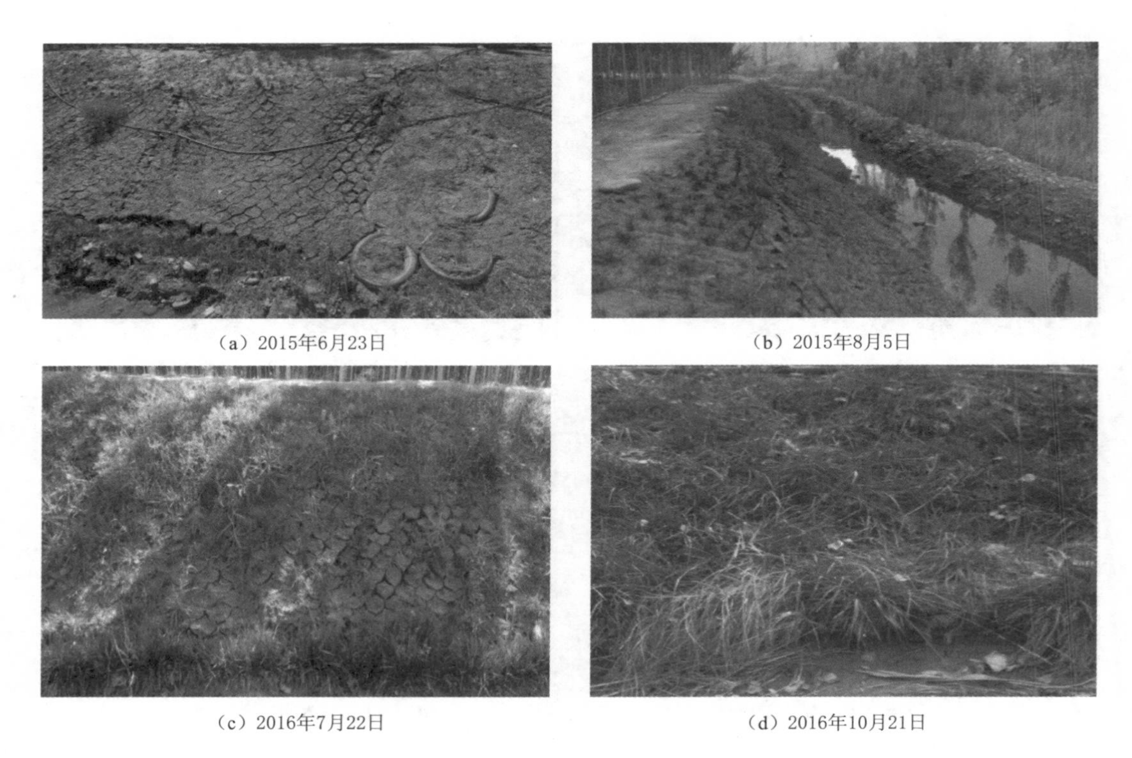
（a）2015年6月23日　（b）2015年8月5日　（c）2016年7月22日　（d）2016年10月21日

图 6.37　克孜尔水库土工格室护坡运行现状

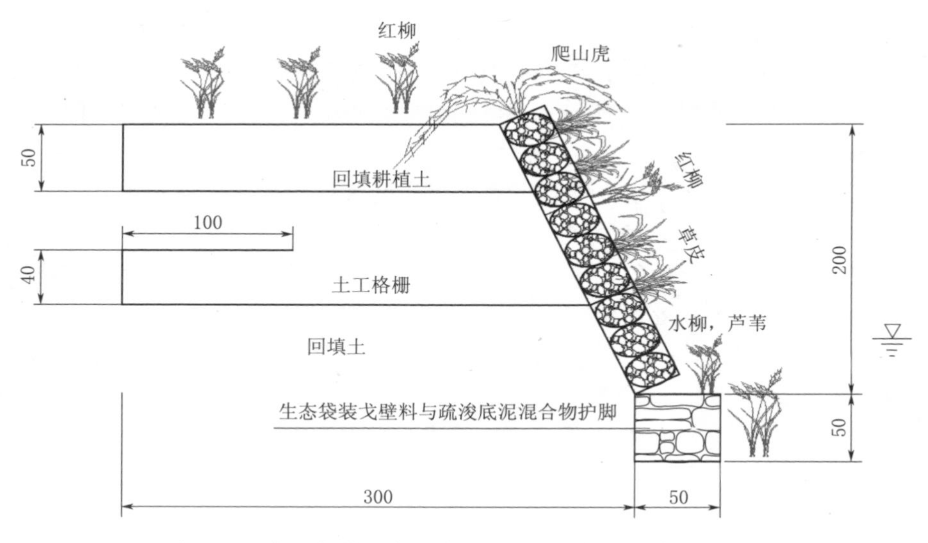

图 6.38　废旧轮胎生态挡墙护岸结构示意图（单位：cm）

通过不锈钢丝连接固定（图 6.39）。最底层的轮胎与岸坡接触处设置 30～40cm 长的小木桩。

（2）轮胎内填充材料。轮胎内填充材料时，采用现场取土填充轮胎内腔，需清除碎

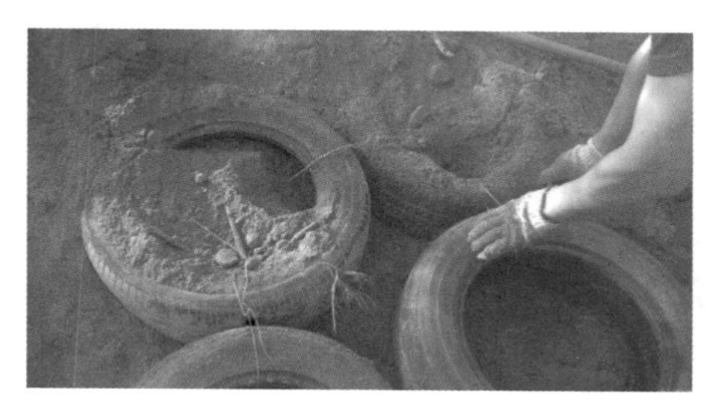

图 6.39 废旧轮胎生态挡墙护岸施工（2014 年 9 月）

片、根系、树枝及直径超过 50mm 的石子和其他有毒物质。

（3）植被种植。根据克孜尔试验段现场实际情况，在覆土后的废旧轮胎内种植高羊茅、黑麦草、紫羊茅等植被，并扦插红柳等乔木、灌木，通过埋设的滴灌设施进行养护。

如图 6.40 所示，废旧轮胎护坡施工简单，施工质量可控。在 2014 年 10 月至 2016 年 10 月运行期间，岸坡结构稳定，植被长势良好，抵抗住了 2016 年 8 月克孜尔地区特大暴雨的冲刷破坏。该种新型护坡结构不仅具有足够的刚度和良好的承载性能，而且有弹性，可因水流的冲刷或其他外力适度改变形状，具有良好的耐冲刷效果。轮胎空腔具有较好的保水能力，能为植被提供良好的生长环境；而生长其中的植被其发达的根系能把轮胎内腔充满并结合成整体，这样便可以形成一个刚柔并济、涨缩自如的自适应变形的防护体系，

（a）2015年6月23日

（b）2015年8月5日

（c）2016年7月22日

（d）2016年9月8日

图 6.40 克孜尔水库废旧轮胎生态护坡运行现状

以适应岸坡的复杂变形，并起到水土保持、生态环保的效应。另外，将废旧轮胎用于岸坡防护可以避免废弃物污染，保护生态环境。

6.4.3 生态护坡效果分析

在新疆克孜尔水库下游设计了生态袋护坡、石笼网生态挡墙、土工格室生态护坡和废旧轮胎生态护坡等4种护岸技术，在2014年秋季完成示范工程建设。示范工程在2015—2016年运行期间，岸坡防护效果和生态效果较为理想，经受了2016年8月克孜尔地区特大暴雨的冲刷和浸泡。采用废旧轮胎护坡的岸段，岸坡和坡脚稳定，轮胎空腔内和轮胎之间空隙处的植被长势良好，暴雨冲刷前后地形变化明显小于对岸裸土岸坡，表明废旧轮胎护坡能有效地减小水流对岸坡的冲刷。采用生态袋和土工格室护岸结构的岸段，在经过暴雨考验后，岸坡结构和坡面基本保持完整，表明这两种护坡结构抗冲刷能力较强，有效地减少了岸坡的水土流失。2015年和2016年夏季岸坡植被长势较好，并经2016年8月洪水淹没近10d后，历时1个月基本恢复了原貌，表明选择的护岸植被（高羊茅、紫羊茅）具有良好的抗旱耐淹能力，可在南疆地区中小河流生态护岸工程中推广应用。

另外，在克孜尔水库生态护岸示范工程中，上述护岸结构均采用了生态袋装戈壁料的护脚（护底）结构。通过示范段的运行现状来看，该种护脚（护底）方案防护效果较为理想，其作用体现在两个方面：①袋装戈壁料起到排水棱体的作用，袋体过水不过土，有效排除岸坡中的地下水；②袋装戈壁料能对坡脚进行有效防护，防止水流冲刷作用造成坡脚坍塌，提高了岸坡稳定性。

6.5 本章小结

通过对黑龙江干流堤防砂土岸坡、新疆克孜尔水库生态护岸和南京板桥河生态护岸示范工程全过程的跟踪试验，研究了三维土工网垫、生态袋、土工格室、石笼网这4种常规生态护坡技术及废旧轮胎新型护坡结构在干旱半干旱地区的适应性。结果表明，上述几种生态护坡结构在施工技术、植被生长、抗冲刷性能、耐久性及后期维护等方面均具有较为明显的优势。

三维土工网垫、生态袋和土工格室是新型土工合成材料与土壤基质相结合的护坡技术，能给植被提供健康稳定的生长环境，植物成活后根系不断生长变得强壮，和土工合成材料一起发挥固土护坡的作用；而废旧轮胎和石笼网与植被结合形成的复合生态防护结构既能用于护脚（护底），也能用于岸坡坡面防护，从而使整个河岸达到较为理想的生态修复效果。

参考文献

[1] 王晓春，王远明，张桂荣，等．粉砂土岸坡三维加筋生态护坡结构力学效应研究 [J]．岩土工程学报，2018，S（2）：91-95.

[2] 王元战，刘旭菲，张智凯，等．含根量对原状与重塑草根加筋土强度影响的试验研究 [J]．岩土工程学报，2015，37（8）：1405-1410.

[3] 朱海生，陈健，张桂荣，等．生态袋挡墙护岸结构设计及其力学性能变化规律研究 [J]. 水利水运工程学报，2015 (4)：48-55.
[4] 彭超，刘颖卓．论生态袋理化性能与生态护坡工程质量的内在关系 [J]. 分析测试技术，2010 (5)：237-241.
[5] 土工合成材料测试规程：SL 235—2012 [S]. 北京：中国水利水电出版社，2012，5.